# Urban Risk Management

# 城市风险管理学

—— 城市运行安全的中国实践

孙建平 等 著

同济大学 出版社
TONGJI UNIVERSITY PRESS

图书在版编目（CIP）数据

城市风险管理学：城市运行安全的中国实践 / 孙建
平等著 . -- 上海：同济大学出版社，2021.12
ISBN 978-7-5608-9361-7

Ⅰ . ①城⋯ Ⅱ . ①孙⋯ Ⅲ . ①城市管理－安全管理－
研究－中国 Ⅳ . ① X92 ② D63

中国版本图书馆 CIP 数据核字 (2021) 第 264663 号

**城市风险管理学**——城市运行安全的中国实践

孙建平　等 著

责任编辑　高晓辉　宋　立
封面设计　王　翔
排版制作　朱丹天
责任校对　徐春莲

出版发行　同济大学出版社 www.tongjipress.com.cn
　　　　　（地址：上海市四平路 1239 号　邮编：200092　电话：021-65985622）
经　　销　全国各地新华书店
印　　刷　江阴市机关印刷服务有限公司
开　　本　710mm×1000mm　1/16
印　　张　21.5
字　　数　310 000
版　　次　2021 年 12 月第 1 版　　2021 年 12 月第 1 次印刷
书　　号　ISBN 978-7-5608-9361-7
定　　价　98.00 元

## 作者简介

孙建平，同济大学城市风险管理研究院院长、教授、博导。曾任上海市建设和管理委员会秘书长、上海市建设和交通委员会副主任、上海市交通运输和港口管理局局长、上海市交通委主任，十二届上海市政协常委、人资环建委主任。现兼任中国职业安全健康协会城市风险防控专业委员会主任委员，中国应急管理学会常务理事、风险防控与保险工作委员会副主任委员，中国建筑业协会专家委员会副主任委员，国家卫生应急体系建设指导专家组成员。

长期从事城市建设、运行、交通运输等领域的一线管理工作，在城市风险管理的理论研究、体系建设、平台运用、机制创新等方面做了大量的探索和实践。

主持领导的同济大学城市风险管理研究院是国内首家专注城市风险管理的专业研究机构，是上海市重点智库成员单位，也是中国职业安全健康协会城市风险防控专业委员会发起成立单位，获评2019中国城市化影响力机构，在国内城市风险管理研究领域形成了良好的品牌。

自同济大学城市风险管理研究院成立以来，牵头组织开展了应急管理部、科技部、上海市政府、上海市科委、上海市发改委及相关企事业单位等委托的超大城市风险防控的路径和方法、城市安全运行管理等近90个课题项目的研究。主持申报的"超大城市综合应急管理能力提升的路径和策略研究"课题获准国家社科基金国家应急管理体系建设研究专项立项；参与完成的"主动交通安全的高精度位置服务关键技术及重大应用"和"高速公路及城市快速路养护施工作业安全风险管控技术"研究项目分获上海市科技进步一等奖和上海市交通工程学会科学技术奖一等奖；主持完成的"上海市建设工程质量安全管理制度研究"获上海市决策咨询研究成果三等奖，作为第一完成人完成的"既有住宅围护结构节能技术研究"为"上海市科学技术成果"。同时，上海市应急管理局委托的"上海城市安全风险管理体系及路径研究"课题成果已形成相关制度《上海市人民政府关于进一步加强城市安全风险防控的意见》；由研究院参与主编的《住宅工程质量潜在缺陷风险管理标准》已经上海市住建委审核获批为上海市工程建设标准。

担任"城市安全风险管理丛书"执行总主编，该丛书填补了国内系统性出版物的空白，获批"十三五"重点图书出版规划项目，获得国家出版基金、上海市促进文化创意产业发展财政扶持资金资助；牵头主编的首份上海城市安全"体检报告"——《上海城市运行安全发展报告》蓝皮书受到上海市政府的充分肯定和社会各界的高度关注；主编出版了《城市安全风险管理防控概论》《建设工程质量安全风险管理》《交通安全风险管理和保险》等著作；牵头编撰"十四五"国家重点出版物出版专项规划项目"城市公共卫生安全风险防控丛书"；牵头形成的各类专报、决策建议达60余篇；在新冠肺炎疫情防控期间，组织提供的各类建言达40余篇，相关专报、建议被新华社内参及相关媒体采用，获得国家相关部委、上海市政府和相关委办局的采纳和肯定。

近年来，带领研究团队积极探索城市发展、城市管理、风险管控等方面的前沿研究，在城市安全风险管理领域形成了"确立居安思危、系统防范的一个理念，把握风险预警和应急保障的两个关键，完善多元共治、精细防控、多重保障的三个机制"和"五个一"的工作举措，即"一份安全风险管理指导意见，一幅已标识源头、类别和等级的风险地图，一本安全工作操作手册，一个包括管理、处置、预警等功能的综合应急平台，一张明确保障对象和范围的保险清单"的城市风险防控理论体系和路径方法。

牵头积极探索城市安全风险管理人才培养机制，持续开设"城市安全风险管理课程研修班"；开办公共管理硕士（MPA）城市安全与风险管理方向专业学位研究生班；同时，针对相关政府部门和企事业单位的实际需求，组织举办各类安全管理短训班，加快了我国城市安全风险管理人才的培养进程。每年定期举办的"城市风险管理高峰论坛"被誉为"我国国内安全生产领域层次高、影响大、作用好"的高峰会议，为开展研究成果交流和社会热点研讨提供了很好的平台，取得了良好的成效。

## ◎ 编委会

**编委会主任：**

王德学　钟志华

**编委会副主任：**

徐祖远　周延礼　沈　骏　方守恩　李逸平　李东序　陈兰华

吴慧娟　王晋中

**编委会成员：**

于福林　马　骏　马坚泓　王文杰　王以中　王安石　白廷辉

乔延军　伍爱群　任纪善　刘　军　刘　坚　刘　斌　刘铁民

江小龙　李　垣　李　超　李伟民　李寿祥　杨　韬　杨引明

杨晓东　吴　兵　何品伟　张永刚　张燕平　陆文军　陈　辰

陈丽蓉　陈振林　武　浩　武景林　范　军　金福安　周　淮

周　嵘　单耀晓　胡芳亮　钟　杰　侯建设　顾　越　柴志坤

徐　斌　凌建明　高　欣　郭海鹏　涂辉招　黄　涛　崔明华

盖博华　鲍荣清　赫　磊　蔡义鸿

**编撰人员：**

孙建平　李　敏　刘　坚　蒋　勤　尹小贝　苑　辉　李　欢

何凝晖　朱国军

## 序

城市是人的重要集聚地，是经济循环的节点，是社会文明进步的产物。古代，人们修建城池，构建城邦；近代，工业革命推动了欧美城市的大发展；当代，中国开启了史无前例的大规模城市化进程。历史长河绵延，人们始终在追寻理想之城。1996年，联合国人居组织《伊斯坦布尔宣言》写道："我们的城市必须成为人类能够过上有尊严的、健康、安全、幸福和充满希望的美满生活的地方。"但无论人们心中的理想之城是怎样的，安全始终是城市建设、管理和发展的最基本目标。

作为一个发展中国家，中国的城市化进程是超常规的、跨越式的，城市化进程中的发展不平衡、不充分问题在所难免；城市独特环境中的系统性问题和不确定性因素影响着城市安全；城市还面临着各种冲击：极端气候、安全事故、突发公共卫生事件……这些都是城市风险管理的内容。2000年第五次全国人口普查数据显示城镇常住人口比率为36.09%，2021年第七次全国人口普查数据显示有63%以上的人口生活在城市，未来我国还将大力促进城市群发展。强化城市风险管理，实现城市发展与安全统筹的目标，是很长一段时间内，全社会要共同面对的急迫而重要的且必须回答的问题。

面对城市发展的共性问题和中国城市发展的个性问题，亟需拿出中国方案。2015年12月，中央城市工作会议在北京召开，这是时隔 37 年后，"城市工作"再次上升到中央层面进行专门研究部署，2017 年党的十九大将"安全"作为新时代人民美好生活的基础指标之一，2018 年，中共中央办公厅、国务院办公厅印发《关于推进城市安全发展的意见》，一系列部署逐步确定了城市安全发展的方向。2019 年习近平总书记考察上海期间，提出了"人民城市人民建，人民城市为人民"的重要理念，更是指明了推进城市工作的前进方向、提供了做好城市管理的根本遵循，深刻回答了建设什么样的城市、怎样建设城市，如何管理城市、如何管好城市的问题。在这一理念的指引下，中国特色城市发展道路正越走越宽。我国城市在各种慢性压力和急性冲击下，正显示出令世界瞩目的"韧性"，在抗击新冠肺炎疫情的过程中，城市的韧性能力已经得到体现和锤炼。

"城市风险管理"是新兴领域，在理论上正蓬勃发展，实践中大量的探索亟需总结提炼。同济大学城市风险管理研究院是国内首家专注城市风险管理研究的专业机构，在同济大学丰厚学术底蕴的滋养下，将城市风险管理理论研究和中国城市特别是超大城市风险管理的实践探索充分结合，经过多年努力，推出了这本《城市风险管理学——城市运行安全的中国实践》。

这本书充分吸收了国内外学者对城市风险研究的理论成果，以源自实践、指导实践为原则，梳理形成了城市风险的认知框架，剖析了城市风险的特征，界定了城市风险管理的研究范畴，丰富了城市风险理论。

更为重要的是，本书基于中国实践，研究了城市风险管理的主体、机制，提出了"金字塔"型多元共治城市风险防控机制，给出了实用性较强的"事前科学防、事中有效控、事后及时救"的全生命周期防控体系及相关城市风险防控技术。这一体系强调治"未病"，控"已病"，防"大病"，重视预防，充分体现"居安思危、系统防范"的理念。面对复杂的城市风险，本书化繁为简，将丰富的城市风险管理工具整合于落实"一份安全风险管理指导意见，一幅已标识源头、类别和等级的风险地图，一本安全工作操作手册，一个包括管理、处置、预警等功能的综合应急平台，一张明确保障对象和范围的保险清单"的城市风险管理路径框架中。对于正在开展的安全韧性城市建设，本书吸取城市精细化管理的优秀经验，提出通过协同治理，提高城市"免疫力、治愈力—自愈力、恢复力"三个关键能力建设水平，重塑城市治理能力。

相信这本书会给每一位城市管理者的日常工作带来帮助，会引发对城市风险管理更多的思考和探索。也衷心希望城市风险管理的同行者越来越多，城市风险管理领域的理论研究和实践探索枝繁叶茂，从而让人民分享城市安全建设的果实，成就人民之城，理想之城。

中国职业安全健康协会党委书记、理事长

2021 年 11 月

# 前 言

　　我国的改革开放，城市化是浓墨重彩的一笔。这种大规模、快速的城市化进程对城市用地、住房、基础设施建设、经济与社会发展及环境保护等各个方面都提出了前所未有的挑战；此外，经济体制改革、农村改革以及全球化、气候变迁、能源开发与替代等因素叠加，城市这一复杂巨系统始终面临着不确定性的挑战，风险不可避免。

　　由于人口和经济活动的高度聚集，城市具备有别于乡村的特性，城市环境中的风险有独特的成因、表征、演化和嬗变，易造成巨大损失甚至带来影响深远的危害。面对日益复杂的城市风险，单一的、机械的解决方案，难以取得实效，城市风险管理理论研究和实践探索都迫在眉睫。

　　城市风险管理的复杂性不仅在于管理对象的复杂，还在于其管理过程本身也充满不确定性因素，如果不能有效处理这些管理难点，就可能造成新的风险，这正是城市风险管理的挑战所在。同济大学城市风险管理研究院成立至今已有五年，我们的工作始终聚焦于城市风险管理的难点和痛点。这本《城市风险管理学——城市运行安全的中国实践》不仅是这五年研究的成果，更是根植于中国城市特别是超大城市风险管理的多年实践，汇聚了各行各业城市风险管理者的智慧。2017 年开始，同济大学城市风险管理研究院联合同济大学出版社策划出版"城市安全风险管理丛书"，共 24 个分册，丛书的出版填补了这一领域的空白。对于各行各业的城市管理者来说，这套丛书提出了大量操作性极强的思路和方法，但与此同时，我们也深知，还必须更系统、更全面地理解"城市风险管理"，及时总结我们的城市在应对各类风险中的经验与得失，提炼行之有效的方法并使之能被更广泛地运用。

城市风险管理是新兴的、充满学科交叉的研究领域。城市风险管理学的研究范畴包含对城市风险这一客体和主体管理行为的研究。许多社会及自然现象被看作复杂系统，例如城市、经济体、生态体系等。城市风险管理是在复杂局面中寻求理性决策，解决复杂问题。原有的学科边界会被打破，一个开放的学科支撑体系正在形成，城市风险的复杂性决定了其管理方法、管理工具的多样性。或许，我们能想到的所有学科都可能为城市风险管理带来启迪，丰富决策思路，提供管理工具。在本书编写过程中，我们吸收、借鉴了国内外学者既有的成果，深感这一领域已经充满了深刻的理论探索和丰沛的思想激荡，我们相信，每一个观点都能给城市管理工作带来启发，城市风险管理的探索也因为有了许许多多的同行者，才更加充满希望。

在庞杂的知识体系中，如何认识、理解城市风险？本书编写过程中，我们始终以管理实际为出发点，以实现城市风险防控目标为导向，分析、研究、构建城市风险概念。我们认为，对城市风险的认知，应以人和城市系统的交互作为城市风险的认知框架，以此为指引，用开放的态度，不断拓展关于城市风险的认知边界，以应对高度不确定性的环境；我们还要有历史的眼光、未来的视角，从城市发展的周期性规律出发，宏观地把握不同阶段城市风险的特征。当然，我们也必须对各类突发事件的形成原因、处置方法有清晰的认识；只有这样综合地、多维度地理解城市风险，才可能不断锤炼出对城市风险的敏感与警觉。不同的视角会影响管理实践的路径选择，希望多维的视角与思考能够给管理者带来启发。

本书的大量研究基于中国城市，特别是超大城市风险管理的实践，结合了"十三五""十四五"期间中国城市数字化建设、韧性城市建设、多元共治社会治理的要求，系统阐述了城市风险防控的主体、机制、体系和能力。特别是在抗击新冠肺炎疫情的斗争中，城市人口密集，防控难度大，但是直到今日，我国依然是世界主要大国中发病率最低，死亡人数最少的国家，我们的城市始终让人安心、放心。我们的城市展示出的精准防控能力，独特的韧性，必然是未来我们应对各类城市风险的宝贵财富。

多难兴邦，中华民族在各种风险和灾害中一直展现出独特的力量和智慧，延绵传承，滋养着每一个中国人；今天，"人民城市人民建，人民城市为人民"的理念正在融入城市治理的每一个细节，在克服各种艰难险阻、应对各种风险挑战中，我们的城市正在贡献中国智慧，形成中国方案。编著《城市风险管理学——城市运行安全的中国实践》，是为了使我们的城市成为世界上最有安全感的城市而贡献绵薄之力，是为了让全社会更加关注城市风险管理，是为了使城市风险管理理论之树更丰茂、实践成果更丰盛。

"城市实际上是一个彼此相关的人类群体"，城市风险管理与你我相关。在此，感谢每一位同行的伙伴。我们相信，人人关注，人人参与，是城市应对不确定性最重要的保障。

徐建平

2021 年 11 月

## 目 录

序
前言

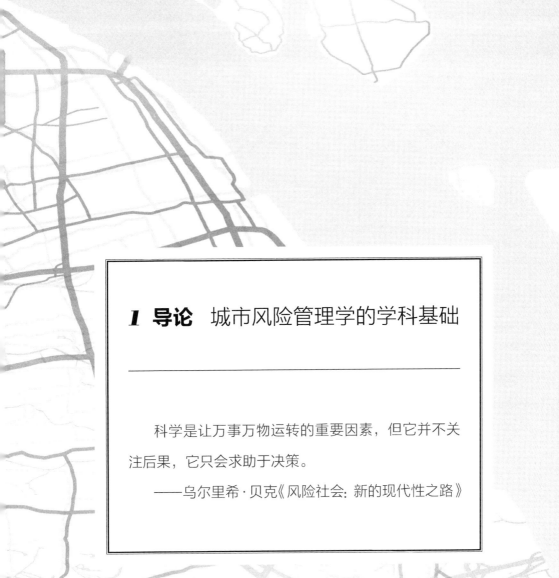

# 1 导论　城市风险管理学的学科基础

科学是让万事万物运转的重要因素，但它并不关注后果，它只会求助于决策。

——乌尔里希·贝克《风险社会: 新的现代性之路》

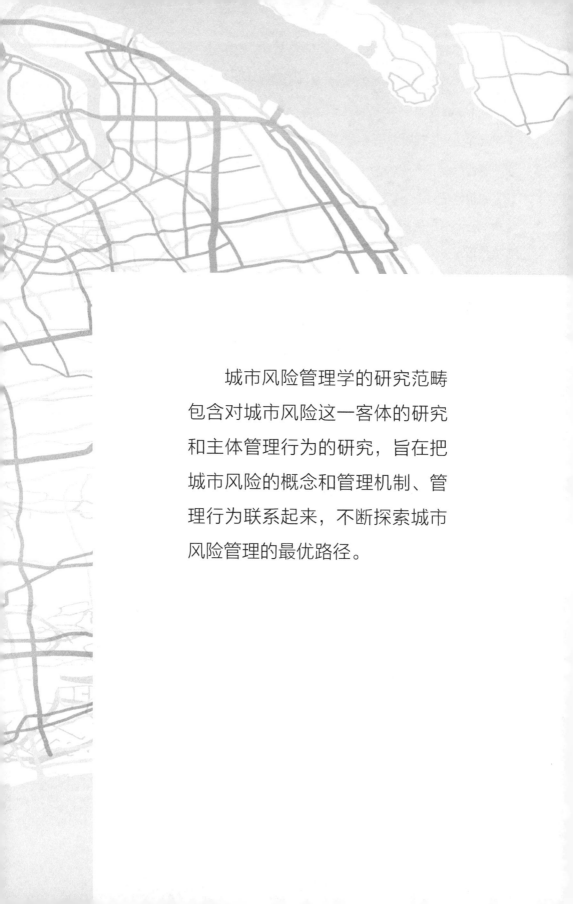

城市风险管理学的研究范畴包含对城市风险这一客体的研究和主体管理行为的研究，旨在把城市风险的概念和管理机制、管理行为联系起来，不断探索城市风险管理的最优路径。

城市风险管理是一个崭新的课题，在以往的城市治理中，对城市风险的研究多局限在传统的由自然灾害引发的应急管理和危机管理方面。但是随着城市的快速发展，产业高度聚集、人口大量迁徙流动、高层建筑林立、道路交通满负荷运行等城市特征日益清晰，城市面临着比以往更多、更复杂的威胁，尤其是突发疫情冲击公共卫生体系、极端天气引发的自然灾害等不确定因素影响日益增加，城市风险也由发展之初单一的、相对孤立的城市问题逐步演变成具有密集性、复合性、区域性和并发性等多重特征的新型问题[1]，以往的"城市问题"或"城市危机"演变成为"城市风险"，城市步入了科学系统的"风险管理"阶段。

城市风险管理学的研究范畴包含对城市风险这一客体的研究和主体管理行为的研究，旨在把城市风险的概念和管理机制、管理行为联系起来，不断探索城市风险管理的最优路径。

和城市风险的特征相对应，城市风险管理来自管理科学、社会科学、自然科学等多领域专家协作。城市风险管理学既要有对城市风险总体规律的研究，也包含风险管理的具体领域研究。只有诸多学者与实践管理者的全方位协作，推动城市灾害管理模式从"应急处置型"向"风险管理型"转变，才能真正促进城市风险治理能力的提高，真正实现城市运行健康有序、和谐稳定的目标。

城市风险学具有开放的学科框架，本章的目的在于展示风险管理学的跨学科性，打开观察、理解、研究城市风险管理的视野。在不同学科的研究范畴中，城市风险的研究者或许可以找到"遥远的相似性"，从不同视角理解城市风险和城市风险管理，从而在实践中找到行之有效的手段和措施，这也符合这一新兴学科的特性。

## 1.1　城市风险管理的社会学基础

### 1.1.1　风险的概念

风险是融合多学科领域的一个重要概念，与社会学[2]、心理学[3]、法学[4]、历史学[5]、经济学[6]、自然科学[7]以及健康与安全科学[8]等广泛相关。研究人员所处的社会、政治、文化环境差异导致其认知结构不同[9]，因此，基于不同的背景，不同的人会对风险的含义有着不同的理解[10]。有些学者认为风险是主观的和可认知的，并取决于可获取的知识；有些学者认为由于风险参数具备概率的特征，因此它是随机的；有些学者认为风险是关于预期值的，有些认为是关于不确定性的，有些认为是关于目标的。

然而风险是社会固有的元素，并且能够带动社会的创新和发展。纵观风险研究的发展历史，虽然不同学者对如何定义和解释风险还没有达成共识[11]，但大体上对其概念有如下两个基本共同认知。

一是认为风险有不确定性的属性。风险存在的先决条件——风险的本质具有不确定性[12]，即未来不是预先确定的，而是取决于人类活动。绝对确定的事情是不存在的，因为可用知识领域的信息要么不准确，要么不完整[13]。因此，不确定性是风险社会中一个必要的和恒定的因素。

二是风险的不确定性可以量化和计量。随着概率计算的发展和人类认知水平的提高，现代意义上的风险，是可以被计算并通过概率予以表征的风险[14]。因此，风险在技术意义上被定义为潜在有害事件的概率和后果，这形成了保险制度的根基[15]，也给风险管理带来了客观依据。

### 1.1.2　风险社会学说

"风险"原本是一个与人类难以预测未来有关的概念。这种"预测未来的困难"，自人类存在以来一直伴随着人类社会。因此，自然会产生这样的疑问："人类社会自古以来就是'风险社会'，是否有必要把现代社会进一步称为'风险社会'？"

　　"风险社会"的概念由德国著名社会学家、慕尼黑大学和伦敦政治经济学院社会学教授乌尔里希·贝克（Ulrich Beck）在1986年出版的《风险社会：新的现代性之路》（*Risk Society: Towards a New Modernity*）一书中首次系统提及[16]。贝克对风险的定义深刻揭示了现代社会风险的现代性本质，具有洞察力和学理性，得到学界的广泛认可。他的思想在包括《风险社会》《风险时代的生态政治》《世界风险社会》等在内的一系列著作和文章中得以全面体现。

　　贝克从生态环境与技术的关系切入，把风险首先定义为技术对环境产生的威胁，然后不断扩大该概念的适用范围，使之与现代性理论联系在一起，逐步抽象为一个具有普遍意义的概念，从而从风险视角揭示现代性对人类产生的影响。贝克认为，一方面现代社会发展带来很多副作用，比如科技支持下的经济发展、全球化进程会带来的风险；另一方面，科技发展使人们有了新的风险辨识工具，很多风险因此被衡量、辨别，甚至被建构出。风险，它不是不存在，它因被发现而存在。我们用科学理性作为工具，用社会理性作为标尺，评价了风险的等级；实际上一切已经在过去发生了，所做的只是用新方法发现它。风险与发展可谓互为因果。[17] 这些思想开启了人们对现代社会与风险关系的辨析之路，提醒人们看到技术发展在给人们生活带来巨大便利的同时，也改变了的风险的存在方式。

　　　　正如《风险社会：新的现代性之路》的副标题所示，风险社会理论是一种现代社会理论。贝克声称，风险社会具有显著的现代社会特征，是"先进工业化不可避免的结构性条件"，"现代社会已成为一个日益被各种争论占据的风险社会，并预防和管理自身产生的风险"。

　　贝克的思想对于研究城市风险而言，有非常重要的价值。因为城市是典型的现代社会，具有现代社会的普遍特征，城市风险也是现代社会风险的缩影。

　　安东尼·吉登斯（Anthony Giddens）将现代性看作现代社会或工业文明的

缩略语，它包括从世界观（对人与世界的关系的态度）、经济制度（工业生产与市场经济）到政治制度（民族国家和民主）的一套架构。他着眼于"从制度层面上来理解现代性"[18]。在这个意义上，现代性大致等同于"工业化的世界"。今天我们所生活的城市，与工业化有着密切关系。工业化和城市化发展是两个互动的过程。二者的相互关系主要表现为：以工业化为起点的产业革命推动了现代城市化的发展[19]。因此，可以说城市是典型的现代社会。

风险社会理论揭示了现代性的内在悖论，从社会学角度看，这也是城市风险产生的原因所在。人类从未战胜过自然灾害，而用来应对自然的技术和活动不仅没有能够消除不确定性，反而可能加强了原有的不确定性。复杂的人类活动、工业生产、各类技术建构了新的不确定性。生物安全、病毒安全、技术安全、网络安全等新形态安全问题都能体现出这一特征。

这些现象在城市这一复杂且脆弱的系统中，表现得更加充分。可以说，风险社会理论对现代社会风险特征的揭示，反映出城市风险的共性特征。因此该理论必然是研究城市风险重要的理论输入。

### 1.1.3　风险社会的责任困境

"风险社会"理论对于城市风险研究的另一个贡献在于，它指出了城市风险管理面临的难点。

现代"风险"与人类自身的决策和行动所产生的后果紧密相连，成为影响个人及群体事件的特定形式。今天人们所面临的各类风险，很多是主观性风险。

贝克指出，风险概念是规范意义上的概念，他用"有组织的不负责任"（organized irresponsibility）这一概括性的论断，对当代社会进行了批评性的剖析，确立了风险与责任缺失之间的必然联系，并使风险与责任规范之间的关系变得越来越明朗。正如斯崔德姆所言："风险社会的一个特征是产生危险、威胁和风险，以及将它们的责任从一个系统转移到另一个系统。"[20]

这些理论昭示出风险社会的责任困境，这对城市风险管理而言具有非常重要的现实意义。

贝克将他重视的与责任相联结的风险定义关系分成了四组问题："（1）谁将定义和决定产品的无危险性、危险、风险？责任由谁决定——由制造了风险的人，由从中受益的人，由它们潜在地影响的人还是由公共机构决定？（2）包括关于原因、范围、行动者等的哪种知识或无知？证明和'证据'必须呈送于谁？（3）在一个关于环境风险的知识必定遭到抗辩和充满'盖然'①主义的世界里，什么才是充分的证据？（4）谁将决定对受害者的赔偿？对未来损害的限制进行控制和管制的适当方式是什么？"[21]

城市风险由于其复杂性，在管理上同样面临这些责任困境。在实践中，城市风险的制造者、界定者、责任承担者往往是复杂、模糊的主体，而这些也是城市风险管理实践中的难点，是城市风险管理学努力厘清、辨析，寻求解决的问题。

### 1.1.4　城市风险研究中的关键概念

城市作为聚落文明的高级形态，在本质上是一种空间地域综合体，它将人类诸多需求的满足和高度文明的活动集聚在一定空间范围内，缩短了要素流动的空间距离，从而降低了有关主体的合作成本。[22]

在当前的全球背景下，城市经历了快速、持续且往往是无计划的习惯性增长，导致环境、土地等资源利用发生重大变化。这种增长影响了城市的构成以及与环境的关系，增加了社区、公共和私人基础设施以及经济发展的风险。

在众多文献中，城市风险主要源于自然灾害、错误的技术和行政管理方式，并具有一系列难以预测或控制的后果。根据贝克（Beck，1992）的说法[16]，19世纪的社会风险主要是贫困、健康和当地的工业事故。

当代社会的发展变化和社会经济失衡形成了新的风险来源，并与劳动力市场的变化、收入和其他基本资源的不平等分配、人口结构、去工业化或政治变革密

---

① 盖然性，哲学用语，与"必然性"相对，有可能但又不是必然的性质。

切相关。现代城市面临着一系列自然环境和社会环境引发的风险，需要社会科学进步，制定可持续发展目标[23]。

这些研究反映出，城市风险既与自然灾害和地缘经济不平衡等因素有关，也与脆弱性、影响、危害、适应性能力这些关键概念高度相关。为了便于后文论述，表1-1列举出城市风险研究中的关键概念。

表1-1　城市风险研究中的关键概念

| 关键概念 | 定义 | 作者/资料来源 |
| --- | --- | --- |
| 危险程度 | 可能具有破坏性的物理事件、现象或人类活动，可能导致生命损失或损害、财产损害、社会和生态破坏或环境退化，并可能具有不同的起源：自然（地质、水文气象和生物）或由人类发展过程引起的（环境退化和技术逻辑危害）[24] | EUROPEAN COMMISSION 2015 |
| 社会影响 | 指对不同数量的人员造成活动中断，或使某些服务或公用事业无法使用的日常生活干扰 | Badescu 2017 |
| 可能存在的漏洞 | 表示个人、社区和系统暴露于基于某些基本条件的危险影响的程度：物理、经济、社会、环境因素以及增加个人或社区对各种危险的敏感性影响的过程[25] | UNISDR 2017 |
| 风险因素 | 由于某些暴露条件、脆弱性和能力造成的某些潜在损失（受伤、人员伤亡、经济活动干扰、货物破坏或变质、环境状况）的可能性 | UNISDR 2017 |
| 自适应工作能力 | 人们利用所有可用的资源，应对风险情况和灾难的能力 | UNISDR 2017 |
| 复原力 | 社会暴露在危险中的抵抗、适应自己和在影响后恢复的能力[26] | Balteanu 2013 |

## 1.2　城市风险管理的管理学基础

城市风险管理作为一个跨学科的领域，需要深入研究经济学、系统决策、工程管理等基础知识，有利于形成风险管理的正确理念，把握风险管理的正确方向。

### 1.2.1 经济学基础

运用经济手段分散风险、规避风险是风险管理中重要且有效的手段。最直接和典型的经济手段就是保险制度。保险是一种以经济保障为基础的金融制度安排。它通过对不确定事件发生的数理预测和收取保险费的方法，建立保险基金；以合同的形式，由大多数人来分担少数人的损失，实现保险购买者风险转移和理财计划的目标。[27]

风险是保险存在的前提和基础。风险和保险需求之间的关系源自效用和财富之间的关系[28]。人们面临着就业、收入、资产回报、健康等风险，为了捕捉风险规避的直觉，经济学中一直利用期望效用模型解释人们购买保险的原因，即假设消费者是理性人，且是风险规避者，规避风险的人更喜欢确定性，因而他们愿意为消除风险的保险单支付的保费超过保险的精算公平保费。

然而，期望效用准则的分析框架自身同样也存在着不足。在现实生活中，决策者并非纯粹的理性人，且在实际决策过程中常常违背期望效用准则。因此，期望效用准则对风险决策过程的解释也受到了人们的质疑。

从期望效用准则看，财力强大的政府通常没有巨灾保险需求。但在现实世界中，政府也会购买巨灾保险。例如，近几年，黑龙江省财政厅、广东各地市政府向商业保险公司购买了农业巨灾指数保险，宁波市政府向商业保险公司购买了自然灾害保险。[29] 这背后有多种因素作用。

近些年来，行为经济学（behavioral economics）对期望效用准则进行了发展和完善，比如提出了后悔理论（regret theory）、过度反应理论（overreaction theory）等。其中，丹尼尔·卡尼曼（Daniel Kahneman）和阿莫斯·特维斯基（Amos Tversky）所创立的前景理论（prospect theory）是众多风险决策理论中一个非常具有代表性的模型，是对期望效用理论的一个很好的补充。与期望效用准则将决策者假定为"理性人"不同，前景理论依据社会生活中的现实状态，强调从人们的行为心理特征出发，分析人们在风险决策过程中偏离理性的原因和本质。卡尼曼和特维斯基认为，期望效用准则可以对某些简单的决策问题做出准确描述，但是在现实生活中，大多数决策问题是非常复杂的，存在着许多非理性因素。前景理论的主要结论有：第一，决策者不仅关心财富本身的最终价值，而且更加关心财富相对于某个参照点的相对变化；第二，大多数人在面临收益时是风险规避的，在面临损失时是风险偏好的；第三，人们对损失和收益的敏感程度是不同的，且损失时的痛苦感大大超过收益时的快乐感。

城市风险的复杂性决定城市风险管理必须要运用多种手段，特别是通过经济手段构建风险分担机制，提高各类主体的风险承担能力，提高恢复能力和发展韧性；建立多种激励机制和处罚机制，运用经济学模型并建立科学、实用的指标体系，获得风险规避的定量估计，运用风险分析和专家评估等各种方法、手段激励完善和落实城市风险规避方法和管理制度，建立城市风险隐患排查和安全预防控制体系，加快事故处置时效，提升政府风控水平和治理能力。因此掌握一定的经济学知识对提高城市风险管理能力十分重要。

### 1.2.2 系统和决策理论基础

系统科学在管理实践中有重要价值。在我国，钱学森把系统科学应用于实践，为我国航天事业后来居上奠定了基础。他提出了复杂巨系统，用定量、定性结合的方式解决问题，还借鉴了很多其他学科的方法来帮助系统高效运转，比如，让多个系统的子任务平行推进，并且紧密观测每个子任务的进度，这就是管理学讨论的问题。

所谓决策，又称决策分析(decision analysis)，是系统科学研究的一个基本对象，也是一种重要方法。现代管理学对决策有两种不同层次的理解：狭义理解，认为决策是一个做出决定的行为，也就是从几种方案中选择其一，即通常意义上的"拍板"；广义理解，认为决策就是人们为已明确的目的而制定行动方案，分析客观条件，提出各种备选方案，借助一定的科学手段和方法，进行预测、判断、分析和计算，按照某种准则，选取一个最优方案并组织实施的全部行为过程。

一个理想的决策者需要有足够的信息，计算完全准确，并认为自己做出的是完全理性的决策。这种专门帮助人们进行决策的规范方法即被称为决策分析，现在已有许多关于优化决策的工具、技术等软件，人们称之为决策支持系统。

风险由两部分组成：出现问题的不确定性，以及如果出现问题的负面后果。风险的管理也就是一个在不确定情况下的评估、选择和决策的过程。不确定情况下的选择，即期望值，是决策理论的核心，在 17 世纪广为人知。布莱斯·帕斯卡（Blaise Pascal）在 1670 年《思想录》的著名赌注故事中使用了这个概念[30]，他考虑了上帝存在与否的不确定性，并就是否相信上帝做出决定——如果上帝是真实的，相信上帝的回报就是无穷无尽的；如果你是无神论者，不管上帝存在与否都不会给你带来好处。因此，无论上帝实际存在的概率有多小，相信上帝的期望值都会超过不信的期望值。所以帕斯卡得出结论，相信上帝更好。对于风险来说，也是一样的道理——如果你相信风险的存在，你可以规避很多可能发生的意外，避免更大的损失；如果你选择对风险视而不见，那么不管风险是否发生，你都无法从中获得更大的好处。

期望值理论的思想是，当有多个动作要采取时，每个动作得到的值和得到的概率是不同的，所以要做出理性的决定，准确估计那些值和概率，再将它们相乘，可以得到采取动作时的期望值。要采取的行动是具有最高期望值的行动。1738 年，丹尼尔·伯努利（Daniel Bernoulli）发表了著名的论文《风险度量新理论的论述》[31]，其中使用了圣彼得堡悖论来表明期望值理论在规范上是错误的。他还举了一个例子进行说明。一个荷兰商人在冬天将香料从阿姆斯特丹运送到圣彼得堡时，如果货物有 5% 的概率会丢失，他将如何决策给商船买多少钱的保险。荷兰商人在决策过程中，先要确定一个效用函数，并计算期望效用而不是期望的财务价值。这也就是我们说的，人们习惯从财富偏好的角度来决定风险态度。

进入 20 世纪，亚伯拉罕·瓦尔德（Abraham Wald）在其 1939 年的论文中阐明了当时统计理论中的两个核心问题[32]——假设检验和统计推理理论，二者被视为更广泛的决策问题概念的特例。这篇论文启发了现代决策理论的许多观点，如损失函数、风险函数、先验概率、容许决策规则、贝叶斯决策规则、极小化极大等决策规则。

随后，冯·诺依曼等（Von Neumann，1944）建立了效用的公理体系，并和摩根斯特（Morgenstern）一起出版了《博弈论与经济行为》一书，标志着现代系统博弈论的初步形成；萨维奇（Savage，1954）建立了严格的统计决策理论；纳什（Nash）在1950年、1951年的两篇关于非合作博弈的重要论文提出了"纳什均衡"，奠定了现代非合作博弈理论的基础；霍华德（Howard，1966）采用"决策分析"一词，并将系统分析方法引入统计决策理论。因为在博弈论中的研究成果，纳什、塞尔腾（R. Selten）、海萨尼（J. Harsanyi）共同获得1994年诺贝尔经济学奖[33]。

决策理论始终受到风险管理过程的潜在影响，因为风险管理所取决的规则源自决策理论的一般知识和戒律[34]。一旦风险被评估过，决策者必须就应该做什么尽快做出决定。

决策制定是通过确定决策、收集信息和评估替代解决方案来做出选择的过程，主要包括7个步骤：

第1步：确定决定。意识到需要做出决定。尝试明确定义必须做出决定的性质。这一步非常重要。

第2步：收集相关信息。在做出决定之前收集一些相关信息：需要哪些信息、最佳信息来源以及如何获取这些信息。这一步涉及内部和外部的"工作"。有些信息是内部信息，将通过自我评估过程来寻找；其他信息是外部信息，可以通过上网、查阅书籍、咨询其他人或其他来源找到。

第3步：确定替代方案。在收集信息时，会确定几种可能的行动路径或替代方案，还可以利用想象力和其他信息来构建新的替代方案。在此步骤中，将列出所有可能和理想的替代方案。

第4步：权衡证据。利用信息和情感来想象如果将每种选择都执行到最后会是什么样子。评估是否会通过使用每个替代方案来满足或解决步骤1中确定的需求。当经历这个艰难的内部过程时，会开始偏爱某些替代方案：那些看起来更有可能实现目标的方案。最后，根据自己的价值体系，按优先顺序排列备选方案。

第 5 步：在备选方案中进行选择。一旦权衡了所有证据，就可以选择似乎最合适的替代方案，甚至可以选择多种备选方案的组合。在第 5 步中的选择很可能与第 4 步结束时放在列表顶部的替代方案相同或相似。

第 6 步：采取行动。现在已准备好采取一些积极的行动，开始实施在第 5 步中选择的替代方案。

第 7 步：审查决定及其后果。在这最后一步中，考虑决定的结果并评估它是否解决了在第 1 步中确定的需求。如果该决定未满足确定的需求，可能需要重复该过程的某些步骤以做出新的决定。例如，可能需要收集更详细或有些不同的信息以探索其他替代方案。

从系统工程的角度看，决策的过程必须以更大的系统为背景，如图 1-1 所示。

上述决策理论的基本方法可以帮助理解一项风险决策的产生过程，风险决策的基本原则可以帮助解释在风险管理过程中为什么要采取这样的决策而不采取那样的决策。在城市风险管理领域，同样面临着风险决策的问题。城市风险管理的

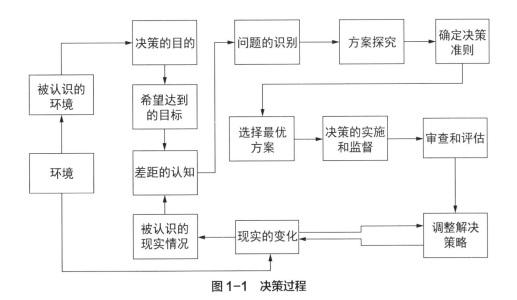

**图 1-1　决策过程**

决策过程和具体措施的采用同样离不开决策理论指导。城市风险管理的决策实际就是各利益相关方参与协商谈判、利益博弈，平衡权益分配，从而解决、缓和或规避不必要的社会冲突风险，推动政府的治理和服务能力的提升，进而推进国家治理体系和治理能力现代化。

### 1.2.3 管理科学与工程学科

管理科学与工程以人类社会组织管理活动的客观规律及其应用为对象，以数学、运筹学、系统工程、电子技术等为研究手段，是一门跨自然科学、工程科学和社会科学的综合性交叉学科。

在管理科学与工程一级学科中，城市风险管理研究主要涉及工程管理、社会管理工程等二级学科。

工程管理：是为对大型工程项目进行统筹计划、组织、指挥、协调、控制和评价提供理论、方法和技术支撑的学科。通过对工程系统进行数学建模和求解，解决工程建设领域的项目决策和全过程管理问题，并为决策者选择方案提供定量依据。其主要研究方向包括工程的风险与安全管理、工程项目治理与分包管理、工程招标控制理论与方法、工程信息管理理论和方法等。

社会管理工程：是协调各行业行为主体关系，规范社会行为，解决社会问题，化解社会矛盾，促进社会公正，应对社会风险，保持社会稳定的实践性学科。主要围绕社会发展过程中出现的重大问题、突发事件和热点问题，利用风险分析与预测、决策和评估、复杂科学等理论和方法进行数学建模和仿真，为不同行为主体决策提供依据。其主要研究方向包括事故管理、劳动保护管理、环境及卫生管理、防灾减灾预案、危机管理等。

管理学无疑是城市风险管理学的重要理论输入，尤其是城市风险多与重大工程项目建设管理、城市运行管理强相关，这些领域的研究和实践为城市风险管理奠定了丰厚的基础。

## 1.3 城市风险管理的学科体系与建设

以上介绍的学科、理论，对城市风险管理而言，具有基础性、启发性的作用。然而城市是一个复杂巨系统，城市风险的复杂性显而易见，特别是现代社会的风险管理背后是专业而系统的技术，没有一定的专业知识很难理解这些风险产生的原因、演化的脉络。在实践中很容易发现，城市风险管理者不仅要具备统筹综合能力，还需要对城市风险高发领域的专业知识有所涉猎，这样才能在复杂局面中做出最优决策。

从加强城市风险管理学科建设的角度看，培养掌握公共安全和风险管理理论、技术与方法，能够从事城市环境演变与自然灾害风险管理、基础设施防灾减灾与防护、轨道/道路/港口风险管理等相关科研、教学、管理及技术开发的复合型人才，建立适合我国国情的城市风险管理行业标准已势在必行。

### 1.3.1 城市风险管理学科建设的相关学科

城市风险管理学科建设，重点聚焦城市在发展和运行过程中所面临的自然灾害管理、事故灾难管理、公共卫生管理、社会安全管理等方面，主要涉及地理学、建筑学、土木工程、测绘科学与技术、交通运输工程、安全科学与工程、管理科学与工程、公共管理、应用经济学、理论经济学、法学等一级学科，如图1-2所示[35]。

#### 1. 地理学

地理学是研究地球表层各种自然现象和人文现象，以及它们之间相互关系和区域分异的学科。侧重于研究当今世界发生重大事件的自然与人文原因，是国民经济建设必需、日常生活必备的基础性学问。

在地理学一级学科中，城市风险管理研究主要涉及环境与灾害地理学、城市与区域地理学等二级学科。

环境与灾害地理学：研究人类活动与自然环境相互作用的区域空间特征、影响因素及主导过程，特别关注诸如环境污染、生态改变、自然灾害等因人类活动

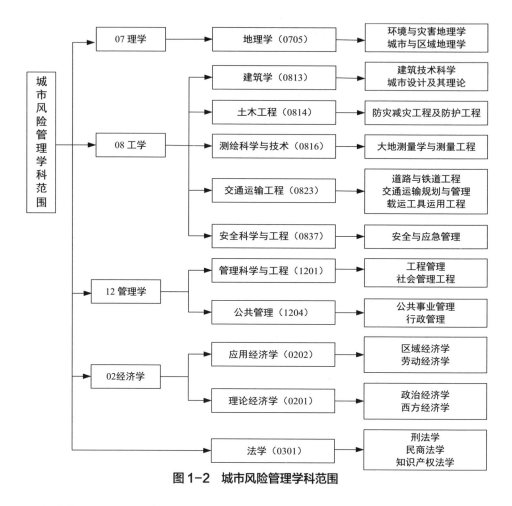

**图1-2 城市风险管理学科范围**

而导致的自然环境变化以及这些变化对人类生存环境的影响。这里的环境指广义的环境，即影响人类生存、繁衍与发展的外部条件的总体。环境与灾害地理学具有显著的学科交叉特征，不仅在自然地理与人文地理之间建立了重要联系，而且与生态学、环境科学及资源科学等有密切关系。

城市与区域地理学：研究各地理要素的组合和相互联系，以揭示区域特点、区域差异和区际关系，突出以城市为核心的区域研究。城市地理研究把城市作为地球表面的特定范围，从空间相关和人地相关的角度研究城市的形成与发展。

2. 建筑学

建筑学是研究建筑物及其环境的学科，也是关于建筑设计艺术与技术结合的学科，旨在总结人类建筑活动的经验，研究人类建筑活动的规律和方法，创造适应人类生活需求及审美要求的物质形态和空间环境。

在建筑学一级学科中，城市风险管理研究主要涉及建筑技术科学、城市设计及其理论学等二级学科。

建筑技术科学：研究与建筑的建造和运行相关的建筑技术、建筑物理、建筑节能及绿色建筑、建筑设备、智能建筑等综合性技术以及建筑构造等。基础理论包括建筑防灾与建筑安全、建筑工艺技术与建筑材料等，研究方法包括建筑构造原理与方法、绿色建筑设计与评估等。

城市设计及其理论：研究城市空间形态的规律，通过空间规划和设计满足城市的基本功能和形态要求，整合土地使用、交通组织、社区空间、综合功能开发、历史文化遗产保护等要求，使城市及其各组成部分之间相互和谐，展现城市的整体形象，同时满足人类对生活、社会、经济以及美观的需求。

3. 土木工程

土木工程是建设各类工程设施的科学技术的统称。它既指工程建设的对象，即建造在地下、地上、水中等的各类工程设施，也指其所应用的材料、设备和进行探测、设计、施工、管理、监测、维护等工作中所应用的专业技术。面临地震、台风等自然灾害的频发，自然资源的短缺，人类居住环境恶化，以及人类向高空延伸、向地下发展、向海洋拓宽的探索与发展，土木工程建设进入了低碳节能的可持续发展阶段，在空间域上从单纯使用阶段的安全设计发展到工程全寿命周期的精细化设计与可靠性管理，在深度上从单纯依靠单一学科深化到依靠多学科的交叉。

在土木工程一级学科中，城市事故灾难管理研究主要涉及防灾减灾及防护工程等二级学科。

防灾减灾工程及防护工程：通过综合应用土木工程和其他学科的理论与技术，建立与发展以提高土木工程结构和工程系统来抵御人为和自然灾害的科学理论、设计方法和工程技术的学科。学科的科学内容为地震工程、抗风工程、抗火工程、抗爆工程和防护工程等，目的是通过工程措施最大限度地减轻灾害可能造成的破坏，保证人民生命和财产的安全，保障灾后经济恢复和发展的能力，以及满足国家安全防护的需要。

### 4. 测绘科学与技术

测绘科学与技术是研究地球和其他实体与时空分布有关信息的采集、存储、处理、分析、管理、传输、表达、分发和应用的科学与技术，为研究自然和社会现象，解决人口、资源、环境和灾害等社会可持续发展中的重大问题，为国民经济和国防建设提供技术支撑和数据保障。

在测绘科学与技术一级学科中，城市风险管理研究主要涉及大地测量学与测量工程等二级学科。

大地测量学与测量工程：应用卫星、航空和地面测量传感器对空间点位置进行精密测度、对城市和工程建设，以及资源环境的规划设计进行施工放样测量并进行变形监测的技术。研究地球与其他空间实体的形状、大小与重力场，为灾害、资源环境等地学研究提供数据和技术支撑。

### 5. 交通运输工程

交通运输工程学科是研究交通运输系统构成要素及其相互作用关系的学科，涉及交通基础设施的设计施工与养护、载运工具的运用与维修、交通信息工程及控制、运输规划与运营等。

在交通运输工程一级学科中，城市风险管理研究主要涉及道路与铁道工程、交通运输规划与管理、载运工具运用工程等二级学科。

道路与铁道工程：以铁路、公路、城市轨道、城市道路、港口、车站、机场等交通基础设施为主要研究对象，内容包括道路与铁道勘测设计方法，路基、路面结构设计及高速铁路、高速公路建造与养护技术，轨道结构与轨道动力学，道路建筑材料性能与路面综合设计理论与技术，交通设施质量监控、监测与健康评定方法，灾害防治与安全技术等。

交通运输规划与管理：以综合交通系统及城市交通系统的发展政策、规划设计、运行管理等为主要研究方向，内容涉及交通运输系统发展战略与宏观决策、交通运输系统规划与设计、交通运输系统资源配置优化、城市交通工程设计、客货运输组织与优化、交通运营管理与控制、交通安全管理与控制、物流园区规划与管理、交通运输经济、交通运输系统仿真等的理论、方法与技术，以及综合交通运输系统的运行规律、系统协同与可持续发展。

载运工具运用工程：以载运工具在交通运输系统内运用过程中的运行品质、安全可靠、监测维修为主要研究内容，涉及安全性、可靠性、维修性、舒适性及运输适应性等运行品质的原理及设计、评估方法，载运工具可靠运行、安全服役和节能、环保的理论与方法，载运工具运行状态监测、故障诊断与维修保障的理论与方法。

### 6. 安全科学与工程

安全科学是研究减少或减弱危险有害因素对人身安全健康等的危害、设备设施等的破坏、环境社会等的影响而建立起来的知识体系，为揭示安全问题的客观规律提供安全学科理论、应用理论和专业理论。

在目前的安全科学与工程一级学科中，城市风险管理研究主要涉及安全与应急管理二级学科。

安全管理是为实现安全生产而组织和使用人力、物力、财力和环境等各种资源的过程[36]。它利用计划、组织、指挥、协调、控制等管理机能，在法律制度、组织管理、技术和教育等方面采取综合措施，避免发生伤亡事故，保证人的安全和健康，保证财产安全和生产顺利进行。应急管理是为应急的预防与准备、监测预防、救援处置和恢复重建等提供科学的管理理论和方法，包括安全法律法规、安全标准与认证、风险管理与评价、应急决策和指挥、应急处置与救援、应急监察和审计、应急心理行为、应急预案设计、公共安全风险评估与规划、公共安全监测监控和公共安全预测预警等。

### 7. 应用经济学

应用经济学指应用理论经济学的基本原理研究国民经济各个部门、各个专业领域的经济活动和经济关系的规律性，或对非经济活动领域进行经济效益、社会效益的分析的各个经济学科。

在应用经济学一级学科中，城市风险管理研究主要涉及区域经济学、劳动经济学等二级学科。

区域经济学：由经济学与地理学结合而形成，从经济学的角度，研究区域内经济发展与区域的关系及相互作用的规律。对于某一特定区域内的经济活动关系，在发挥地区优势的同时，促进实现资源优化配置和整体经济的高效发展。随着可持续发展及城市经济发展的提出，区域经济学在城市建设方面发展了城市经济理论体系、城市产业发展与产业结构、城镇体系规划、土地利用规划、房地产经济学等分支，为城镇建设及解决城市化问题、国际性大都市建设问题、房地产开发、西部大开发中城市的开发和建设问题提供理论指导。

劳动经济学：以劳动力的供需关系为研究对象，通过研究生产关系中的劳动关系，即劳动力与生产资料的结合方式、劳动力的分工合作等内容，实现以最少的劳动参与取得最大的经济效益。根据劳动经济理论与政策实践的研究，将理论成果与劳动就业的实践相结合，研究劳动力市场中的效率、劳动就业与劳动者保障、劳动关系、工资与收入分配等问题；并运用当代经济学、统计学与经济计量学的理论与方法，在定性与定量分析的结合中研究现实的劳动经济问题。

### 8. 理论经济学

理论经济学主要论述经济学的基本概念、基本原理，以及经济运行和发展的一般规律，为各个经济学科提供基础理论。

在理论经济学一级学科中，城市风险管理研究主要涉及政治经济学、西方经济学等二级学科。

政治经济学：研究一个社会生产、资本、流通、交换、分配和消费等经济活动、经济关系和经济规律的学科。从商品二因素和劳动的二重性出发，探究剩余价值、劳动力价值、资本、生产关系、社会再生产、资本累积等内容的资本发展过程。随着世界政治和经济的进步，政治经济学理论不断得到丰富，对经济改革和现代化建设有着重要意义。

西方经济学：以一般均衡理论、配置经济学、价格经济学为基础理论，以"经济人"假设为理论出发点，研究在私有制经济为基础的市场下，价格机制的变化、竞争博弈的推动，经济主体实现利益最大化的过程。其中，微观经济学以单个经济单位的经济行为为研究对象，解决资源合理配置的问题；宏观经济学以国民经济整体的运行行为为研究对象，解决充分利用资源的问题。

### 1.3.2 学科定位

近年来，随着经济社会的发展、城市化进程的加快，城市风险管理在社会治理中的地位越来越重要，对城市风险管理研究的需求越来越高，这就迫切需要建设城市风险管理有关学科。

学科建设通常从科学研究、人才培养、队伍建设、研究基地、国际交流、社会服务等方面进行考虑。具体如下：

科学研究：培育高水平的优秀科研成果，接轨国内外一流学术研究。

人才培养：出版系列高水平学术专著与教材，取得优质的人才培养成效。

队伍建设：引进一流的优秀人才，保持一支稳定的高水平学科团队，营造良好的人才激励机制和团队建设环境。

研究基地：打造国家级城市风险管理行业智库，建设若干城市风险管理有关省部级重点实验室。

国际交流：加强与国际组织、世界知名大学的合作交流。

社会服务：服务行业技术标准制定和重大决策咨询。

围绕城市风险管理学科当前的重点需求和定位，应重点聚焦城市自然灾害管理、城市事故灾难管理和城市社会安全管理三个方面的建设和研究，如图1-3所示。

从人才培养的角度看，城市风险管理学科建设旨在培养城市风险管理复合型人才，为城市在建设和运行过程中面临的风险问题提供决策咨询服务。这类人才

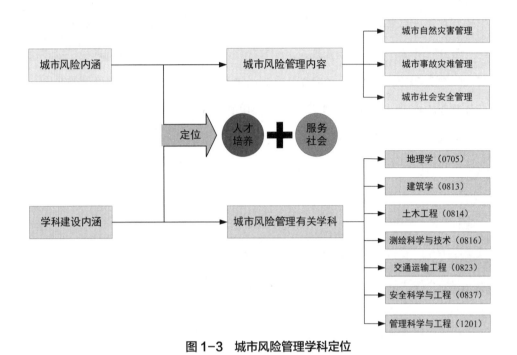

图 1-3 城市风险管理学科定位

应掌握公共安全和风险管理理论、技术与方法，能够从事城市环境演变与自然灾害风险管理、基础设施防灾减灾与防护、道路 / 轨道 / 港口风险管理等相关科研、教学、管理及技术开发等。城市风险管理研究方向如图 1-4 所示。

**1. 城市自然灾害管理**

可以依托地理学学科下设环境与灾害地理学、城市与区域地理学等二级学科，培养具有扎实的地理学理论基础，掌握现代自然地理的专业知识和研究方法以及学科发展前沿动态，熟练掌握遥感、地理信息系统等现代科技手段，具有较强的科学研究和综合实践应用能力以及创新潜质，能够从事地震、台风、暴雨等环境演变与自然灾害风险管理等相关科研、教学、管理及技术开发的复合型人才。

可以依托测绘科学与技术学科下设大地测量学与测量工程等二级学科，培养具有扎实基础理论知识，熟悉测绘科学研究方向的前沿动态，掌握卫星、航空和地面测量传感器等现代科技手段，具有较强的科学研究和综合实践应用能力以及

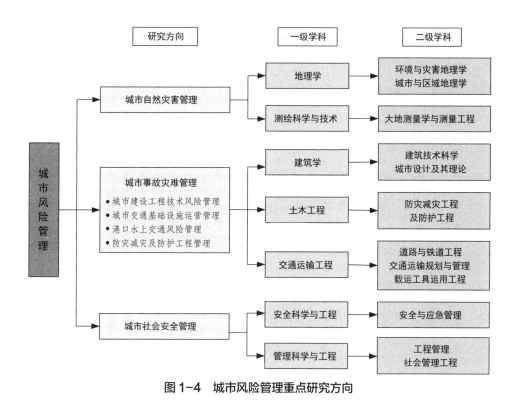

**图1-4 城市风险管理重点研究方向**

创新潜质，能够从事城市自然灾害风险管理等相关科研、教学、管理及技术开发的复合型人才。

**2.城市事故灾难管理**

1）人才培养

可以依托建筑学学科下设二级学科建筑科学技术、城市设计及其理论，培养具有扎实基础理论、知识体系和设计技能，掌握建筑防灾与建筑安全、城市空间形态的规律研究的技术手段，具有较强的科学研究和综合实践应用能力以及创新潜质，能够从事基于风险管理的城市设计、城市基础设施防灾减灾等相关科研、教学、管理及技术开发的复合型人才。

可以依托土木工程学科下设二级学科防灾减灾工程及防护工程，培养掌握坚实宽广的基础理论和系统深入的专业知识，具有独立从事科学研究工作的能力、严谨求实和勇于探索的科学态度以及良好的国际视野和学术交流能力，能够熟练应用现代道路和交通工程理论、先进的实验和数据采集技术手段以及相关计算模型方法开展创新性科学研究，能够从事城市基础设施防灾减灾等相关科研、教学、管理及技术开发的复合型人才。

可以依托交通运输工程学科下设道路与铁道工程、交通运输规划与管理、载运工具运用工程等二级学科，培养具有从事科学研究工作或者独立担负技术工作的能力，熟悉本学科的发展趋势、动向和学术前沿，具有从事载运工具的运行品质、安全性、可靠性、监测及维修等理论与技术等方面研究的能力，能够从事城市交通基础设施和载运工具的风险管理等相关科研、教学、管理及技术开发的复合型人才。

2）具体研究内容

城市建设工程技术风险管理：研究因建设工程所选用的工艺、设备在项目建成时已过时，或者由于设计施工单位的技术管理水平不高，造成对项目费用估算不准、建设工程出现质量缺陷或事故等的风险，通过风险管理理论、技术和方法来降低事故灾难可能造成的影响，满足城市风险管理的需要。

城市交通基础设施运营管理：研究道路、轨道、港口等交通基础设施，通过安全性、可靠性和韧性（resilience）理论有关技术和方法来降低事故灾难对城市交通基础设施运营可能造成的影响，维持突发事故灾难下城市交通系统的正常运营。

港口水上交通风险管理：研究港口、船舶和水上交通事故情景推演、风险预测、应急处置有关技术和方法，来降低事故灾难对城市交通风险管理可能造成的影响，满足港口水上交通系统的正常运转。

防灾减灾及防护工程管理：研究地震工程、抗风工程、抗火工程、抗爆工程和防护工程等，通过工程措施最大限度地减轻灾害可能造成的破坏，满足城市风险防控的需要。

3. 城市社会安全管理

可以依托管理科学与工程学科下设二级学科工程管理、社会管理工程，培养具有较强创新精神、实践能力，具有一定的国际视野和国际交流能力，具备良好的数理基础、经济学与管理学理论、现代信息管理理论与方法、计算机科学技术知识和应用能力，掌握管理决策数据分析方法、信息系统规划、分析、设计、实施和管理方面的方法和技术，能够从事城市风险分析与预测、决策和评估等相关科研、教学、管理及技术开发的复合型人才。

可以依托安全科学与工程学科下设二级学科安全与应急管理，培养掌握公共事业管理以及应急管理基本理论、基本知识和基本技能，全面了解和掌握与应急管理、公共事业管理相关的公共管理学科知识，熟悉和掌握政府及部门应对和处置各类突发事件的一般原理和方法，具备应对突发性事件的基本心理素质、处置能力与知识结构，具备在常规性风险管理与突发性应急管理工作中，为政府及其他各类社会组织编制应急预案、分析社会舆情、评估风险、组织协调应急行动、处置突发事件、管理灾后恢复等工作的能力与技能的复合型人才。

## 1.4　本章小结

城市风险管理学是一门还未形成广泛共识的学科，但是风险是一个古老的课题，人类发展的历史就是对抗各种风险的历史，当城市生活成为大部分人的生活方式时，其中蕴含的风险问题自然引起了广泛的关注。不同学科在自己的领域内对城市风险开展了很多研究，为城市风险管理提供了滋养。

这是城市风险管理学的独特性和魅力所在，也意味着一个优秀的城市风险管理者要有广阔的视野，基于现有的研究成果，在广博的知识海洋中不断汲取各种营养。本书展示了对城市风险管理有重要价值的理论和学科，这些理论和学科构成了开展城市风险管理研究的基本学科支撑，也可能成为未来城市风险研究的索引。

当然，本章展示的学科框架是开放的系统。未来，各个学科都可能为城市风险管理提供滋养，比如正在高速发展的信息技术、生物技术都可能成为城市风险管理的有效工具，并带来管理方式的变革，当然，也可能孕育新的风险。

第 2 章将结合现有的学术成果和研究，辨析城市风险的概念，界定城市风险管理的对象。

# 参考文献

[1] 徐祖远. 城市交通风险的归类分析和管控 [J]. 上海城市发展，2017(4):22-25.

[2] DEBORAH L. Sociology and risk[M]//GABE M，SANDRA W. Beyond the risk society: Critical reflections on risk and human security. London: Open University Press，2006: 11-24.

[3] BREAKWELL G M. The psychology of risk[M]. Cambridge: Cambridge University Press，2014.

[4] SUNSTEIN C R. Risk and reason: Safety，law，and the environment[M]. Cambridge: Cambridge University Press，2002.

[5] DIONNE G. Risk management: History，definition，and critique[J]. Risk Management and Insurance Review，2013，16(2): 147-166.

[6] MARK M，KIP V. Handbook of the economics of risk and uncertainty[M]. Oxford: Elsevier BV，2014.

[7] ROYSE K，REES J，SARGEANT S，et al. Predicting uncertainty and risk in the natural sciences: bridging the gap between academics and industry[C]// Geophysical Research Abstracts. European Geosciences Union，2011，13.

[8] BOYLE T. Health and safety: risk management[M]. New York: Routledge，2015.

[9] DEBORAH L. Risk[M]. 2nd ed. New York: Routledge，2013.

[10] JOHANSEN I L，RAUSAND M. Foundations and choice of risk metrics[J]. Safety Science，2014，62: 386-399.

[11] AVEN T. Quantitative risk assessment: the scientific platform[M]. Cambridge: Cambridge University Press，2011.

[12] SCHOLTEN L，SCHUWIRTH N，REICHERT P，et al. Tackling uncertainty in multi-criteria decision analysis‐an application to water supply infrastructure planning[J]. European Journal of Operational Research，2015，242(1): 243-260.

[13] VASVÁRI T. Risk，risk perception，risk management – a review of the literature[J]. Public Finance Quarterly，2015，60(1): 29−48.

[14] TERJE A. The concepts of risk and probability: an editorial [J]. Health，Risk & Society，2013(15): 117−122.

[15] BEARD R. Risk theory: the stochastic basis of insurance [M]. Springer Science & Business Media，2013.

[16] BECK U. Risk society: towards a new modernity[M].London：Sage，1992.

[17] BECK U. World at risk: the new task of critical theory[J]. Development and Society，2008: 37.

[18] 安东尼·吉登斯 . 现代性与自我认同: 现代晚期的自我与社会 [M]. 赵旭东，方文，译 . 北京：生活 · 读书 · 新知三联书店，1998.

[19] 周天勇，王元地 . 中国: 增长放缓之谜 [M]. 上海：格致出版社，2018.

[20] 派特 · 斯崔德姆 . 风险社会中的认同和冲突 [J]. 马克思主义与现实，2004(4):78−86.

[21] 乌尔里希 · 贝克 . 世界风险社会 [M]. 吴英姿，译 . 南京：南京大学出版社，2005.

[22] 马克 · 戈特迪纳，雷 · 哈奇森 . 新城市社会学 [M].4 版 . 黄怡，译 . 上海：上海译文出版社，2018.

[23] MELISSA L，GAVENTA J，PATRICIA J，et al. Challenging inequalities: pathways to a just world，key messages and main contributions[J]. World Social Science Report，2016: 26−31.

[24] EUROPEAN COMMISSION. The post 2015 Hyogo framework for action: managing risks to achieve resilience[R]. 2014.

[25] United Nations Office for Disaster Risk Reduction. UNISDR (United Nations International Strategy for Disaster Reduction)[R]. 2017.

[26] BĂDESCU I. Socioscopia dezastrelor naturale. Impactul social al scenariilor de risc seismic şi de secetă meteorologică[J]. Revista Romana de Sociologie，2017，28(5/6): 453−493.

[27] 孙祁祥 . 保险学 [M]. 5 版 . 北京：北京大学出版社，2013.

[28] ARROW K J. Uncertainty and the welfare economics of medical care (American economic review，1963)[M]. Durham: Duke University Press，2003.

[29] 郭振华 . 行为保险经济学 [M]. 上海：上海交通大学出版社，2020.

[30] PASCAL B. Pensées and other writings[M]. Oxford: Oxford University Press，1999.

[31] BERNOULLI D. Exposition of a new theory on the measurement of risk[M]//The

Kelly capital growth investment criterion: Theory and practice. 2011: 11-24.

[32] WALD A. A new formula for the index of cost of living[J]. Econometrica: Journal of the Econometric Society，1939: 319-331.

[33] 焦宝聪，陈兰平 . 博弈论 [M]. 北京 : 首都师范大学出版社，2013.

[34] VAUGHAN E J. Risk management[M]. Chicago: John Willey & Sons，1997.

[35] 国务院学位委员会第六届学科评议组 . 学位授予和人才培养一级学科简介 [M]. 北京 : 高等教育出版社，2013.

[36] 陈宝智 . 安全管理 [M]. 天津 : 天津大学出版社，1999.

# 2 城市风险的概念

谁控制了风险的定义，谁就掌握了解决手头问题的理性方案。

——保罗·斯洛维奇《风险认知》

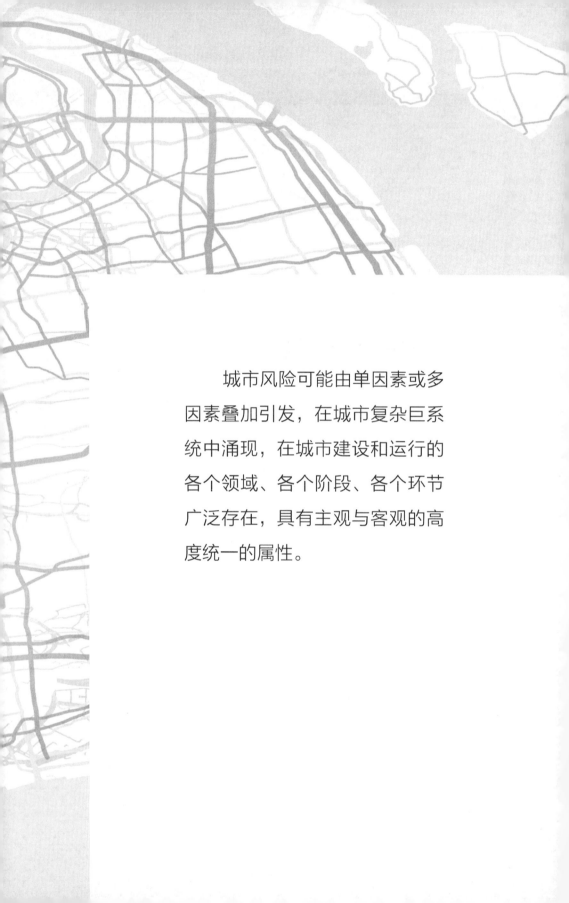

　　城市风险可能由单因素或多因素叠加引发，在城市复杂巨系统中涌现，在城市建设和运行的各个领域、各个阶段、各个环节广泛存在，具有主观与客观的高度统一的属性。

本章明确了城市风险的概念。

城市风险管理学是一门新兴的交叉学科,确立研究对象是学科发展的基础。本章在梳理城市风险的概念并集成现有理论成果的基础上认为:城市风险是城市的固有属性之一,是在特定的城市空间和场域下,可能性的耦合以及其引发的不良后果。

城市风险可能由单因素或多因素叠加引发,在城市复杂巨系统中涌现,在城市建设和运行的各个领域、各个阶段、各个环节广泛存在,具有主观与客观的高度统一的属性。

城市风险易在城市复杂巨系统中被不断放大,具有系统性、复杂性、突发性和放大性等特征。

通过研究,可以发现定义城市风险有一定困难,主要表现在"城市风险"是一个复杂的概念系统:第一,城市风险是连续、动态演化的,其本身具有一定的生命周期,不同的研究者对这一过程的研究各有侧重,也造成了对其概念的争议;第二,理解城市风险,包含对城市面临的高风险态势研究和具体突发事件的研究;其三,对城市风险的研究可以从多学科角度切入,从客观和主观视角观察城市风险,对城市风险会有不同的理解。

城市风险概念会在很长时间内不断发展、丰富,可能充满争议与激荡。不同的研究方向会影响管理实践的路径选择。因此,认识、分析、研究城市风险时,应始终以管理实际为出发点,以实现城市风险防控目标为导向。

## 2.1 城市风险是连续统一的概念体系

从数千年前,人类因为安全需求、国家统治要求以及区域贸易要求等原因,自发或有组织地建设城市,到近现代工业革命快速发展,出现工业城市,世界人口逐步向城市转移。

在中国，改革开放 40 多年以来，城市化进程逐步进入快车道，2021 年公布的第七次全国人口普查数据显示：全国人口中，居住在城镇的人口为 901 991 162 人，占 63.89%[①]（以 2020 年 11 月 1 日零时为标准时点）。城市化是中国社会近几十年发展的最重要标签之一。

伴随着城市化发展，各种城市问题、城市风险不断出现，但"城市风险"还没有形成明确的概念，人们常用城市灾害、城市危机、城市安全、城市突发事件等概念来定义这一领域。这些概念各有侧重地反映出城市风险的特征。

研究城市风险，要对风险、灾害、危机、安全进行辨析，更要在城市物理环境和场域中研究风险、灾害、危机、安全，考虑到城市对风险、灾害、危机、安全产生因素的影响。在城市背景下，风险产生的原因十分复杂，演化的过程十分特殊。风险、灾害在城市环境和场域中，最终可能导致的结果也有自身特点，具有不确定性和广泛性，不仅造成物质上的损失，也可能在社会、经济、公众心理层面造成影响，其影响范围更大，影响程度更加剧烈。这些正是城市风险的复杂性和特殊性所在。

### 2.1.1　多学科交叉视角下城市风险

城市风险是一种全球性的现象，涉及城市的方方面面。

相关国际研究数据显示，"城市风险（urban risk）""城市灾害（urban disaster）""城市危机（urban crisis）""城市突发事件（urban emergency）""城市公共突发事件（urban public emergency）""城市安全（urban security）""城市防灾（urban disaster prevention）""城市减灾（urban disaster reduction）"等是近年来研究的热点。事实上，这些研究将风险、灾害、危机、安全等概念置于城市背景下展开时，往往聚焦具体的灾害类型，或是关注城市发展的韧性、脆弱

---

① 第七次全国人口普查公报（第七号）——城乡人口和流动人口情况 . 国家统计局国务院第七次全国人口普查领导小组办公室 . 2021-5-11. http://www.stats.gov.cn/xxgk/sjfb/zxfb2020/202105/t20210511_1817202.html.

性和可持续性，尤其注重研究中国城市发展过程中气候变化带来的影响。[1]

还有很多对城市风险的研究分散而具体，在定义城市风险的概念时，由于城市风险的多学科特征和适用领域的复杂性，不同学者从不同学术领域对城市风险做出了多种定义（表 2-1）。

**表 2-1　不同学术领域关于城市风险的定义**

| 领域 | 城市风险的定义 |
|------|----------------|
| 社会学 | 当代城市社会的风险是一种与"大量异质人口快速聚集"相关联的社会重构失序与管理方式滞后[2]。城市风险化，是在工业现代性逐渐被城市现代性所置换、吸纳、溶解中转换而来的一种新的社会风险，即"城市型风险"[3] |
| 地理学 | 城市风险以自然灾害为主要因素，沿海城市易遭受洪涝、台风、高温、海平面上升等灾害风险，中西部内陆城市多发干旱、沙尘暴、雾霾、地质灾害等风险，不同区域的城市面临的风险灾害存在着显著差异性[4] |
| 生物学 | 城市化过程中以社会公众为对象的公共健康风险，它们不但具有一般风险的突然性和伤害性，也因为其发生于城市，具有社会与自然相互纠缠、彼此交叠的特征[5] |
| 法律 | 城市风险来自城市规划和立法上的薄弱，导致该地区城市的社会和空间高度割裂，需要制定合适的法律框架来消除社会不安全、犯罪和暴力等风险因素[6] |
| 经济学 | 城市风险有别于一般的自然灾害，因为随着城市人口和资产的高度集中，城市会面临新的风险，而且城市的风险管理必然涉及管理成本，城市灾害风险评估也需要用到经济学的方法[7] |
| 公共管理 | 城市空间权益配置失衡、城市参与者之间的空间摩擦、城乡分割是导致城市风险产生的重要因素，城市风险管理本质上是一个由逻辑驱动的空间治理问题[8] |

表 2-1 反映了城市风险在内涵、表征和定义方面的差异。这些定义从不同角度讨论了相同的现象，显示了不同学科和应用领域的各种风险概念。此外，这些定义不仅强调了城市风险概念的复杂性，而且还表达了对城市脆弱性和风险影响的关注。

城市风险研究需要理解不同专业的研究重点。如在地理学范畴，城市风险是指破坏性事件造成损失的可能性，以及城市脆弱性（人口暴露于社会和环境问题中）。城市社会风险代表了一些不安全或有害因素发生的可能性和一些由于脆弱性而产生的社会干扰的结合。社会学研究中，城市风险是一个动态而复杂的概念，难以捕捉和评估，被视为多维数量，包括事件的概率、与事件相关的后果、暴露在事件中的人群。在社会学中，居民的需求、目标与现有社会环境之间的不平衡，或无法在社会动态的背景下正常运作则会引起的众多城市风险问题[9]。从这一角度看待城市风险，指的就是反映城市群体利益、地位结构、相互关系的城市社会整体，存在着不稳定、不确定的状态，并且有可能造成社会失序和社会危害的结果。[10]

但总体看，对如何定义城市风险并没有统一的认识，不同的研究视角各有侧重，但也充分说明这一领域已经引起了广泛关注，并已经具有一定的理论和实践基础。

### 2.1.1.1 城市问题、城市病

城市问题和城市病是公众较为熟悉的概念。从广义来看，城市问题的研究对象是城市，它包括所有与城市有关的话题和议题。狭义的城市问题强调问题，是指那些存在于城市中的、需要去解决和改变的各种不利情况。[11]有观点认为，城市病就是指狭义的城市问题，也就是指城市发展过程中出现的负面问题，是更为尖锐突出的城市问题，[12]即从性质来看指各种负面城市问题，侧重从社会学的角度对城市问题进行总结。

从风险和变化的视角看，城市问题的范畴更广、较为隐蔽，且在现实生活中，往往长期存在而很难在短时间内被解决。城市问题可能演化为城市风险，城市风险在一定条件下也可能成为一个城市问题而长期存在。当然，不是所有的城市问题都会演化为风险，但作为城市风险管理者，应高度重视城市问题。

"城市病"是一个相对形象化的表达。从风险管理的角度来看待，城市病往往表明某一种状态已经偏离预期，是一种显性的问题，引起了市民的不适和关注，并可能造成某种破坏和伤害。

总体来看，造成城市病的原因有很多。概括而言，是城市发展不能满足城市生产生活需求。在我国，改革开放以来，城市建设本质上是通过一系列改革促进

人口、资金、技术、公共资源在城市空间中聚集，但是从经济、公共服务、人口流动等角度看，都存在大量不匹配的地方，从而导致了一些城市病。从市场机制角度看，城市经济增长取决于资源的空间配置效率。尽管城市能够促进生产要素以低成本、高效率的方式流动，但现行的户籍、土地、财政政策过于追求区域平衡发展，反过来限制人口自由流动，扭曲土地供应，浪费公共资源，并可能造成资源错配。从公共服务角度看，公共服务不足、管理负担重的情况，可能加剧公共服务失衡。从人口流动角度看，人口增长应与城市形态匹配。例如，我国改革开放以后，农村人口向城市大规模转移，而此时的城市却是按照工业型城市的限制性发展原则进行设计的，劳动力的转移超出城市规模和承载能力，造成城市无序扩张和人地关系失衡。

从风险角度看，城市病可能长期存在，已经引发了人们的不适。虽然可能还未造成伤害，然而忽视各种城市病，很可能导致城市风险集中爆发，造成的损失难以预估。"治疗"城市病是一个系统工程，涉及城市治理的多个层面。

### 2.1.1.2 城市危机、城市公共危机

#### 1. 城市危机（urban crisis）

城市危机同样是一个常出现在人们视野中的概念，其内涵与"城市病"有相似之处，都关注某些城市发展中的负面现象。从中文语境上来说，城市病更偏向聚焦具体现象，比如交通拥堵；而城市危机关注的对象则是城市的一种状态，涵盖经济、人口、资本、技术及城市发展阶段，是对城市可能面临的危机状态的一种宏观描述。

西方的城市化进程中，出现过各种挑战。城市危机的研究对象大多是城市发展态势，主要从宏观层面着眼。例如，美国学者理查德·佛罗里达（Richard Florida）在《新城市危机》中总结出新城市危机主要体现在五个维度的经济不平等和分裂：一是城市之间的经济差距；二是"超级明星"城市自身内部居民之间的经济分裂，贫富差距大；三是城市区域内的不平等、隔离、分化现象；四是郊区问题；五是发展中国家的城市化危机，主要是如何推动经济的持续增长。他发

现的现象对很多城市都有重要意义，阐释了一些具有普遍性的规律。

我国城市化进程在最近几十年的高速推进中，既遭遇了不少共性问题，也有独特的发展瓶颈。从风险管理的角度来看，当城市发展进入危机状态，必然会出现大量具体事件爆发的情况，进而影响城市生活。

### 2. 城市公共危机（urban public crisis）

事实上，在大量文献和日常表述中，城市危机和城市公共危机的界限并不清晰，从具体对象看，城市公共危机更接近我们在现实生活中显而易见的重大突发事件。

从管理实践的角度看，那些"影响社会正常运作的，对公众的生命、财产以及环境等造成威胁、损害，超出了政府和社会常态的管理能力，需要政府和社会采取特殊的措施加以应对的紧急事件或紧急状态"[13]都是公共危机。

公共危机的概念通常强调影响范围大、损害范围大，需要多个主体参与处置。从其本身特性来说，通常是在大范围内对社会公共生活和社会公众造成灾难性影响，严重威胁和损害社会或共同体的公共利益，包括公众的生命、财产或其生存环境等的危机。[14]

城市公共危机界定了其发生的环境。事实上，城市是公共危机的高发地，城市公共危机是指由于城市内部或外部不确定因素的变化，导致城市社会公共领域发生的可能危及正常秩序甚至公共安全的一种突发性状态。值得注意的是，这种状态的出现，需要政府和其他应对主体来共同应对，通常会要求包括政府在内的所有应对主体之间能够互相协助，共同发挥作用。[15]

今天，公共危机事件也日益多样化，城市公共危机逐渐成为现代城市发展所要面临的主要挑战之一。在西方，对公共危机的研究涉及政治、经济管理和公共事务管理等多个学科。特别在 20 世纪 60 年代，在传统政治领域，特别是国际政治这一分支领域关于公共危机管理的研究成果数量呈井喷状态。20 世纪 90 年代到 21 世纪初，自然灾害、人为灾害、社会冲突导致的城市公共危机广受关注。2001 年的"9·11"恐怖袭击震惊世界；在公共卫生领域，"非典"、新冠肺炎疫情等，都已被纳入公共危机的研究范畴。

### 2.1.1.3 风险城市、韧性城市

#### 1. 风险城市

近年来，风险社会概念逐步被熟知，并被贝克、吉登斯、卢曼（Niklas Luhmann）等人界定为现代社会的重要特质，对此本书已经充分论述。事实上，城市社会是一种典型的风险社会，具备风险社会的基本特征和属性。

从管理实践来看，随着对各种城市问题、城市公共危机研究的深入，我们认为，城市风险积累到一定程度会导致整个城市处于一种高风险状态，这时可将此城市称为风险城市。

风险城市的界定也和城市风险的种类密切相关。事实上，从城市场域看，如果不对风险进行有效治理，整个城市很有可能进入高风险状态，进而这种风险状态可能成为城市的内在特质，那么这种城市就成为风险城市。

很多研究机构通过多种方式，构建不同维度的指标体系评估城市暴露于风险的态势，以判断城市是否为风险城市。例如，伦敦一家全球风险分析公司（Verisk Maplecroft），从自然灾害角度出发，通过对全球 576 个城市进行评估，列出了100 个最易受环境问题危害的城市，其中 99 个在亚洲[①]。该机构常年关注这一议题，据此划出风险城市的排行。中国社会科学院财经战略研究院、中国社会科学院城市与竞争力研究中心共同发布的《中国住房发展报告（2016—2017）》从中国大中城市估值的角度，指出全国有 35 个热点城市的整体风险状况较为突出，属于估值过高的风险城市。

这些机构的研究也说明城市风险的复杂性，从不同维度都可能观察到城市风险的状态。

#### 2. 韧性城市

前文的概念梳理反映出在现实生活中，城市面临的各方面风险均在上升，如

---

① 英国风险咨询公司评出最易受环境问题危害百城，99 个在亚洲.澎湃新闻.https://haijiahao.baidu.com/s?id=1699625341607705763&wfr=spider&for=pc.

新冠肺炎疫情等公共卫生领域的风险，洪涝灾害、火灾、地震、干旱、污染等自然灾害和生态领域的风险，还有经济危机、产业竞争力下降等经济风险，以及城市管理、组织运行等方面的风险都可能带来各种不良后果。

应对日益复杂的城市风险，增强城市韧性，已成为城市可持续发展的核心要素之一。特别是新冠肺炎疫情的暴发，对增强城市韧性和重大事件抗风险能力提出了明确要求。《中华人民共和国国民经济和社会发展第十四个五年规划和2035年远景目标纲要》（以下简称国家"十四五"规划）提出，顺应城市发展新理念新趋势，开展城市现代化试点示范，建设宜居、创新、智慧、绿色、人文、韧性城市。《上海市国民经济和社会发展第十四个五年规划和二〇三五年远景目标纲要》（以下简称上海市"十四五"规划）中也提出，"提高城市治理现代化水平，共建安全韧性城市"。

　　　　安全韧性城市强调一座城市在面临自然和社会的慢性压力和急性冲击后，特别是在遭受突发事件时，能够凭借其动态平衡、冗余缓冲和自我修复等特性，保持抗压、存续、适应和可持续发展的能力。

建设韧性城市，目的是要有效应对各种风险变化或冲击，减少发展过程的不确定性和脆弱性。安全韧性城市作为一种城市建设发展的理念，是人们在时空变化下的城市发展过程中提出的关于城市建设发展的思路和方向。与生态城市、低碳城市、绿色城市、海绵城市、智慧城市等理念一样，安全韧性城市是针对城市在发展过程中遇到的某些典型问题提出来的。例如，针对解决城市"缺水内涝水灾"的难题，我国曾提出，建设自然积存、自然渗透、自然净化的"海绵城市"。[①] 海绵城市的理念是韧性发展理念的一种体现，即通过自然的手段实

---

① 习近平时间 | 共享"海绵城市"福利. 新华社. 2020-08-28. https://baijiahao.baidu.com/s?id=1676247756809206698&wfr=spider&for=pc.

现动态平衡，让城市具有自我修复的特性。

上文通过大量篇幅介绍并阐释了城市风险的相关概念，这些概念折射出城市风险概念的丰富性。这也是新兴交叉学科的共性，围绕现实中的客观现象，对其不同发展状态，在不同学科视角下，进行不同的解读。

因此可以判定，城市风险必然是多学科视角交叉下的概念，随着不同学科的发展，还将被继续丰富。

### 2.1.2　城市风险概念具有连续性、整体性

对城市风险概念的理解，应借鉴现有成果，将城市风险、城市危机、城市灾害作为一个连续的、整体性的概念。这些概念实际是对不同状态的风险的描述，也是风险在不同阶段的表现，理解这一点才能对城市风险有连续性、整体性的认识，避免割裂地、阶段性地看待城市风险，真正理解、贯彻以预防为主的风险防控理念，从而有效控制次生风险的产生，减少风险损失。

1. 风险、危机、灾害是一组连续交叉的概念

现有的研究大多将风险、危机看作连续的概念。

在中国的文化传统中，防微杜渐等观念是一种共识，警醒人们要重视"微"，也就是说，灾、难等是由一些不易察觉的事物导致的。这说明，我国古代将从"几""微"到"灾""难"看作一个连续的反应过程[16]。《说文》："几，微也，殆也。"而"微，隐行也"，"殆，危也"，也就是说"几"指的是细微的、隐藏的、不容易察觉的事物，常用于表示事情的苗头或预兆，且通常是性质不好的结果的预兆。《尔雅·释诂》："嘀、几、灾、殆，危也。"将这些词与"危"划为一类。在中国传统语境中，当危机连用时，侧重点要根据上下文判断，往往是动态的状态，吕安《与嵇茂齐书》："常恐风波潜骇，危机密发。"杜甫《伤春五首·其三》："不成诛执法，焉得变危机。"

童星、张海波等辨析了"风险""危机""灾害"几个概念，认为其相互关系可以概括为"风险—灾害—危机"连续统一（图2-1）[17]。

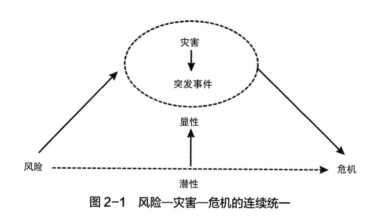

**图 2-1 风险—灾害—危机的连续统一**

大多数学科对风险的解读更注重其"可能性"的属性。如统计学把风险定义为某个时间内造成破坏或伤害的可能性或概率。2018 年 2 月 15 日发布的 ISO 31000《风险管理指南》标准 2018 版正式文件对风险的定义是："不确定性对客体的影响。"[18]

对于"危机",不少学者认为它是一种特殊的情境,是风险、灾害等交叉作用导致的情境;是对人群及社会的生命、财产、安全、秩序及其他价值可能会造成突发或特别紧急的严重威胁,同时又具有高度的不确定性风险和崭新性特征,并且还可能具有一定的机遇性,从而急需有关组织进行紧急决策处置的事态。突发紧急性、严重威胁性、不确定性和崭新性及机遇性往往是"危机"的典型特征。[19]

对于灾害,不同学科也有不同解释。一般按照"事件—结果"的逻辑来看待,它往往是突发的、瞬间产生的,令受众措手不及的事件,从结果上看会导致损失、混乱。较为经典的概念是福瑞茨(Fritz)提出的,"灾害是一个具有时间—空间特征的事件,对社会或社会其他分支造成威胁和实质损失,从而造成社会结构失序、社会成员基本生存支持系统的功能中断"。[20]

显然,这些概念之间具有交叉关系和连续性,在不同语境下,各有侧重。但我们认为,可以将这几个概念置于同一个连续、交叉的概念体系下,这样的概念体系对于风险管理方法和路径的提出具有启发意义。

2.城市风险是连续、复杂的过程

城市风险成因复杂，可能造成灾害性后果、城市公共危机，但也可能因为及时处置而消弭。它不是一个片段式的现象，而具有萌芽、发展、突变、爆发等演化过程。我们认为城市风险一词更便于整体地、概括地表达这一复杂的过程和现象。

从管理的目的来说，防控风险、避免灾害性后果发生是城市风险管理的目标。风险具有链式反应的特征。链式反应是"一系列自行连续发生的反应"[21]。在风险管理中，阻断风险链是重要的风险防控手段、例如，防微杜渐就是典型的断链式风险治理过程，它聚焦风险的链式变化，对某一阶段或时间节点采取措施，通过"断链"避免风险导致灾害性后果。[16]

城市风险的复杂性还在于它往往不是简单的单链反应，是"多链"交织的复杂系统，它伴随城镇化进程而出现，常在城市规划中萌芽。因此，城市风险"断链""前移"至何处，多链交织的节点在何处，隐藏的风险如何识别，微弱的风险如何发现，发现以后如何控制，进而使其不再蔓延，以及如何在灾害性后果发生后快速恢复，都是这一新兴交叉学科研究的重点。

因此，从管理的目的和实践出发，将城市风险作为一个连续的、具有整体性的概念体系，有助于使管理主体认识到关口前移、预防为主的重要性，从而更好地实现城市风险治理、防控，这对城市风险精准防控，城市全灾种救援处置都有重要意义。

### 2.1.3　城市风险是主观与客观的统一

随着对风险研究的深入，到了现当代，不同学科都对风险进行了解读。本书在第1章中已有论述，特别是在介绍城市风险的学科基础时，重点介绍了城市风险的社会学基础，这是因为城市风险在属性上是客观和主观的统一。

风险在传统的自然科学范式下，通常被认为具有客观、可量化特征，会自然发生，而不是被建构出的；而在社会科学范式下，从经济、社会、文化、政治、心理等视角对其定义，则会发现风险是社会的、建构的、动态的。

例如，经济学界对"风险"展开了系统研究。19 世纪末 20 世纪初，"风险"成为经济学的一个重要概念和研究对象。20 世纪 30 年代，我国经济学家赵人偶曾发表《风险问题》一文，指出"风险之起源由于不确定"。[22]"风险"在拍卖、银行等经济业务中十分常见，指的是不确定的损失。大概在 20 世纪 80 年代，心理学领域的风险感知研究开始发展，并在公共政策中得到应用。卡斯帕森（Kasperson）等认为风险感知的社会放大效应是灾难事件与心理、社会、制度和文化相互作用的结果，认为其会加强或衰减风险感知并塑造风险行为。[23] 在社会学领域，贝克、吉登斯、拉什（Scott Lash）等提出了风险社会理论。在贝克这里，"风险跨越了理论和实践的区分，跨越了专业和学科的边界，跨越了各种专业职权和制度责任，跨越了事实和价值的二分"[24]。卢曼发展了对系统风险的分析，他认为风险是一种认知或理解的形式。他还强调风险并非是一直伴随着各种文化发生的，而是在具有崭新特征的 20 世纪晚期，因为全新问题的出现而产生的。

此外，人类学、文化学等学科将风险定义为一个群体对危险的认知。他们认为这是社会结构本身具有的功能，作用是辨别群体所处环境的危险性。[25] 道格拉斯认为"风险应该被视为关于未来的知识与对于最期望的未来所持共识的共同产物"[26]，知识显然是社会活动的产物，并总处于建构过程中，尽管风险在本质上有其客观依据，但必然是通过社会过程形成的。城市是人的集聚，这种聚集过程使城市由小到大、由低级到高级、由简单到复杂，呈现与乡村截然不同的空间形态和发展模式[27]。因此，城市作为一种典型的社会生活形态，必然也蕴含特有的风险形态。

一方面，自然风险在城市环境中，必然会叠加社会风险，其主观性与客观性高度统一。城市人口密度大，人员结构复杂，信息传播快，各种自然风险在城市环境中会有独特的演化方式。自然力量导致的灾害在城市环境中可能与技术风险叠加引发社会风险，如气象灾害在城市环境中造成各种次生灾害的过程与乡村环境截然不同。随着科技进步，对各种自然风险发生的概率判断越来越精准，但是自然灾害在城市环境中将对各种设施，对政府行为、专业组织、人群群体行为产生影响，如短时强降雨对于城市来说，会影响交通安全、地下空间安全、用电安全……不同主体乃至每一个个体采取何种措施应对，是否可能产生新的风险，都受到城市独特环境的影响，往往很难预测。

另一方面，技术风险、社会风险本身就是城市化的产物，是一种典型的城市风险，随着城市的快速发展，伴随产业高度集聚、各类建筑和重要设施设备高度密集、交通承载量严重超负荷等因素而产生。随着环境时空结构变化，人类在提升改造自然、利用自然能力的同时带来了大量的技术风险、科技风险。伴随城市规模扩大与城市人口集聚性和流动性的不断增加，城市治理混乱、功能失衡等风险逐步显现。伴随着城市规划、建设、发展过程中大量的决策与行为，在各种社会制度，尤其是经济制度、法律制度等正常运行的共同作用下带来的社会风险，同样是城市风险的一类存在形态。

既往的研究成果已经从不同角度阐释了风险的主观性与客观性。城市风险更为复杂。在城市背景下，既要从自然科学、工程学角度理解风险、灾害、危机形成的原因，也要从城市系统的内部结构、语境以及处理的可能性等角度来考察城市风险现象。认识到城市风险的诞生存在社会建构，借鉴人类学、文化学等学科，充分理解城市风险还表现为城市系统中群体对危险的认知，以及可能产生的一系列组织方式、行为方式。这些认知会对风险防控、处置产生深刻的影响。如果只是根据单一学科的研究对象、思路与方法来定义城市风险，则未免狭窄，难以形成对城市风险的整体、客观和全面的把握，更无法实现有效的城市风险管理。因此，在管理实践中，应认识到城市风险是客观和主观的统一，这是城市风险的固有属性。

## 2.2　城市风险的范畴与特征

前文我们分析了既往关于城市风险相关概念的研究。城市风险的复杂性显而易见，学界的争论亦层出不穷。从中可以发现，城市风险的范畴不仅局限于具体的风险类型，也与城市发展态势密切相关。尤其是对城市管理者或城市管理的参与者来说，要有整体观，才能理解具体突发事件或紧急状态是如何在城市这个复杂巨系统中诞生、演化、消亡的，从而理解城市风险的特征，进而才可能找到城市风险管理的机制、路径、方法。

### 2.2.1 城市风险的范畴

#### 2.2.1.1 风险在城市空间和场域中的演化

总体看，研究城市风险，就是研究"风险"在城市空间环境和城市场域中的产生、形式、特征等。

城市不仅是一个空间结构，还是一个典型的场域。

城市的空间构建有其生命周期，从规划设计到建设运行，都具备其自身规律。城市的建设过程、运行过程存在大量不确定性，从而导致风险的发生。特别是城市中有很多独特的空间场景，如高层建筑、地下空间会产生独特的风险类型。地下空间在防洪防汛上天然就处于劣势，必须从设计规划时就予以充分考虑，在运行管理中还需要根据独特的空间结构制定详细的预案。又如，城市复杂的交通网络，各种基础设施管网是独特的空间结构，是一个复杂系统，蕴含其中的风险，有其涌现、演化的独特性。这些都是城市风险研究的重要范畴。

城市诞生和发展的驱动力来自多方面，主要包含基本的经济活动、安全需求、文化需求等，人们运用一个空间模式来建设城市，城市中人和人群的行为遵循城市的复杂规则。皮埃尔·布迪厄（Pierre Bourdieu）认为："在高度分化的社会里，社会世界是由具有相对自主性的社会小世界构成的，这些社会小世界就是具有自身逻辑和必然性的客观关系的空间，而这些小世界自身特有的逻辑和必然性也不可化约成支配其他场域运作的那些逻辑和必然性。""从分析的角度来看，一个场域可以被定义为在各种位置之间存在的客观关系的一个网络，或一个构架。"[28]城市场域有其独特性，它是各种要素密集流动的典型的现代社会，是典型的风险社会，具有风险社会的普遍特征。

城市风险研究的是城市空间环境和社会场域下的典型复杂问题，其研究范畴应保持一定的开放性。城市的物理设施、空间的建设和城市运行都是复杂系统。而人和人群本身的问题也是公认的复杂科学问题，安全的相关因素及其动态关系基本都是非线性问题，即公认的复杂问题。[29]城市独特的空间结构和社会形态构成了一个具备整体性的复杂巨系统。风险源可能作为不确定性因子进入城市"黑箱"，并在这个复杂巨系统中演化；也可能从城市巨系统中自然涌现，发生一系列变化，造成各种不确定性后果。面对这样的复杂问题，封闭的研究范畴已经不能满足日益复杂的城市风险管理需要。

### 2.2.1.2　城市风险研究的三个层次

城市风险研究的范畴可以分为三个层次。

一是城市场域下的不稳定性、不确定性的整体性风险研究。城市风险是在各种城市秩序、利益分配机制下，不确定性的体现。这主要是由于城市作为经济发展、社会生活的载体，特别是当全球化和市场经济转型重构经济利益分配机制和社会秩序时，它所带来的不确定性会在城市集中体现。[30]这一范畴涵盖城市发展的全过程。

二是泛指城市化过程中的特有风险。包含对城市化过程中可能导致风险的各种矛盾的研究。在我国，计划经济时期对城市规模、人口和结构有着清晰的限制，人口流动小、社会结构相对稳定，而快速城市化则破坏了原有的"稳定结构"，各种公共资源供需在一定时空范围内出现失衡，风险也随之而来。特别是使得内源性和偶发性的非传统安全问题日趋成为主要风险源，后续的长尾效应也容易被裂变式放大。[31]对于城市管理者来说，只有理解了城市化过程中的结构性矛盾、阶段性现象，才有可能更好地防控城市风险。

三是城市风险研究范畴还应包含城市中出现的具体风险，如城市自然灾害、疫情与公共卫生、公共安全、社会危机、生产事故、城市交通安全、高层建筑和地下空间风险等。在现实生活中，具体类型的风险庞杂，难以预测。这些具体风险也是近年来研究城市现象的学者十分关注的。例如：

（1）事故/灾害：火灾[32]，降雨，滑坡[33]，火山喷发[34]，地震[35]，洪水[36]，干旱[37]，龙卷风[38]。

（2）健康：疾病，受伤，残疾，工伤[39]，水污染[40]，室内空气污染[41]，精神疾病[42]，基因造假[43]，食物中毒[44]，环境灾难[45]，病态综合征，化学物质[46]，粉尘[47]，疫情、传染病大流行[48]。

（3）社会：犯罪[49]，家庭暴力[50]，毒瘾[51]，滥用职权[52]，性骚扰[53]，虐待幼儿[54]，药物中毒[55]，恐怖袭击[56]、黑社会[57]，网络交友[58]，核电站事故[59]，战争，社会巨变[60]，核灾难[61]。

（4）经济：失业[62]，城市贫困[63]，个人破产[64]，大型企业倒闭[65]，金融欺诈[66]，货币金融危机[67]，市场交易的冲击[68]。

（5）政治和行政管理：民族歧视[69]，难民[70]，种族冲突[71]，行政管理引起的事故和灾害[72]，社会计划失灵[73]，政变[74]。

（6）环境和信息：有害信息，个人信息泄漏[75]，谣言、流言蜚语[76]，酸雨，森林破坏，土壤和水的盐分浓度上升[77]，全球变暖[78]，垃圾处理，污染[79]。

在管理实践中，这三个层次往往表现出整体性特征，是宏观—微观、抽象—具象的统一关系。例如，在城市化进程中，城中村治理中的矛盾就可能通过基础设施不合理、管理不到位等现象表现出来，为各类事故埋下了隐患。因此，只有深入到这些风险产生的社会背景中，才能更好地实现城市风险的治理，做到早发现、早预防。城市风险管理的敏感性往往就来自对城市风险的宏观视角，这正是从整体视角看待城市风险的意义所在。

### 2.2.2　城市风险的特征

城市是一个复杂系统。正如熵增定律揭示的：系统在一定条件下具有从有序状态向无序状态演变的自然倾向，并且这种倾向总是不可逆的。[80]城市风险可能在城市复杂巨系统内自然涌现，也可能由外部输入，二者均能导致城市系统无序程度的增加。当然，风险也可能引发改进、变革，促进新秩序的构建。

城市风险在涌现、演化的动态过程中构成了城市风险的主要特征，即系统性、复杂性、突发性和放大性。

### 2.2.2.1 系统性

城市风险的系统性体现在三个方面。

一是城市风险的产生往往由于系统性原因，即在城市系统诞生、运行、发展的过程中产生。

贝塔朗菲（Ludwig Von Bertalanffy）创立的一般系统论认为，系统的性质功能和运动规律只有从整体上方能显示出来。[81] 当我们把城市作为一个整体系统来看待时，会发现现今整个世界连成一体，整个社会已经成为一个完整统一的巨系统。特别是各种社会风险，其产生都有系统性原因，常是由社会发展的不均衡导致，可以说，社会巨系统的任何问题都带有系统性、连贯性和关联性。对这些问题需要有整体全面的预测，要用整体性思维来认识。任何一个具体问题都必须将其与其他问题相联系起来考虑。

二是城市风险本身自成一个系统，具有一般系统的特征。

城市风险有其自身的生命周期，包含诞生、发展、突变、消亡等过程，在此过程中各种要素相互作用。其本身如一个复杂系统：导致风险不断演化的各个要素之间的联系广泛而紧密，构成一个网络；可能具有多层次、多功能的结构，当然这里的功能主要是指负面功能；在发展过程中能够不断地重组、演化，可能导致更复杂的次生灾害；城市风险在演化过程中是开放的，它与环境有密切的联系，能与环境相互作用；城市风险是动态的，它处于不断发展变化中。这些特征也是一般系统的特征。实践中我们能清晰地发现外部风险和内部风险、传统风险和非传统风险，这些风险往往彼此关联，还可能累加，在连锁效应之下强化并放大。

三是城市风险可能造成系统性的危害。

城市风险造成的危害很少是单一的，大部分城市风险都可能造成多方面的影响，比如人员伤亡、财产损失。还有很多安全生产事故、食品安全事件会影响一个行业的发展。例如，三聚氰胺事件爆发后，不仅涉事企业付出了代价，整个中国奶粉市场都受到了重创，信任重建的过程持续了数十年，甚至改变了公众的消费习惯。

### 2.2.2.2　复杂性

成思危指出："复杂系统的复杂性体现在两个方面：一方面为内部的复杂性，复杂系统内部关系复杂（人际关系、物际关系、事际关系），结构复杂（多通道、多回路、多层次），状态复杂（多变量、多目标、多参数），特性复杂（非线性、非平稳性、非确定性）；另一方面为外部的复杂性，复杂系统外部环境复杂（社会环境、经济环境、生态环境），影响因素复杂（多输出、多输入、多干扰），条件复杂（物质条件、能量条件、信息条件），行为复杂（个体行为、群体行为）。"[82]

在具有系统性和整体性的现代社会巨系统中，数量巨大、性质各异的要素不断地相互作用和相互干预，使其所带来的问题呈现高度的复杂性。城市风险的复杂性体现在多个方面。

（1）城市风险大多具有叠加性。单一风险的偶然爆发可能会导致其他风险接踵而至，也可能激发蛰伏的潜在风险，形成叠加之势。城市风险可以由单因素或多因素叠加引发。以城市交通为例，当城市发展到一定规模，而各方面的硬件、软件配套设施未能及时跟进时，就会发生交通拥堵。一个简单的交通事故，或者单一车辆的突发事件就可能成为导火索，波及并漫延至相当大的交通区域。在地面交通发生大范围拥堵时，地面乘客会转寻地下轨道交通。当超常量乘客转入地下，特别是转入两三条地铁换乘站厅时，将出现集聚人流前拥后推的状况，如果地下空间内还包含商业运行，就可能叠加其他风险，一旦人流对冲或个体突发情况加剧，出现摔倒踩踏，就可能造成较大或重大的人员伤亡事故。

（2）城市风险大多具有连锁性。事物永远是在变化的，如何把握事物变化的趋势和规律是一大难题。城市风险常表现出链式特征。例如，围绕安全事故的线上情绪发泄，可能演化为街头政治，继而导致线下矛盾冲突加剧、舆论生态恶化。

（3）城市风险大多时态下特征复杂。城市风险有"常态"和"非常态"之分。"常态"下，风险是潜在的、永恒的、流变的，有漫长的发展过程。这类风险长期存在，从管理角度看由于人们的干预，长期可控，但其仍有导致不良后果的可能性。在"非常态"下，风险是显性的、转化的、突变的。

（4）城市风险的形式复杂。城市风险大致分为"点—线—面—体"四类，城市风险的影响是跨部门、跨区域的。"点"风险在空间分布上呈现相对离散的分布状态，如危化品的爆炸风险；"线"风险主要是相关管线方式运行的风险，如城市生命线风险；"面"风险主要是指行政区域、大型工业园区等具有完善功能、较为独立的区域风险，如城市内涝风险；"体"风险在实体上表现为具体的超大城市或者城市群风险，如京津冀、长三角等超大城市群面临的风险。

从这些特征可以发现：城市风险有一定规律，但确实很难精确地描述它未来的发展趋势，只可能随着对风险特性的研究深入，尽可能实现预防、控制，即通过充分认识由这些因素间的非线性相互作用所引发的复杂性演化，将相关因素考虑进来，抓住主要矛盾，避免风险，减少风险损失。

### 2.2.2.3 突发性

复杂性带来突发性。城市风险在复杂社会巨系统中，由各要素间复杂的非线性相互作用形成，可能带来系统模式的整体性突变，导致新的态势涌现。随机性现象看似没有规律可循，然而任何随机的、偶然的、突发的现象背后都有一定的必然且有可遵循的规律、逻辑和轨迹。要从影响城市安全的风险要素及其作用机理入手，系统性地化解风险。

所谓"突发"，还包含一定的主观判断，多是因为人们对事件发生的原因认识不足，没有预料到。突发性背后是复杂性、必然性、系统性和整体性。这就需要预测性和前瞻性思维，要把所有的迹象、微小的数据信息收集起来，加以综合分析，形成前瞻性的结论，这种思维需要整体观。此外，先进的仿真模拟系统和逻辑分析系统工具可以提升对风险的预判能力。

### 2.2.2.4 放大性

传统风险分析中常面临的复杂问题是，一些被技术专家评估为较小物理结果的风险事件却往往引发强烈的社会关注，并对社会与经济产生深远影响，而被技术专家评估为较大物理结果的风险事件却不受关注。

　　风险的社会放大理论发端于 20 世纪 80 年代。罗杰·E. 卡斯帕森（Roger E. Kasperson）等将风险的技术评估与心理、社会、文化等社会因素联系起来，构建了风险的社会放大基本框架（The Social Amplification of Risk：A Conceptual Framework，SARF）。[83] 该理论认为，信息传播过程、社会文化、制度结构、社会群体行为反应会与风险事件相互作用，这种社会相互作用会放大或减弱风险信号，使风险事件产生次生影响。这些次生影响远远超过了风险事件对人类或环境的直接影响，会波及其他领域和地域，导致更为广泛的"涟漪效应"。卡斯帕森将这一现象描述为风险的社会放大，并用图 2-2 的框架说明了风险社会放大的过程及风险放大的路径。[84]

　　"放大"这一特性在城市风险中表现得十分突出，且更加复杂，使城市风险的治理难度更大，是城市风险引起广泛关注的重要原因。

　　按照系统的规模、复杂性与开放性三个维度来判断[85]，城市是一个典型的内部环境不断流变—突变，同时与外部环境不断发生信息、物资、能量交互的不稳定的复杂巨系统。

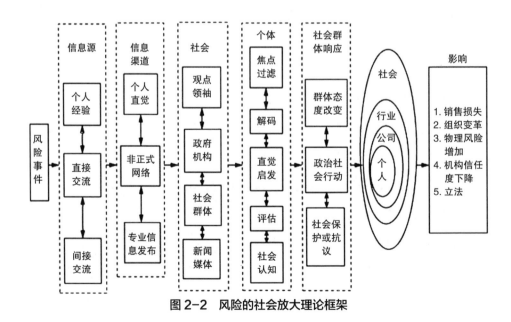

**图 2-2　风险的社会放大理论框架**

城市中，基础设施类型多、数量多，城市主体之间通过物质流、能量流、信息流和资金流等产生联系，耦合多；城市主体有不同诉求，城市中社会分工细，社会人员构成复杂，文化背景多元，利益诉求多样、价值判断多元，公众以及各类组织的风险认识度、风险接受度、风险行动都更加多元、复杂；城市传播渠道集聚、信息交流更加充分、信息传递快，易形成聚集性群体活动，既有组织性行动，又有开放性行动，导致风险的社会危害易放大。

对于城市管理者来说，要认识到这种放大性，如果不加以干预，会使城市风险变得更加复杂，难以防控，造成的风险损失更大。以中国城市来看，中国欠缺大城市的经营管理经验，在此过程中又结合了政治体制改革、快速工业化、快速信息化建设等，导致中国城市面临风险的复杂程度和困难程度是其他国家难以比拟的。转型期中国复杂的社会、历史和文化环境，会使得这一系统的复杂性非线性增加，对城市风险管理能力提出了更高、更复杂的要求。

综上所述，城市风险可定义为在特定的城市空间和场域下，可能性的耦合以及其引发的不良后果。城市风险可能由单因素或多因素叠加引发，在城市复杂巨系统中涌现，在城市建设和运行的各个领域、各个阶段、各个环节广泛存在，主观与客观高度统一，易在城市复杂巨系统中被不断放大，具有系统性、复杂性、突发性等特征。

## 2.3 本章小结

城市风险是一个复杂的研究对象，本书尽可能梳理出相关理论成果对城市风险的理解，并提出城市风险的概念。

在理解城市风险概念时，应注意到：①城市风险是一组连续的、统一的概念体系，包含一组相关的概念，这是不同理论对城市风险探索的成果，理解它们之间的差别与联系，其现实意义在于可以更立体地认识城市风险，更好地在管理实践中贯彻预防为主的思想；②理解城市风险，还要注意到城市风险具有客观性，也具有极强的主观性，这是城市风险的固有属性，也是基于城市这一场域，理解城市风险的复杂性的基础，其现实意义在于在管理实践中，能立体地看待城市风险，从而通过多种手段提升城市风险防控能力；③理解城市风险，要对"城市对风险的放大"有充分认识，只有这样才能对城市风险的系统性有充分理解，其现实意义在于可以帮助管理者在城市风险管理中把握住关键节点，有效控制风险，防止风险放大。

城市风险不可避免，对城市风险的有效管理，也可视为提升城市管理水平的机遇，往往能促成城市管理的迭代。

# 参考文献

[1] 钟开斌，林炜炜，要鹏韬. 中国城市风险治理国际研究述评 (1979—2018 年 )——基于 Web of Science 的文献可视化分析 [J]. 治理研究，2019，35(5):33-41+2.

[2] 陈忠. 城市现代性的风险逻辑及其伦理调适——基于城市哲学与城市批评史的研究视角 [J]. 社会科学辑刊，2014(06):5-12.

[3] 陈进华. 中国城市风险化：空间与治理 [J]. 中国社会科学，2017(8):43-60+204-205.

[4] 赵瑞东，方创琳，刘海猛. 城市韧性研究进展与展望 [J]. 地理科学进展，2020，39(10):1717-1731.

[5] 张肖阳. 城市新陈代谢视角下的城市公共健康风险 [J]. 世界地理研究，2021，30(2):319-330.

[6] UN CEPAL. Latin America and the Caribbean: challenges，dilemmas and commitments of a common urban agenda: Executive Summary[R]. 2016.

[7] LALL S V，DEICHMANN U. Density and disasters: economics of urban hazard risk[J]. World Bank Research Observer，2012，27(1):1-48(48).

[8] JINHUA C. Urban risk generalization in China: space and governance [J]. Social Sciences in China，2018，39(4): 79-95.

[9] BUZDUCEA D. Asistenţa socială a grupurilor de risc[J]. Iaşi: Polirom，2010: 197-222.

[10] 何江. 城市风险与治理研究：以中国为例 [D]. 北京：中央民族大学，2010.

[11] 邓伟志. 当代 "城市病"[M]. 北京：中国青年出版社，2003.

[12] 杨传开，李陈 . 新型城镇化背景下的城市病治理 [J]. 经济体制改革，2014(3):48-52.

[13] 张成福 . 公共危机管理 : 全面整合的模式与中国的战略选择 [J]. 中国行政管理，2003(7):6-11.

[14] 周晓丽 . 公共危机管理 [M]. 北京 : 光明日报出版社，2009.

[15] 任静，袁聚录 . 城市公共危机事件应急管理机制相关概念与理论析述 [J]. 华北理工大学学报 ( 社会科学版 )，2016，16(6):22-26.

[16] 刘宝霞，彭宗超 . 风险、危机、灾害的语义溯源——兼论中国古代链式风险治理流程思路 [J]. 清华大学学报 ( 哲学社会科学版 )，2016，31(2):185-194+199.

[17] 童星，张海波 . 基于中国问题的灾害管理分析框架 [J]. 中国社会科学，2010（1）：132-146.

[18] 董贞良 .《COSO 企业风险管理  战略与绩效的整合》和 ISO 31000 对比解读 [J]. 中国质量与标准导报，2018(9):30-35.

[19] 彭宗超 . 未雨绸缪 : 中国大流感危机准备的战略分析与政策建议 [J]. 公共管理评论，2007：46-67.

[20] FRITZ C E. "Disaster"，contemporary social problems[M]. New York：Harcourt，1961.

[21] 文传甲 . 论大气灾害链 [J]. 灾害学，1994(3):1-6.

[22] 刘宝霞 ，彭宗超 . 风险、危机、灾害的语义溯源——兼论中国古代链式风险治理流程思路 [J]. 清华大学学报 ( 哲学社会科学版 )，2016，31(2):185-194+199.

[23] KASPERSON J X，KASPERSON R E，PIDGEON N，et al. The social amplification of risk: assessing fifteen years of research and theory[M]// PIDGEON N，KASPERSON R，SLOVIC P. The social amplification of risk. Cambridge: Cambridge University Press，2003: 13-46.

[24] 乌尔里希·贝克 . 风险社会 : 新的现代性之路 [M]. 张文杰，何博闻，译 . 南京 : 译林出版社，2018.

[25] 吴翠丽 . 风险社会与协商治理 [M]. 南京：南京大学出版社，2017.

[26] 斯科特·拉什，王武龙 . 风险社会与风险文化 [J]. 马克思主义与现实，2002(4):52-63.

[27] 刘春成 . 城市隐秩序 : 复杂适应系统理论的城市应用 [M]. 北京 : 社会科学文献出版社，2017.

[28] 皮埃尔·布迪厄，华康德 . 实践与反思 : 反思社会学导引 [M]. 李猛，李康，译 . 北京 : 中央编译出版社，1998.

[29] 吴超 . 安全复杂学的学科基础理论研究 : 为安全科学新高地奠基 [J]. 中国安全科学学报，2021，31(5):7-17.

[30] 何艳玲，赵俊源. 国家城市：转型城市风险的制度性起源 [J]. 开放时代，2020(4):178-200+10-11.

[31] 肖文涛，王鹭. 韧性视角下现代城市整体性风险防控问题研究 [J]. 中国行政管理，2020(2):123-128.

[32] GUO T N, FU Z M. The fire situation and progress in fire safety science and technology in China[J]. Fire Safety Journal, 2007, 42 (3): 171-182.

[33] CHEN J C, HUANG W S, TSAI Y F. Variability in the characteristics of extreme rainfall events triggering debris flows: a case study in the Chenyulan watershed, Taiwan[J]. Natural Hazards, 2020, 102 (3): 887-908.

[34] CARLINO S, SOMMA R, MAYBERRY G C. Volcanic risk perception of young people in the urban areas of Vesuvius: Comparisons with other volcanic areas and implications for emergency management[J]. Journal of Volcanology and Geothermal Research, 2008, 172(3-4): 229-243.

[35] HE X, WU J, WANG C, et al. Historical earthquakes and their socioeconomic consequences in China: 1950 - 2017[J]. International Journal of Environmental Research and Public Health, 2018, 15 (12): 2728.

[36] YANG W, YANG H, YANG D. Classifying floods by quantifying driver contributions in the Eastern Monsoon Region of China[J]. Journal of Hydrology, 2020, 585: 124767.

[37] ZHANG Q, YAO Y, LI Y, et al. Causes and changes of drought in China: Research progress and prospects[J]. Journal of Meteorological Research, 2020, 34 (3): 460-481.

[38] YAO Y, YU X, ZHANG Y, et al. Climate analysis of tornadoes in China[J]. Journal of Meteorological Research, 2015, 29 (3): 359-369.

[39] FRANK J, CULLEN K. Preventing injury, illness and disability at work[J]. Scandinavian journal of work, environment & health, 2006: 160-167.

[40] TIMOTHY S, ANTHONY O I. Water quality deterioration and its socio-economic implications[J]. Journal of Pure and Applied Microbiology, 2013, 7(2): 1189-1206.

[41] GUO M, XING R, SHIMADA Y, et al. Individual exposure to particulate matter in urban and rural Chinese households: estimation of exposure concentrations in indoor and outdoor environments[J]. Natural Hazards, 2019, 99 (3): 1397-1414.

[42] PATEL V, CHATTERJI S. Integrating mental health in care for

noncommunicable diseases: an imperative for person-centered care[J]. Health Affairs, 2015, 34 (9): 1498-1505.

[43] SKIRBEKK G. Epistemic challenges in a modern world: from "fake news" and "post truth" to underlying epistemic challenges in science-based risk-societies[M]. LIT Verlag Münster, 2020.

[44] RAHAYU W P, FARDIAZ D, KARTIKA G D, et al. Estimation of economic loss due to food poisoning outbreaks[J]. Food science and biotechnology, 2016, 25 (1): 157-161.

[45] PELLING M, WISNER B. Disaster risk reduction: cases from urban Africa[M]. New York: Routledge, 2012.

[46] BARRETT E S, PADULA A M. Joint impact of synthetic chemical and non-chemical stressors on children's health[J]. Current environmental health reports, 2019, 6 (4): 225-235.

[47] URBAN F E, GOLDSTEIN H L, FULTON R, et al.Unseen dust emission and global dust abundance: documenting dust emission from the Mojave Desert (USA) by daily remote camera imagery and wind-erosion measurements[J]. Journal of Geophysical Research: Atmospheres, 2018, 123 (16): 8735-8753.

[48] ZHOU X, LI Q, ZHU Z, et al.Monitoring epidemic alert levels by analyzing internet search volume[J]. IEEE Transactions on Biomedical Engineering, 2012, 60 (2): 446-452.

[49] DRAKULICH K, BARANAUSKAS A J. Anger versus fear about crime: how common is it, where does it come from, and why does it matter?[J]. Crime, Law and Social Change, 2021: 1-22.

[50] KIANI Z, SIMBAR M, FAKARI F R, et al.A systematic review: empowerment interventions to reduce domestic violence?[J]. Aggression and violent behavior, 2021: 101585.

[51] ZOU Z, WANG H, UQUILLAS F O, et al.Definition of substance and non-substance addiction[J]. Substance and Non-substance Addiction, 2017: 21-41.

[52] ZERNIG G, HIEMKE C. Making the case for 'power abuse disorder'as a nosologic entity[J]. Pharmacology, 2017, 100(1-2): 50-63.

[53] CASSINO D, BESEN - CASSINO Y. Race, threat and workplace sexual harassment: the dynamics of harassment in the United States, 1997-

2016[J]. Gender, Work & Organization, 2019, 26 (9): 1221-1240.

[54] RUENESS J, MYHRE MD M C, STRØM I F, et al.Child abuse and physical health: A population-based study on physical health complaints among adolescents and young adults[J]. Scandinavian journal of public health, 2020, 48 (5): 511-518.

[55] ROSSEN L M, KHAN D, WARNER M. Hot spots in mortality from drug poisoning in the United States, 2007‑2009[J]. Health & place, 2014, 26: 14-20.

[56] HU X, LAI F, CHEN G, et al.Quantitative research on global terrorist attacks and terrorist attack classification[J]. Sustainability, 2019, 11 (5): 1487.

[57] KRAKOWSKI K, ZUBIRÍA G. Accounting for turbulence in the Colombian underworld[J]. Trends in organized crime, 2019, 22 (2): 166-186.

[58] HANCE M A, BLACKHART G, DEW M. Free to be me: the relationship between the true self, rejection sensitivity, and use of online dating sites[J]. The Journal of social psychology, 2018, 158 (4): 421-429.

[59] CHANG Y C, ZHAO Y. The Fukushima nuclear power station incident and marine pollution[J]. Marine pollution bulletin, 2012, 64 (5): 897-901.

[60] BODEA C, ELBADAWI I, HOULE C. Do civil wars, coups and riots have the same structural determinants?[J]. International interactions, 2017, 43 (3): 537-561.

[61] SHAH N A, SHAHZAD N, SOHAIL M. Nuclear disaster preparedness level of medical responders in Pakistan[J]. Journal of nuclear medicine technology, 2021, 49 (1): 95-101.

[62] SCHMIDPETER B, WINTER-EBMER R. Automation, unemployment, and the role of labor market training[J]. European Economic Review, 2021: 103808.

[63] TACOLI C. Urbanization, gender and urban poverty: paid work and unpaid carework in the city[M]. Human Settlements Group, International Institute for Environment and Development, 2012.

[64] LI W. Residential housing and personal bankruptcy[J]. Business Review Q, 2009, 2: 19-29.

[65] CAI Y . The Resistance of Chinese Laid-off Workers in the Reform Period[J]. China Quarterly, 2002(170):327-344.

[66] GAMBLE K J, BOYLE P, YU L, et al. The causes and consequences

of financial fraud among older Americans[J]. Boston College Center for Retirement Research WP, 2014, 13.

[67] ARROW K J. Economic theory and the financial crisis[J]. Procedia-Social and Behavioral Sciences, 2013, 77: 5-9.

[68] KILIC M, WACHTER J A. Risk, unemployment, and the stock market: A rare-event-based explanation of labor market volatility[J]. The Review of Financial Studies, 2018, 31(12): 4762-4814.

[69] GONG F, XU J, TAKEUCHI D T. Racial and ethnic differences in perceptions of everyday discrimination[J]. Sociology of Race and Ethnicity, 2017, 3 (4): 506-521.

[70] BEISER M N M N, HOU F. Ethnic identity, resettlement stress and depressive affect among Southeast Asian refugees in Canada[J]. Social science & medicine, 2006, 63(1): 137-150.

[71] KINGERY P M, ZIMMERMAN R S, BIAFORA F A. Risk factors for violent behaviors among ethnically diverse urban adolescents: Beyond race/ethnicity[J]. School Psychology International, 1996, 17(2): 171-186.

[72] QIAN Q, LIN P. Safety risk management of underground engineering in China: Progress, challenges and strategies[J]. Journal of Rock Mechanics and Geotechnical Engineering, 2016, 8(4): 423-442.

[73] AMIN A. On urban failure[J]. Social Research: An International Quarterly, 2016, 83(3): 777-798.

[74] HOUSTON C. Istanbul, city of the fearless: urban activism, coup d'etat, and memory in Turkey[M]. California: Univ of California Press, 2020.

[75] YOUN, S. Determinants of online privacy concern and its influence on privacy protection behaviors among young adolescents[J]. Journal of Consumer affairs, 43(3), 389-418.

[76] DIFONZO N, BORDIA P. Rumor, gossip and urban legends[J]. Diogenes, 2007, 54(1): 19-35.

[77] KAUSHAL S S, LIKENS G E, PACE M L, et al. Freshwater salinization syndrome on a continental scale[J]. Proceedings of the National Academy of Sciences, 2018, 115 (4): E574-E583.

[78] MCCARTHY M P, BEST M J, BETTS R A. Climate change in cities due to global warming and urban effects[J]. Geophysical research letters, 2010, 37(9).

[79] RASHID S A A，GASIM M B，TORIMAN M E，et al. Water quality deterioration of Jinjang River，Kuala Lumpur: Urban risk case water pollution[J]. The Arab World Geographer，2013，16(4): 349-362.

[80] 颜泽贤，范冬萍，张华夏 . 系统科学导论 [M]. 北京：人民出版社，2006.

[81] 张涛 . 复杂性探索与马克思恩格斯辩证法的当代阐释 [M]. 北京：中国社会科学出版社，2016.

[82] 成思危 . 复杂性科学探索（论文集）[M]. 北京：民主与建设出版社，1999.

[83] 汤景泰，巫惠娟 . 风险表征与放大路径：论社交媒体语境中健康风险的社会放大 [J]. 现代传播（中国传媒大学学报），2016，38(12):15-20.

[84] 罗杰·E. 卡斯帕森 . 风险的社会放大效应：在发展综合框架方面取得的进展 [M]// 谢尔顿·克里姆斯基 . 风险的社会理论学说 . 北京：北京出版社，2005.

[85] 孙东川，孙凯，钟拥军 . 系统工程引论 [M]. 4 版 . 北京：清华大学出版社，2019.

# 3　城市风险的分类

世界是普遍联系的，不存在孤立的系统。如何划定系统的边界，取决于你的分析目的。

——德内拉·梅多斯《系统之美》

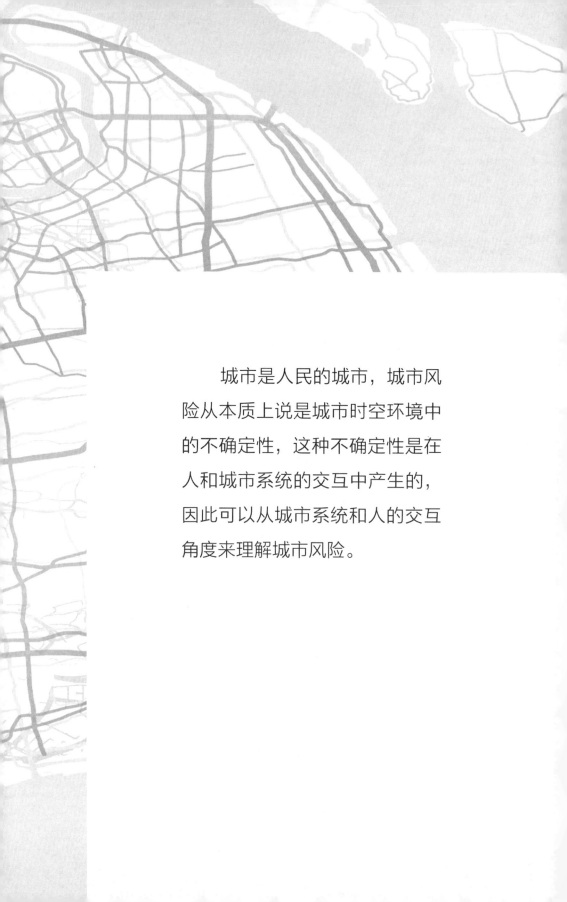

城市是人民的城市，城市风险从本质上说是城市时空环境中的不确定性，这种不确定性是在人和城市系统的交互中产生的，因此可以从城市系统和人的交互角度来理解城市风险。

城市风险类型多样，大量的研究试图从不同角度对风险、城市风险进行分类，其目的都是为了更好地理解城市风险，识别风险，建立认识城市风险的框架，从而选择应对策略。在现实生活中，城市风险识别难度大，且各类新型风险在快速变化的环境中不断涌现，具有偶发性强、产生的影响多为系统性危害的特点，往往难以分类，风险管理因此陷入各种困境。但从不同视角观察、辨析风险类型仍有巨大意义，能够帮助我们形成城市风险的认知框架，不断总结规律，在复杂城市风险面前快速抓住主要矛盾，最大限度地避免干扰因素。

本书辨析三种风险类型的划分方式，每一种分类方式均有其自身的优势和局限，代表了理解城市风险的不同视角，是城市风险的三种认知框架：一是基于事件视角的城市风险分类；二是基于"人—城市"系统交互的城市风险分类；三是基于城市生命周期的城市风险分类。

事实上，已有的研究对风险类型已形成丰富的成果，但总体看往往适用于对具体的事件分析。例如根据主要致灾因素分类，城市风险中常见的有自然风险、社会风险、政治风险、经济风险和技术风险等；根据损害对象分类，可以分为财产风险和人身风险；以动态视角，从城市化水平、中国社会转型发展的实践等角度可以将城市风险分为传统风险和非传统的新型风险，特别是信息技术革命下，城市风险发生了一系列显著变化，如网络系统风险、智能化系统风险等都被归为非传统风险，但显然这是一种阶段性划分，有多种划分方式，处于动态变化中；根据应对或处置的方法和手段，还可以分为被规避风险、自留应对风险和可转移风险（表3-1）。

根据城市风险的量化特征可以形成城市风险"图谱"。一般而言，风险量化特征主要包含发生的可能性和影响程度。可以运用各种量化工具如层次分析法、神经网络模型来预测风险的概率，指导应对策略。但城市风险的复杂性、流变性不断增加着量化分析的难度，较难形成统一的结论。

表3-1　城市风险常见分类

| 分类方式 | 主要致灾因素 | 损害对象 | 历史与发展 | 应对或处置方法和手段 |
|---|---|---|---|---|
| 城市风险主要类型 | 自然风险<br>社会风险<br>政治风险<br>经济风险<br>技术风险 | 财产风险<br>人身风险 | 传统风险<br>非传统风险 | 被规避风险<br>自留应对风险<br>可转移风险 |

根据灾害事故风险防范和应急管理所归属的行业部门及其特征，城市运行重大灾害事故（事件）可分为十大类：安全生产类、交通类、工程事故类、火灾、油气管道类、人群密集场所类、自然灾害类、公共卫生类、社会安全类、环境污染类。这一分类方式往往是动态变化的。

国际组织和国内外智库也开展了与大城市密切相关的公共安全事务的研究，大多根据城市管理的重点行业展开研究，如道路交通、社会治安、公共卫生、食品药品、火灾消防和电梯伤害等事故造成的直接和间接伤害，不同的组织往往侧重点不同，代表了各自的立场、阶段性或区域性特征。世界卫生组织高度重视世界范围内的传染病、流行病和公共卫生事件的预防和控制；《经济学人》根据健康安全、基础设施安全、个人安全和数字安全四个方面指标评估国际著名城市，发布年度《安全城市索引》的智库报告。[1]同济大学城市风险管理研究院自2020年开始连续发布《上海城市运行安全发展报告》，按照城市运行安全重点领域、重点行业的不同类型风险进行统计、分析和评判。以上是常见的城市风险分类方式，对城市风险管理实践都有很强的导向作用。

## 3.1　基于事件视角的城市风险分类

紧扣"突发"这一特性，根据突发事件的发生原因、性质、过程和结果等来划分城市风险，可分为自然灾害、事故灾难、公共卫生事件、社会安全事件，以此为基础确定不同类型风险的治理、管理、应急处置，这是城市风险分类中较为经典的分类方式。

这种分类方式具有显著的优越性。

一是已经具有相关的法律基础。2007 年 8 月 30 日第十届全国人民代表大会常务委员会第二十九次会议通过《中华人民共和国突发事件应对法》，自 2007 年 11 月 1 日起施行。这是我国风险管理、应急管理的标志性事件。2021 年底，该法修订工作启动。根据《中华人民共和国突发事件应对法》和 2006 年国务院颁布的《国家突发公共事件总体应急预案》的有关规定，突发事件主要包括自然灾害、事故灾难、公共卫生事件、社会安全事件四类。

二是国际上对"城市灾害""城市风险""城市危机"的研究和立法也多按照突发的类型，即从灾害、事故、公共事件等角度展开。美国国会于 1968 年通过了《全国洪水保险法》（*National Flood Insurance Act*），并据此创立了全国洪水保险计划（National Flood Insurance Program，NFIP）；1972 年通过新的《全国洪水保险法》；1977 年颁布《地震灾害减轻法》；在"9·11"事件发生后，美国国会通过了《国土安全法》；还有《公共卫生安全与生物恐怖主义应急准备法》等[2]。其划分脉络基本按照自然灾害、人为公共事件等类型。

概括看，这种分类方式较为清晰。尤其对风险发生的原因有明确界定，便于深入研究，制定处置策略。

然而，这一分类的局限性在于，城市风险复杂，存在大量未明确风险。对 1979—2018 年期间各类城市风险研究文献进行总体性的宏观分析，把城市风险治理研究论文分为自然灾害类、事故灾难类、公共卫生类、社会安全类、未明确风险类共五类，其中未明确风险类型的文献占比达到了 56.5%。[3] 显然，研究者们已经注意到在现实城市生活中，存在大量未明确风险而对其又缺乏有效的管理手段和应对措施，这是新的巨大挑战，也是未来城市风险研究的重点。

### 3.1.1 突发事件的概念

突发事件这个概念，是我国约定俗成的名词。

"突发"一词，顾名思义就是突如其来的、出乎预料的、令人猝不及防的状态；"事件"一词，按照《辞海》的解释，则是指历史上或社会上发生的大事情。风险领域谈及突发事件是指影响到社会局部甚至社会整体的大事件，不是指个人生活中的小事件。"广义的突发事件泛指一切突然发生的危害人民生命财产安全、直接给社会造成严重后果和影响的事件。"[4]

我国对城市突发公共安全事件的研究在 2003 年"非典"事件发生后广泛兴起。2008 年南方冰灾和汶川地震等特大突发灾害接连发生，不同学科领域的研究者对汶川地震等非常规突发事件的灾害影响和灾后重建问题开展了视角多元的研究，如对旅游城市的文化影响及其重建问题等。随着城市化的深入，研究者们高度关注涉及国内外大城市的自然灾害、事故灾难、公共卫生事件和社会安全事件等突发事件，如 2009 年的湖北石首群体性事件、2009 年的新疆"7·5"骚乱事件、2011 年日本地震海啸导致我国部分城市的食盐抢购事件、2012 年的美国纽约桑迪飓风事件、2012 年的北京"7·21"特大暴雨事件、2014 年的广州"7·15"公交纵火案、2014 年的上海"12·31"外滩踩踏事件以及 2015 年的天津港"8·12"特大火灾爆炸事故等案例。[5]

我国对自然灾害、安全事故等危机的界定究竟是用"突发公共事件"还是"突发事件"曾有很长一段时间的争论。2006 年 1 月 8 日颁布并实施的《国家突发公共事件总体应急预案》中，"突发公共事件"是指"突然发生，造成或者可能造成重大人员伤亡、财产损失、生态环境破坏和严重社会危害，危及公共安全的紧急事件"；2007 年 11 月 1 日起施行的《中华人民共和国突发事件应对法》（以下简称《突发事件应对法》）中，"突发事件"是指"突然发生，造成或者可能造成严重社会危害，需要采取应急处置措施予以应对的自然灾害、事故灾难、公共卫生事件和社会安全事件"。从定义看，突发事件的范畴更广泛，主要具有以下特征。

突然爆发是突发事件的基本特征，突发事件具有瞬间性。从发展的速度来说，其进程极快，从预兆、萌芽、发生、发展、高潮到最后结束，这一周期非常短暂。因此，突发事件突然爆发、快速蔓延、难以预料。

突发事件具有强烈的主观色彩，是与人们的意识和认识存在严重脱节的事件。公众由于没有心理准备，容易在心理上产生恐慌爆发点的偶然性。[6]

突发事件发生的地点和时间是带有一定偶然性的随机现象。它可能会有某些征兆，但爆发点似乎从无规律可循。突发事件具有不确定性，这种不确定性包括事件的发生、发展、后果及其严重程度的不确定。

一般语境下，突发事件是具有负面性质的事件。

 突发事件往往成为系统性城市风险的先兆或诱因。散点的、单点的突发事件处置不当可能对城市产生系统性的危害。

根据《国家突发公共事件总体应急预案》的分类，自然灾害主要包括水旱灾害、气象灾害、地震灾害、地质灾害、海洋灾害、生物灾害和森林草原火灾等；事故灾难主要包括工矿商贸等企业的各类安全事故、交通运输事故、公共设施和设备事故、环境污染和生态破坏事件等；公共卫生事件主要包括传染病疫情、群体性不明原因疾病、食品安全和职业危害、动物疫情以及其他严重影响公众健康和生命安全的事件；社会安全事件主要包括恐怖袭击事件、经济安全事件、涉外突发事件等。

### 3.1.2　自然灾害

人类在发展进程中一直与各种自然灾害斗争。当世界上一半以上人口生活在城市后，城市的防灾、减灾就格外重要，自然灾害发生时，城市暴露出脆弱性，灾害造成巨大损失的特性也给了人们深刻的教训。

### 3.1.2.1　概况：我国是全世界自然灾害最严重的国家之一

《2019年全球自然灾害评估报告》分析评估显示，1989—2019年全球较大自然灾害频次年均约320次，呈现先增后减的趋势；洪涝和风暴灾害最为频发，占比超过60%。亚洲是受自然灾害影响最为严重的地区。中国自然灾害发生频次、直接经济损失的全球排名分别为第2位、第3位。[①] 我国自然灾害具有以下特点。

（1）灾种多、分布广、频率高和损失大。

我国是全世界自然灾害最严重的国家之一。据邓拓《中国救荒史》的统计结果，自公元前1766年至公元1937年，中国旱灾共1074次，平均约每3年4个月便有1次；水灾共1058次，平均3年5个月1次[7]。1949年以后，长江流域洪灾频繁，差不多平均3年就发生1次。特别是在20世纪90年代，黄河流域岁岁波涛不兴，而长江仍然重灾频频，从1991年、1996年到1998年，已接连遭遇三次特大水灾的袭击。[8]1998年大洪水造成2.23亿人受灾、4150人死亡、2120万公顷农作物被毁、685万栋房屋倒塌，总直接经济损失达2460亿元。2011年，中国自南到北有多个城市发生严重内涝：广州在半个月里两次水漫全城，城市要道阻塞，大量群众被困，交通受到严重影响；石家庄、重庆多地遭受严重的内涝灾害，城市交通几乎瘫痪，火车航班晚点严重，造成不少群众被困、旅客滞留。2012年"7·21"北京特大暴雨造成79人死亡，房屋倒塌10660间，160.2万人受灾，经济损失116.4亿元。2013年10月9日，浙江余姚市遭遇1949年以来最严重水灾，城区大面积受淹，主城区城市交通瘫痪，大部分住宅小区低层进水，主城区全线停水、停电，城市受淹，直接经济损失达15.2亿元，并引发了物资哄抢，对社会稳定与秩序带来了巨大的风险。[9]

近年来的数据也能充分反映我国自然灾害的高频率特征。据应急管理部发布的"2019年各种自然灾害基本情况"显示：2019年各种自然灾害共造成1.3亿人次受灾，909人死亡失踪，528.6万人次紧急转移安置；12.6万间房屋倒塌，

---

① 姚亚奇.《2019年全球自然灾害评估报告》发布: 我国综合防灾减灾能力排名上升.光明日报，2020-05-09(3).

28.4 万间严重损坏，98.4 万间一般损坏；农作物受灾面积 19256.9 千公顷，其中绝收 2802 千公顷；直接经济损失 3270.9 亿元。[①] 2020 年，气候年景偏差，南方地区遭遇 1998 年以来最重汛情。在这一年，自然灾害以洪涝、地质灾害、风雹、台风灾害为主，地震、干旱、低温冷冻、雪灾、森林草原火灾等灾害也有不同程度发生。2020 年各种自然灾害共造成 1.38 亿人次受灾，591 人因灾死亡失踪，589.1 万人次紧急转移安置；10 万间房屋倒塌，30.3 万间严重损坏，145.7 万间一般损坏；农作物受灾面积 19957.7 千公顷，其中绝收 2706.1 千公顷；直接经济损失 3701.5 亿元。[②]

几乎所有类型的自然灾害都在中国发生过，如地震、台风、洪水、干旱、沙尘暴、风暴潮、滑坡、泥石流、冰雹、寒潮、高温热浪、病虫鼠害、森林和草原火灾以及赤潮等。我国的所有省、自治区、直辖市都不同程度地受到自然灾害的影响，三分之二以上的国土面积受多种灾害威胁，大半人口和城市位于受多灾种影响的区域。

（2）我国灾害类型和灾种组合区域差异大。

总体来看，我国各区域的主导灾害类型和灾种组合显示出显著的差异。西部地震灾害震级和频次高，"十二五"和"十三五"期间我国发生的 5.0 级以上地震主要集中在西部地区。东部和南部沿海地区以及部分内陆省份经常遭遇热带气旋侵袭，也容易出现风暴潮和赤潮等海洋灾害。我国的洪水分布呈现地域性和季节性的特点，由于降雨引发的洪水主要分布在中部、东部地区，2017 年、2020 年长江中下游发生区域性大洪水，湖南、江西、安徽等省份发生严重洪涝灾害。受气候变化影响，近年来东北地区的洪涝也较为频发。同时，东北、西北、华北等地

① 应急管理部发布 2019 年全国自然灾害基本情况. 应急管理部救灾和物资保障司. 2020-01-16. https://www.mem.gov.cn/xw/bndt/202001/t20200116_343570.shtml.

② 应急管理部发布 2020 年全国自然灾害基本情况. 应急管理部. 2021-01-08. https://www.mem.gov.cn/xw/yjglbqzdt/202101/t20210108_376745.shtml.

区旱灾频繁，西南、华南等地区严重干旱时有发生。山地、高原地区因地质构造复杂，滑坡、泥石流、崩塌等地质灾害频繁发生，四川、云南、贵州、西藏等地区集中形成了以滑坡、泥石流为主的地质灾害群，安徽、江西、湖南等地区也不同程度发生过灾害性泥石流等地质灾害，近年由于局部强降水引发的滑坡、泥石流等地质灾害频率还有所提高。强降雪和低温雨雪冰冻灾害是东北和高原地区的频发灾害。[10]

### 3.1.2.2　城市自然灾害风险常见类型

城市人员密集，自然灾害会造成对城市设施及城市功能的破坏，可能产生系统性影响。自然灾害对城市的挑战不容忽视。

#### 1. 城市自然灾害

自然灾害的发生与太阳活动、地球运行及各圈层物质同步变异和相互影响有关，涉及人口增长、资源开发、环境变化、社会经济发展等多变量因素。联合国赈灾组织给出的"自然灾害风险"的定义是，自然灾害风险是在一定的区域和给定的时段内，由于某一自然灾害而引起的人们生命财产和经济活动的期望损失值。系统看，自然灾害风险的概念反映出自然灾害风险的显著特征是各个风险要素的不断出现并相互作用与影响①，如图 3-1 所示。[11]

**图 3-1　自然灾害风险特征**

这一观点认为，自然灾害风险的形成包括三个要素：致灾因子/极端事件（Hazards or Extreme Events）、暴露（Exposure）和脆弱性（Vulnerability）。人类难以对致灾因子施加影响或控制，只能进行预测或预警，但人们可以在自然灾害风险辨识和分析的基础上，通过降低承灾体暴露程度和脆弱性的方法，采取有效的风险管理措施，从而达到减灾降险的效果。

---

① 联合国国际减灾战略，United Nations International Strategy for Disaster Reduction，简称 UNISDR。

城市自然灾害风险界定了自然风险作用的对象。一般认为，由于自然或人为因素引起环境的变异，激发产生对城市某一区域或社会功能的严重破坏，伤害程度超过了该城市区域社会的应对能力，对该区域人类生存、物质财富、经济活动和资源环境等造成巨大影响和损失。[12]

在城市自然灾害中，导致城市脆弱性暴露的致灾因子既包含自然的因素，也包含自然因素诱发的人为因素。

承灾体即灾害受体，城市区域暴露在灾害风险下的要素，就是承受灾害的承灾体。城市的承灾体类型包括人、建筑、城市生命线系统、交通基础设施、生产与生活构筑物、室内财产和生态环境等。

**2. 城市自然灾害的主要类型**

世界卫生组织与灾难流行病学研究中心（Centre for Research on the Epidemiology of Disasters，CRED）共同创建的紧急灾难数据库（Emergency Events Database，EM-DAT），将自然灾害划分为生物型、气象气候型、地球物理型、水文型、复合型等几大类，其中又包括干旱、地震、传染病、极端温度、洪水、虫害、风暴、火山、火灾等若干灾种。根据自然灾害的成因和我国灾害管理现状，自然灾害常被分为七大类：气象灾害、海洋灾害、洪水灾害、地质灾害、地震灾害、农作物生物灾害、森林生物灾害和森林火灾。[11] 这种分类与我国传统上的气象局、海洋局、水利部、地震局、农业部、原林业部、原地矿部七个负责自然灾害管理的部门也有很大关系。

从关联程度上看，气象灾害、海洋灾害、洪水灾害、地质灾害、地震灾害与城市关联度强。例如，《上海市灾害事故紧急处置总体预案》中明确：根据历史资料和专家分析研究，对上海可能造成影响和威胁的主要自然灾害有台风、暴雨、风暴潮、赤潮、龙卷风、浓雾、高温、雷击、地质、地震灾害。其中大部分是气象灾害，这是城市风险研究的重点。上海自然灾害类型简介见表3-3。

## 表 3-3 上海自然灾害类型

| 灾害名称 | 状况 |
|---|---|
| 台风 | 上海市每年都遭受太平洋热带气旋的袭击，1949—2002 年间，在以上海为中心的 550 公里范围内，经过而影响到上海的热带气旋共 186 个，并带来大风、暴雨、风暴潮等灾害 |
| 暴雨 | 上海年均降雨量 1123 毫米，70% 集中在 4—9 月，由于地势低洼，易造成江河泛滥，田地被淹。市区排涝能力分布不均，尚需进一步加强 |
| 风暴潮 | 上海沿江沿海经常发生由台风引起的风暴潮灾害，对海塘、堤坝、内河防汛墙等工程造成严重破坏 |
| 龙卷风 | 平均每年有 2~3 次，主要发生在郊区（县），具有突发性和破坏性，危害较大 |
| 赤潮 | 长江口附近海域每年都要发生多起大规模（面积超过 1000 平方公里）的赤潮灾害，对海洋生物资源造成严重破坏，赤潮生物毒性对人类的身体健康和生命安全带来威胁 |
| 浓雾 | 上海江海环绕、水汽充沛，受城市热岛效应和大气环境等因素影响，浓雾天气有增多趋势，主要集中在春季和冬季，对城市水上、道路和航空交通影响较大 |
| 高温 | 上海每年高于 35℃气温日数一般为 9 天左右，异常时可达 20~30 天，对城市供水、供电、农业生产和市民生活有一定影响 |
| 雷击 | 上海属雷击多发地区，全市年平均雷暴日为 53.9 天，造成的人员伤亡每年都有发生，造成经济损失的严重性呈上升趋势 |
| 地质 | 主要威胁是地面沉降和地下水污染。采取人工回灌等综合治理措施后，沉降有所控制，但地下水污染面积仍在 2100 平方公里以上，浅水含水层受污染状况较普遍 |
| 地震 | 上海存在着可能发生中强以上地震的地质构造，历史上曾有 5 级左右地震的记录，南黄海及邻近省市地震对上海可能产生的波及影响也不容忽视。现被国家列为地震重点监视防御区 |

资料来源：《上海市灾害事故紧急处置总体预案》。

此外，一些易忽视的自然灾害也应高度重视。例如，2021 年红火蚁影响我国不少地区，这一外来物种随着城市环境的变化以及国内国际交流的频繁，对城市居民也产生了影响。这类风险防控的难点主要在于其在城市中较为少见，容易被忽视，但只要加以重视，就可以较好防控，避免伤及人员。[①]

### 3.1.2.3　自然灾害对城市的影响

近年来，全球气候变化加剧了自然灾害发生频率和成灾强度。超级台风和强降雨发生的可能性正在增加，这使得河流洪水和山洪的发生可能性增大，干旱和热浪可能将变得更为频繁和严重。打破气象记录的气象现象出现得更加频繁，由极端气候引发的地质灾害（例如滑坡和泥石流）预计也将更加频繁。

经济发展和城市化进程加快以及全球贸易一体化推进，城市在自然灾害面前，脆弱性常超出人们的预期，各类自然灾害常常超过了城市的承载能力。自然灾害造成的影响，也大多不仅局限于一个区域，甚至可能引发严重的区域或全球连锁反应，对经济和社会的影响甚至可以持续多年。

总体看，重大自然灾害不仅给人们的生命安全、经济发展等造成极大的影响，还会诱发社会风险，给灾民心理健康、社会舆论和社会稳定带来冲击。

（1）造成人员伤亡，引发经济、社会资源损失风险。

城市化带来了社会财富的累积：一方面，在一定程度上提升了区域的设防能力，提升了对人员的保护和房屋的保护能力；另一方面，自然灾害对社会财富的破坏能力也更强。例如，2020 年我国洪涝灾情呈现"三升、两降"的特点：受灾人次、紧急转移安置人次和直接经济损失较近 5 年均值分别上升23%、62% 和 59%，因灾死亡失踪人数、倒塌房屋数量分别下降53% 和 47%。[②]重大自然灾害导致的经济、社会资源损失包括人员伤亡和环境破坏，这是灾害造成的最直接损失；灾害还造成交通中断，通信中断，供水、气、电设施破坏，生活用品供不应求，物价上涨等情况，各类社会资源都面临损失。

---

[①] 九部门联合启动红火蚁防控行动. 人民日报. 2021-03-30(14).

[②] 应急管理部发布 2020 年全国自然灾害基本情况. 应急管理部. 2021-01-08. https://www.mem.gov.cn/xw/yjglbgzdt/202101/t20210108_376745.shtml.

（2）引发各类疾病风险。

城市人口密度大，人口流动快，在重大自然灾害后可能引发的疾病风险主要有：灾民临时集中安置点人口密度大，经空气传播的呼吸道传染病易发生流行；供水与卫生设施遭到破坏与污染，易导致肠道传染病的流行；自然灾害有利于虫媒滋生的生态学变化，如啮齿类动物的迁徙；由于居住环境恶劣，年老体弱者增加了发病和死亡的危险性；灾民个体免疫力下降，各类疾病易发；等等。[13]

（3）引发社会心理行为风险。

现代化城市生活是高度协作的复杂系统，自然灾害造成的破坏程度大。重大自然灾害影响公众心理健康风险的内因是灾民面临失去工作、亲人、住房等问题，因此给他们的生存和发展带来严重的困扰；外因是人们对外部环境的态度转变，尤其是可能产生对政府的信任程度的变化。

很多研究认为不同灾害类型下社会心理影响具有相似性，主要是创伤后应激障碍、急性应激障碍、抑郁、焦虑、群体冲突和自杀行为。世界卫生组织调查显示，重大自然灾害发生后有 20%~40% 的灾民有轻度心理失调，30%~50% 的灾民有中度至重度心理失调，需要有效心理干预才能缓解。灾后一年仍有 20% 的灾民患有严重心理疾病，需要长期心理干预和社会支持。[14] 这些社会心理行为风险不仅给受灾群众本人及其家庭带来了痛苦，同时也会增加救援和临时安置的难度，如果得不到及时有效的缓解而被逐渐累积，很容易外化为违法行为，甚至演化为群体性事件，降低社会的稳定性和安全性。[9]

（4）引发舆情风险。

自然灾害引发舆情关注是必然现象，在自然灾害爆发时，舆情通常会关注以下内容：一是灾情的相关客观信息，容易引发共情的主要包括伤亡人数、灾害损失、次生灾害的可能性。从感情色彩上看，不同程度的恐惧情绪会伴生不同级别的灾情出现。二是自然灾害的救援，主要包括救援的及时性、救援的措施、救援的成果。涉及救援工作的高风险议题主要是对救灾行为的监督与道德审判。自然灾害发生后，个人、企业以及政府等各类主体的行为都被高度关注。例如，救援物资的分配不均等救灾过程中的不道德甚至违法行为，常被广泛关注。相关数据发现，这种自发的民间道德审判已经成为自然灾害网络舆情的常见议题。[15] 对这些舆情热点处置不当，特别容易引发人们对政府公信力的质疑，破坏灾后救援的协调性，影响灾害救援的响应速度，影响救援效果，引发次生灾害，甚至可能引发各种群体性事件，从而对社会生活造成进一步伤害。

（5）引发社会稳定风险。

在社会层面，自然灾害对城市各类资源的最大影响在于对原有秩序的破坏，导致政治、政策、经济等因素出现变化、波动，从而引发社会稳定风险。

总之，城市自然灾害的影响是自然灾害本身以及城市对自然系统的暴露度和脆弱性共同作用的结果。对于城市而言，暴露度和脆弱性是灾害风险及其影响的关键决定因素。暴露度和脆弱性是动态的，随时间和空间的变化而变化，并取决于经济、社会、地理、人口、文化、体制、管理和环境等多种因素。对于城市管理者而言，应通过提升应变能力、应对能力和适应能力，降低自然灾害的影响。

### 3.1.3　事故灾难

事故灾难是具有灾难性后果的突发事件，是在人们生产、生活过程中发生的，直接由人的生产、生活活动引发的、违反人们意志的、迫使活动暂时或永久停止，并且造成大量的人员伤亡、经济损失或环境污染的意外事件。根据我国《国家突发公共事件总体应急预案》对事故灾难的分类，事故灾难主要包括工矿商贸等企业的各类安全事故、交通运输事故、公共设施和设备事故、环境污染和生态破坏事件等。

#### 3.1.3.1　城市事故灾难的主要特征

从本质上讲，事故灾难与自然灾害的区别在于发生的原因是人为的还是自然的，但其演化过程和造成的危害有相似之处，也同样暴露了城市的脆弱性。

（1）事故多样性。城市经济活动和社会活动密集、多样，危险物质或能量等危险源穿插其中，同时随着生产规模日益扩大，生产装置及工艺流程日趋复杂，这就导致了城市安全运行面对的危化品事故、工矿商贸企业事故、建筑施工事故、火灾事故、交通运输事故等风险交织并存，呈现多样性的特点。[16]

（2）致灾因子复杂。突发事故灾难与自然灾害在特性上的最大区别在于事故是由人为引发；事故灾难的原因隐蔽复杂，不少事故在规划、建设中肇始，在运行过程中演化，是经济、社会综合作用的结果。

（3）事故灾难可能从离散分布性风险演化为整体性风险。自然灾害一旦爆发，一般立刻作用于一定空间范畴内所有对象。事故灾难有可能仅仅作用于一个点，在空间分布上呈现相对离散的分布状态，如危化品的爆炸风险；也可能作用于一个工作系统，如城市生命线风险等；极端的事故灾难则作用于"面"，影响整个区域。但是鉴于城市系统的复杂性，如果事故处置不当，一个发于"点"的事故，可能影响一个系统或整个区域，事故始终都处于急速变化之中，都会给事故灾难发展情况的预估和判断带来难度，导致事态后果趋于严重甚至超过预期，进而影响整个城市。事故灾难整个过程往往充满不确定性，这也是城市事故灾难的显著特征。这一特征不断提醒我们要在管理实践中探索阻断风险放大的方法。

（4）事件发生的强危害性和紧迫性。事故灾难类城市突发事件会直接或间接造成人员伤亡、财产损失等严重后果，打乱城市生活秩序，影响产业发展及供应链安全，造成社会的动荡。如江苏响水 2019 年"3·21"特别重大爆炸事故，造成 78 人死亡、76 人重伤，640 人住院治疗，直接经济损失 19.86 亿元。① 对相关产业格局也产生了深远影响。

（5）易引起城市人群关注、焦虑、质疑。事故灾难在城市开放场域突然爆发，极易造成极大的社会性影响，导致多元社会情绪的蔓延。城市人群期望值高，安

---

① 江苏响水"3·21"特别重大爆炸事故调查报告公布. 人民日报百家号. 2019-11-16.
https://baijiahao.baidu.com/s?id=1650321243446138182&wfr=spider&for=pc.

全感需求强。城市基础设施完善，生活环境相对稳定，市民希望自身所在的城市能够良性运转发展，也渴望在稳定的社会环境中安定地生活。同时，城市人群利益诉求表达比较强烈；城市配备了更完善的交通、信息设施等基础设施，大幅度降低了城市人群获取信息的成本，提升了城市人群获取信息的能力；城市人群对于信息的搜集以及把握能力、运用媒介的能力较强，能够熟练地运用互联网，以较低的成本促成信息的传播，公共情绪易快速集聚，为形成舆情事件提供了客观条件。

与自然灾害略有不同，公众情绪对事故的发生原因格外关注，对其真实性和处置过程中的效率、合规性、处置能力等高度关注，可能存在的失责行为常引发舆情事件。尤其是当事故灾难触及了民众的个人具体利益时，如生命财产安全、生活环境的变化等，就势必会得到社会各界的极度关注，从而加剧了事故灾难公众情绪和网络舆情的复杂程度。

### 3.1.3.2　城市事故灾难常见类型

城市事故灾难多种多样，很难穷尽。《建设领域安全生产行政责任规定》中将建设领域的安全事故类型分为：建设工程安全事故；城市道路、桥梁、隧道、涵洞等设施管理安全事故；城镇燃气设施、管道及燃烧器具管理安全事故；城市公共客运车辆运营及场（厂）站设施安全事故；风景名胜区、城市公园、游乐园安全事故；城市危险房屋倒塌安全事故；其他安全事故。

综合来看，城市常见的易引发严重后果的事故灾难有公共场所事故灾难、基础设施事故灾难和生产经营区域事故灾难。[17]

**1. 公共场所事故灾难**

城市公共场所可能发生火灾、坍塌等各种事故，其中踩踏事故日益引发人们关注。城市的公共场所大规模的人群聚集具有人员数量较多和行动不一的特点。

这种事故可能发生于体育场、学校、商场、宗教场所、公共娱乐场所，发生位置可能是建筑物的楼梯、走廊、出入口，甚至可能是建筑外的开阔地带。当某个场地的人员聚集密度达到一定的数值时，就具有发生拥挤踩踏事故的风险，而这种风险随着人群聚集密度的增长而提升。

**2. 基础设施事故灾难**

城市基础设施是城市中为顺利进行各种经济活动和社会活动而建设的各类设备设施的总称。按服务对象、管理主体的不同，城市基础设施一般可分为两类。

（1）生产基础设施，主要服务生产部门的供水、供电、道路和交通设施，仓储设备，邮电通信设施，排污、绿化等环境保护和灾害防治设施。

（2）社会基础设施，主要服务居民，如住宅和公用事业设施，公共交通、运输和通信设施，教育和保健机构设施，文化和体育设施等。

随着城市经济结构的变化，社会基础设施和生产基础设施的界线日益模糊。

基础设施水平随着经济和技术的发展而不断提高，种类越来越多。一旦发生事故，极易造成人员伤亡，对城市生活产生深远影响。

**3. 生产经营区域事故灾难**

城市中有大量生产经营区域以及各类工业园区，其中包含大量设备、设施，特别是各种特种设备，发生事故的危害极大。例如，城市的化工厂（区）发生事故是十分危险的。印度博帕尔灾难是严重的工业化学事故，影响巨大。1984 年 12 月 3 日凌晨，博帕尔市某居民区附近一家农药厂发生氯化物泄漏，引发了严重后果。由于这次事件，世界各国化学集团改变了拒绝向社区公众通报的态度，亦加强了安全措施。此外，各种新经济企业的涌现也带来了更多不确定性风险，一些新材料研发企业的实验室不在传统化工区，而是分散在普通办公区，或与生活区、商业区混杂，一旦发生安全生产事故，都可能造成极大危害。

### 3.1.4　公共卫生事件

世界卫生组织（World Health Organization，WHO）发布的《突发公共卫生事件快速风险评估手册》（*Rapid Risk Assessment of Acute Public Health Events*）中认为突发公共卫生风险是对公众健康造成负面影响的突发（紧急）事件的风险。

我国对于突发公共卫生事件的系统性应急处置在 2003 年"非典"疫情后快速

发展。《突发公共卫生事件应急条例》于 2003 年 5 月 7 日国务院第 7 次常务会议通过，自公布之日起施行，2011 年 1 月做第一次修订。《突发公共卫生事件应急条例》所称突发公共卫生事件是指突然发生，造成或者可能造成社会公众健康严重损害的重大传染病疫情、群体性不明原因疾病、重大食物和职业中毒以及其他严重影响公众健康的事件。

### 3.1.4.1 公共卫生事件的主要特征

突发公共卫生事件应当具备以下几个特征。

（1）突发性。突发公共卫生事件是突然发生的，一般来讲，是不易预测的事件。例如，非典型肺炎疫情、新冠肺炎疫情，就是突如其来的公共卫生事件。

（2）具有公共卫生的属性。《突发公共卫生事件应急条例释义》列举的突发公共卫生事件包括重大的传染病疫情、群体性不明原因疾病、重大食物和职业中毒以及其他严重影响公众健康的事件。重大的传染病疫情是指传染病在集中的时间、地点发生，导致大量的传染病病人出现，其发病率远远超过平常的发病水平。群体性不明原因疾病是指在一定时间内，某个相对集中的区域内同时或者相继出现多个共同临床表现患者，又暂时不能明确诊断的疾病。这种疾病可能是传染病，可能是群体性癔病，也可能是某种中毒。中毒是指由于吞服、吸入有毒物质，或有毒物质与人体接触所产生的有害影响。

（3）对公众健康的损害和影响达到一定的程度。判断一个发生了的事件是否为突发公共卫生事件，除了要看其是否具备前两个特征外，还要看该事件是不是属于已经对社会公众健康造成严重损害的事件，或者从发展的趋势看，是不是属于可能对公众健康产生严重影响的事件。[18]

（4）不可分割性。突发公共卫生事件对于个人和社会来说，都是不可逃避的，如某种传染病，在未来一个时段的哪个时间发生是不确定的，但只要发生，每个社会成员都可能要遭受损失，尽管其损失的大小不同。

（5）隐蔽性。由于人群具有分散居住、流动性强等特点，公共卫生风险因而很难被识别，往往积累到快要暴发的程度才能被识别和发现。[19]

### 3.1.4.2 公共卫生风险与城市化、工业化、全球化高度相关

突发公共卫生事件的成因多种多样，既与地域环境、生物因素有关，又与人的行为、卫生管理、资金投入等种种因素相关，是人为原因和自然因素共同作用所造成的灾害事件，尤其随着城市化、工业化、全球化的加剧，人类面临新型传染病等重大公共卫生事件的挑战越来越大。

（1）城市化加速了各类传染病的传播。

城市人口密集，一旦暴发传染病往往难以控制。在欧洲早期城市化浪潮中，传染病暴发就曾影响了经济、社会的发展。而城市公共卫生基础设施的进步和公共卫生管理的进步基本都是在人类和各类传染病的斗争中取得的。例如，文艺复兴期间，欧洲经历了中世纪经济和社会模式的解体，商业、城市和贸易的扩张以及现代国家的发展；但这也是一个已知和似乎未知的流行病蓬勃"发展"的时期，当时人们普遍以逃离城市的方式躲避瘟疫。到了19世纪，工业革命让人们涌向城市，但其基础设施远远不能满足城市的发展。大量文献记录了这一时期欧洲城市遭遇的挑战。1858年伦敦的夏季异常炎热，巨大的恶臭袭击了这座城市，1880年巴黎也有类似的经历，引起人们对由恶臭引发的潜在致命流行病的广泛恐惧，这推动了伦敦和巴黎建造新的污水管道系统来处理城市垃圾以避免流行病的发生。[20]

（2）国际化导致了传染病传播范围的扩大。

历史上每一次全球化浪潮都伴随着疾病在一些区域的流行，如新大陆的发现带来天花在美洲的流行。[21] 从20世纪70年代早期开始，全球范围内的相互依存，国际交流的产生、扩张和加剧，代表着全球化历史上另一次巨大的飞跃。[22] 人们的生活习惯发生显著改变，人员流动性加大，国际交往频繁，特别是国际化背景下，大中型城市往往是国际交流的节点城市，传播风险也因此而加大。

（3）工业化对公共卫生事件有重大影响。

大量新增工业风险源可导致公共卫生事件。随着现代工业、产业快速扩张，涉及危险化学品使用、生产、储存、运输的企业增多，由此引发的公共卫生事件

容易造成重大环境污染事故，引发公共卫生风险；还会引发核事故和放射事故，导致现代工业下由生物、化学、核辐射等事故造成的公共卫生事件；各类非法违法生产活动可能导致生产安全事故，如工业废水量大、面积广、成分复杂、毒性大、不易净化、难以处理，是重要的环境风险源，其非法排放极易引发公共卫生事件。

此外，还有可能造成人员伤亡的职业中毒，职业中毒是劳动者在职业活动中接触有害化学因素而发生的职业损伤的总称。[23] 职业中毒表现为急性、慢性和亚急性；急性是毒物一次或短时间内（几分钟或数小时）大量进入人体后所引起的，如急性苯中毒；慢性是毒物少量长期进入人体后所引起的，如慢性铅中毒；亚急性中毒的发病情况介于急性和慢性之间，如亚急性铅中毒。

工业生产条件下的食物中毒影响范围广、危害大。例如，不良商家、个人违法生产经营不符合卫生标准的食品，如将非食品当作食品、用非食品原料加工，又如食物的原料、生产过程、成品受到有毒有害物质污染，因以上原因引起传染病、食物中毒或者其他食源性疾患，均可归结于人为风险因素所致，与工业化高度相关。

（4）城市发生的各类社会风险也易导致公共卫生事件。

各类社会风险，如政治风险也可能造成公共卫生风险。政治风险，包括与别国发生战争的可能性，或外力入侵、内战、恐怖事件引起的动乱、意识形态分歧、经济利益冲突或地区性冲突、党派纷争等因素造成的风险。其中恐怖袭击给当代公共卫生环境造成了严重威胁。恐怖袭击的目的在于制造恐慌，由于城市是政治、经济、文化的发展的体现，恐怖袭击的对象往往选择城市。恐怖组织或恐怖分子为了达到其政治、经济、宗教、民族等目的，会通过使用放射性物质、化学毒剂或生物战剂，释放有毒有害物质或致病性生物，导致人员伤亡，特别是明确地、系统地对平民开展暴力，会极大造成公众心理恐慌。如1995年，发生在日本东京地铁的沙林毒气事件，有13人死亡，逾5500人受不同程度的伤害。

此外，各类自然灾害易形成公共卫生风险，包括洪涝灾害、地震、旱灾、台风、雨雪冰冻灾害等都可能引发公共卫生事件，前文已有论述。

综上，很多公共卫生风险伴随城市化进程产生，在城市中快速演化，对城市发展造成重大影响，是重要的城市风险类型，考验着城市风险综合治理水平。

### 3.1.5    社会安全事件

《国家突发公共事件总体应急预案》《中华人民共和国突发事件应对法》中突发事件第四类为社会安全事件。

实践中一般将恐怖袭击事件、经济安全事件和涉外突发事件、重大刑事案件、群体性事件、民族宗教事件等都归于社会安全事件的范畴。

从更宏观的范畴来看，公共安全以维护社会秩序和社会稳定为主要内容。有观点认为，在全方位立体化公共安全体系中，社会安全是以发现、控制和消除各种威胁社会秩序和社会稳定的因素为主要内容，预防治安、刑事、暴力恐怖事件及大规模群体性事件等社会安全事件的发生，降低此类事件所造成的负面影响的一系列过程或维持社会秩序和社会稳定的一种状态。社会安全风险在广义上是指一种导致社会冲突，危及社会稳定和社会秩序的可能性，是一类基础性的、深层次的、结构性的潜在危害因素，对社会的安全运行和健康发展会构成严重的威胁。一旦这种可能性变成现实，社会安全风险就会转变成社会安全事件。在狭义上，社会安全风险是指由于所得分配不均、发生天灾、对抗政府施政、结社群斗、失业人口增加造成社会不安、宗教纠纷、社会发生内争等社会因素引起的风险，仅指社会领域的风险。[24]

#### 3.1.5.1    社会安全风险成因复杂

总体看，社会安全风险主要是由人为驱动的。在自然灾害后，也可能出现因为自然灾害引发的社会安全事件，直接驱动是群体对灾害的恐慌、对灾害信息传递不及时等灾害事件中伴随的人为因素。主要表现为非理性舆论，极端言论、情绪、态度与行为，并导致重大突发事件面临更大的不确定性趋势[25]。

在社会生活中，外在因素所导致的资源配置不公平性会致使受灾群体心理状态非正常发展，其中恐慌心理、报复心理等是影响事件演化的常见心理状态。这类公共情绪较为隐蔽，不易于识别，消极的心理状态会给社会安全类突发事件演化带来严重的不良影响。

社会安全类突发事件发生后，各大媒体新闻将做出相应的报道。除官方公告外，有些不法分子通过网络渠道散播不实信息从而引发群众恐慌。例如，"红黄蓝幼儿园事件"[①]事态扩大就是由于大部分家长听信了网上散布的不良信息而导致，影响了幼儿园儿童的正常生活并给家长造成了心理负担。

总体看这类社会安全风险常由偶发事件引发，经过公共情绪和各类信息传播的发酵而演化为社会风险，是风险的社会放大。

对于由人为因素引起的社会安全事件，管理难度大。社会安全风险前兆信息隐蔽，常表现为偶发现象，有非可见性、潜伏性等特性。但这类风险并非无迹可寻，及时切断负面的事件可有效缓解城市社会安全类突发事件给社会造成的不良影响。这也对社会治理水平提出了更高要求，需要不断创新社会治理机制，避免人为的失误和管理的缺陷，督促人们在从事各种社会活动时能够自觉地遵守社会规范和规章制度，在经济社会的发展过程中及时化解社会矛盾与纠纷；要消除部分管理人员存在的社会安全事件不可预防、损失不可避免的错误观念，促使社会各方重视对社会安全风险的预防工作，科学认识预防的效果，从而为完善社会安全治理奠定坚实的基础。

### 3.1.5.2 城市是社会安全风险的高发地

实践中被归于社会安全事件的恐怖袭击事件、经济安全事件和涉外突发事件、重大刑事案件、群体性事件、民族宗教事件等都极易在城市环境中爆发，这主要是由这类事件的固有属性造成的。

城市是一个复杂巨系统，随着社会经济的发展与社会分工的不断细化，城市管理的复杂性特征越来越凸显，人口众多、各类组织丰富、运行复杂、各种交互

---

① 吴秋婷. 北京朝阳警方通报红黄蓝幼儿园"虐童"事件. 2017-11-25. http://www.eeo.com.cn/2017/1125/317610.shtml.

活动多，这是城市的基本属性，这些属性决定了很多社会安全事件都极易在城市环境中爆发。

社会安全事件的属性也决定了它们与城市的天然联系。如恐怖袭击事件的特性是制造城市居住人群的恐慌，为了制造恐慌，恐怖活动往往出现在地标性、象征性、历史文化性、功能重要性显著的区域，这些大多处于城市环境，城市是人类文明的综合呈现，人群密集、地标性建筑多、基础设施丰富，在城市中实施破坏活动，能最大限度地制造恐怖效应。

从信息驱动看，信息影响群体的一个最重要方式就是让群体成员理解群体的共同利益。[26] 城市作为一个信息流高速流转、集聚更多资源、蕴含丰富主体的复杂系统，在经济社会生活中，面临大量利益分配的重构，对各类主体社会活动、经济活动的监管更为复杂，易成为群体冲突类社会安全事件的土壤。实践发现，很多群体冲突事件源自争夺利益、监管缺失而造成的竞争或争执状态，具体表述为社会公众因某种利益得不到满足，长期积累的情绪由于某个事件的触发而宣泄，进而借助网络媒体表达自己的态度、观点、意见以及利益诉求。[27]

从发展阶段看，在城市的不同发展阶段蕴含着不同的社会问题，特别是社会转型期是社会安全风险的高发期，城市往往集聚了社会转型期间产生的各类矛盾，特别是当今天城市发展面临诸多新课题时。城市意味着多元主体间的利益分配与博弈。工业化、城乡发展不平衡的矛盾，以及今天正在快速发展的信息革命、全球化等，新的矛盾不断涌现，每一组矛盾背后都可能蕴含着社会安全风险的诱因。有观点认为，在全球化与信息化时代，个体意义与个体脆弱性同时突显。技术使得个体建构意义和诉求的可能被无限放大。因个体行为而产生的蝴蝶效应增加了城市发展的不确定性，并使得社会秩序和全球秩序面临重构。其背后映射的冲突以及可能的新秩序重建增加了社会安全事件爆发的可能性。[28]

## 3.2 基于"人—城市"系统交互的城市风险分类

按照突发事件的类型对城市风险类型进行分类是一种相对成熟的分类方式，这一分类方式在城市风险管理实践中既有优势，又面临很多挑战。特别是仅从具体事件角度理解城市风险，很难穷尽各类风险。随着城市管理的复杂性提升，各类城市问题的涌现，很多城市风险日益呈现高度复杂性和高度不确定性。它们往往表现为链状群发，甚至是网状群发，跨越了政府部门边界和政府层级边界，在管理上需要横向和纵向上的整合应对，这些城市风险难以分类，且复杂而难以识别。

特别是在人类社会深刻变革的时代，很多突发事件往往是闻所未闻的，因而也就没有成熟的处置思路。事件视角的认知框架，常常限制了人们识别风险的能力，导致满眼都是"黑天鹅"。

因此，在研究不确定性问题时，应拓宽思路，建立新的理解城市风险的认知框架，尝试从更多的维度来认识、思考城市风险。

城市是人民的城市，城市风险从本质上说是城市时空环境中的不确定性，这种不确定性是在人和城市系统的交互中产生的，因此可以从城市系统和人的交互角度来理解城市风险。

从人与城市系统互动角度思考风险类型，能更好地识别城市风险的脆弱性（vulnerability）与恢复力（resilience），赋予城市风险"可管理性"的特质。这是从复杂系统角度理解城市风险，也是从风险本质出发理解城市风险。

当然，在这一认知框架下，必须高度重视自然因子。各种自然灾害都可能会通过作用于复杂的城市系统和公众行为不断催生新的风险，而它的特殊性还在于，是作用于人和城市复杂的交互关系而演化新的风险，产生系统性的危害。本书前文已经对自然灾害做了较深入介绍，本节不再展开。

### 3.2.1　人与城市基本子系统的交互

城市是人的集聚,城市诞生之时,防御、经济活动、处理公共事务是其基本功能。随着城市的发展,城市日益复杂,钱学森先生明确提出"每一个城市都是复杂的集合体,所以研究城市要用系统科学的观点和方法"[29]。随着对城市系统的研究,人们对城市系统的认识日益清晰,"城市层层叠叠的大系统中套着小系统,既有串行树枝状结构,也有横向蔓延的网络状、链状、原子结构状的'系统元';各子系统之间既有统一性,又有非均质性和各向异性,如经济系统、生活系统,实际上都是一种以人的活动和意识作为子系统而构成的社会系统,可算是一种特殊复杂的系统"。[30]概括来看,城市是由人类创造的,是人类将物质、能量、信息与自然融为一体并被赋予某种精神的、开放的复杂系统。

#### 1. 常见的基本子系统

结合相关学者的观点,复杂系统城市包含规划系统、基础设施系统、产业系统和公共服务系统。规划系统是解决城市功能与空间对应的工具。基础设施系统是城市的支撑系统,当城市复杂性提高时,相应的基础设施需求也随之增加,供电、供热和供燃气等相继出现。值得一提的是,对于当今城市,信息基础设施变得尤为重要,是基础设施系统中的重要组成部分。产业系统是城市的动力系统,在城市生存与发展的恒久主题中,产业为发展提供了持久的动力。公共服务系统是对全体人的基本保障,基本公共服务的内容是为了保证城市正常运行,由城市管理者主导为所有市民提供的若干服务功能。[31]其中基础设施系统的运行管理部门是

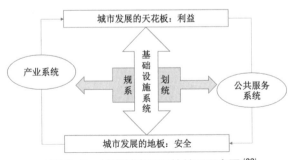

**图 3-2　城市基本子系统关系示意图**[32]

公共服务系统的重要组成部分。当然,随着城市的发展,公共服务的内涵和外延都在丰富。从根本上是要实现人更好的发展,得到安全的保障。

以系统的视角看待城市,城市管理是从实现的功能入手,构建系统框架和运行规则。不同城市往往具有不同的功能定位。例如,有观点认为国家中心城市包括政治功能、经济功能、社会功能、文化功能和枢纽功能,有观点在此基础上增加生态功能。[33] 在实现这些功能的过程中,城市内部各子系统不断交流与协作;而城市系统与外部生态环境、社会环境和文化环境之间也在不断进行物质、能量和信息的交换,二者从本质上说还是广泛的人与物、物与物、人与人的连接。

从实践中可以发现,大量城市风险是在连接中产生,在人和城市子系统的交互中产生。从这个角度认识城市风险,也符合城市风险的固有属性。

我们借鉴城市系统相关理论的成果,列举的城市风险类型,并不能涵盖所有风险,因为城市作为一个复杂巨系统,在发展过程中会演化出新的子系统,这些子系统不是机械地联系,而是如生态系统一般,不可分割,不断演化。例如,在智慧城市建设中,网络设施就是新的基础设施,其中蕴含的风险和城市供水、供电等生命线风险并无区别。

**2. 系统交互下常见风险**

以人为出发点,看待人和城市规划系统,可发现城市空间会对人的生存发展状况产生深刻影响,围绕"人—空间"可以识别出一系列城市风险。早期城市的规划系统主要决定城市的空间布局,空间布局的不合理往往催生一系列城市风险,如空间权益失衡下的群体事件,不合理的空间叠加管理服务失当,又可能催生各种安全事故,如公共场所的大客流风险。

城市运行保障系统,是对人的活动提供保障的设施及管理系统,常被称作"生命线",从"人—运行保障系统"的角度,应重点围绕生命线展开各类风险研究。围绕基础设施,自然灾害、事故灾难乃至刑事案件等都可能导致系统风险的产生。

产业系统是城市的动力系统,关乎人的发展。从"人—产业系统"的角度,尤其要聚焦技术层面、制度层面带来的风险。产业高速发展期、产业转型期,意味着各种要素的再分配以及技术变革、土地资源权益再分配，还意味着对周围环境的影响，可能引发的环境风险、群体性事件等风险。如一些化工项目的规划、建设、运行全过程都蕴含一定风险。

### 3.2.2　"人—空间"视角下的城市风险

人所在的空间不同，面临的风险不同；人所在的空间发生变化，面临的风险也会变化。

例如，19 世纪的英国城市，工业革命重组了冶铁业和纺织业，引发大规模生产组织方式变革，进而触发了前所未有的城市化进程，从而改变了社会结构和城市形态。当时，快速的人员集聚和不匹配的基础设施，造成了传染病在城市的流行，对城市经济文化都产生了深远影响。20 世纪源自美国的现代交通和企业组织模式变化，将数量相当可观的人口以及就业岗位疏解到在开阔乡村地区，建起了全新的、自给自足的卫星新城，从而缓解了维多利亚时期的城市拥挤，并避开了城市中心直线飙升的土地价格。[34] 但随之而来的郊区建设过程中的各类城市风险日益暴露。

因此，多种因素影响了城市空间格局，"人—空间—治理"之间形成了复杂关系，并成为城市风险形成的基本影响因子之一。[35]

按照"人—空间"视角来认识城市风险，可以把城市空间分为公共空间和私域空间，从城市管理者的角度来说，公共空间是风险管理的重点，市民的私域空间相对较少，即便是居住空间，往往也处于社区这样相对开放的公共环境中。

### 3.2.2.1　城市空间下城市风险的产生

早期的城市规划源于建筑设计，物质空间往往凌驾于人的因素之上。受当时占主导地位的机械还原论的影响，早期城市规划和建筑理论将城市整体划分为居住、工作、游憩和交通等功能。在城市化的长期实践中，人们日益认识到城市的规划与设计不可能脱离物质性与现实性。

空间规划局限论认为，通过合理安排城市空间可以平衡人口结构、分配公共资源，促进城市经济稳定增长。在世界城市史上，城市空间格局与产业布局、技术变革之间始终相互作用，不断催生新的矛盾。彼得·霍尔认为，现代城市规划是人类应对 19 世纪社会转型所开展的第一波探索性实验。规划中的美好设想往往会在现实环境中遭到扭曲。例如，在快速现代化的大都市地区，中高档社区夹杂着时断时续的贫民区，伦敦东北部 1970 年获奖的城市更新项目，在 1985 年受经济结构等变化的影响而发生了英国最糟糕的社区骚乱事件。[34]

我国市场化改革后，大量农村人口向城市转移，新的社会结构处于动态变化中，复杂、形态混乱的城市社区诞生。同时，城市内部空间不断更新，城市空间的外延不断扩张。城市空间规划陷入矛盾状态：一方面，在城市这一容器的边界固定条件下，城市规划不得不转向紧凑型、精明型规划；另一方面，城市蔓延突破了固有的、已经规划好的城市边界和空间结构。在此双重压力下，城市规划速度无法跟上城市人口、工业、住房的增长速度，由此暴露出设施短缺、城市风险郊区化、社区矛盾和邻避冲突等问题，这都是典型的城市风险。

（1）功能属性与空间属性的矛盾催生城市风险。

城市空间有私域与公共空间之分，其中，公共空间包括街道、广场、公园绿地等，政府的公共服务主要是在公共空间内开展。[36]

以"空间权益配置"来审视城市风险可以发现，城市"风险化"的实质是普惠型的城市权益体系尚未构建成熟或完善所引发的社会综合性问题。[37] 城市风险化的主要症结表现为城市空间发展、调整和修复过程中，不公平、不均衡导致空间结构失衡、功能紊乱及生态失序；城市风险化的滋生缘于城市空间"何以配置""如何配置""谁来配置"，即城市"空间生产方"与"空间消费方"之间的利益博弈和力量较量的基本问题。[35]

（2）城市管理不满足城市空间属性与功能属性的协调。

在城市转型期，城市管理面临城市空间和功能的一系列调整，城市管理普遍存在城市运行整体性与部门分工独立性未系统整合、城市管理部门分工不明确、边界不清晰等现象。

从广义层面看，城市管理几乎包括与城市相关联的各个方面，是对城市行政辖区内一切人、事、物的管理，涵盖政治、经济、社会、文化等各个领域。从狭义层面看，城市管理仅指市政管理，主要包括城市基础设施和公共设施的维护，以及市容环卫公共服务事业的运作等。

从管理参与者的角度看，城市管理的主体有政府、市场和社会等，其中政府包括各级政府、各城市管理相关部门，市场包括企业等市场经济的各个主体，社会包括社区、民间组织、媒体和学术机构等。从管理层级的角度看，目前我国的城市管理通常划分为市级、区级、街道、社区、网格等多个层级。从管理的时间环节看，城市管理可以分为前期的规划管理、中期的建设管理与后期的运行管理等几个环节。从管理的专业领域看，城市管理被划分为基础设施、公共事业、城市交通、垃圾处理、市容环境、生态环境、公共安全和应急管理等众多子系统，而每个子系统同样也由多个内部小系统组成。[36]

城市化快速发展的过程中常会面临城市内部空间的更新以及城市空间的外延扩张，且二者可能并行。其中必然面临大量城市内部和城乡之间的空间摩擦，这对城市管理的系统性、整体性、前瞻性等提出了新的要求，需要政府各部门的高度协调，既需要政府部门的努力，也需要社会组织、企业、居民等城市所有利益相关者的积极参与。因此，需要加强城市运行综合管理、综合协调，处理好城市运行管理中分权与集权、专业运行部门与系统整体运行的关系，保障城市有序、正常运转。城市管理若不能适应这种调整，也必然引发一系列城市风险。

### 3.2.2.2　人与空间矛盾中的典型风险

"人—空间—治理"形成的复杂关系之下可能产生一系列城市风险，包含多种类型。例如，以人为出发点，很容易发现公共场所空间的人员密集风险是一种典型的城市风险。

这是基于城市基本特点而产生的风险。城市为人们提供了大量公共场所，大型公共场所人员密度比较高，但由于人员活动的多样性、复杂性和不确定性，处于人群中的个体无法判断整体行动，从而容易导致秩序混乱，出现踩踏等情况，加之应急处置预案考虑不周全、应对措施不到位等原因导致事件后果难以控制或消除，从而严重影响人们正常的生产生活，扰乱社会经济的发展和稳定。

也正因如此，国内外对城市人员密集场所风险都予以了高度关注。

### 1. 人员密集场所的界定

我国对人员密集场所有较清晰的界定。2003 年公安部和国家安全生产监督管理局联合印发了《关于开展人员密集场所消防安全疏散通道、安全出口专项治理的实施意见》，2004 年印发了《关于深入开展人员密集场所消防安全专项治理的实施意见》，明确对"人员密集场所"人数加以限定，对场所的类型也做了划分：①容纳 50 人以上的影剧院、礼堂、夜总会、录像厅、舞厅、卡拉 OK 厅、游乐厅、网吧、保龄球馆、桑拿浴室等公共娱乐场所。②容纳 50 人以上就餐、住宿的旅馆、宾馆、饭店和营业性餐馆。③容纳 50 人以上的商场、超市和室内市场。④学校、托儿所、幼儿园、养老院的集体宿舍，医院的病房楼。⑤劳动密集型生产企业的车间、员工集体宿舍。在《中华人民共和国消防法》中，公众聚集场所是指宾馆、饭店、商场、集贸市场、客运车站候车室、客运码头候船厅、民用机场航站楼、体育场馆、会堂以及公共娱乐场所等。人员密集场所是指公众聚集场所，医院的门诊楼、病房楼，学校的教学楼、图书馆、食堂和集体宿舍，养老院，福利院，托儿所，幼儿园，公共图书馆的阅览室，公共展览馆、博物馆的展示厅，劳动密集型企业的生产加工车间和员工集体宿舍，旅游、宗教活动场所等。①

在美国防火协会的相关规范中，将 50 人定为人员密集程度的最小允许值。从国内外的相关规定中基本可以明确，50 人是人员密集场所的重要分界线。但分界线的界定是否具有科学性，实际上还需要论证。

人民至上，生命至上，从管理的角度看，我们认为所有公共场所都可能出现动态的人员集聚，即便其最大承载量达不到 50 人，也应高度关注其可能存在的风险。

### 2. 踩踏风险

从以往人员密集场所造成较大规模人员伤亡的事故案例中可以看出，人员伤

---

① 详见《中华人民共和国消防法》附则。

亡的直接原因大多为踩踏行为，造成的伤亡往往较为严重。人群拥挤踩踏事故作为人员密集场所的典型事故类型，在城市的防灾减灾工作中一直都是研究和关注的重点。

为了有效预防人群事故的发生，不少国家建立了较为完善的事故防控体系和较为完整的法律保障措施。例如，沙特政府关注宗教活动中的踩踏风险，建立了一套踩踏预防体系，能够迅速捕捉朝觐期间人群高度密集的地方，预测人群走势，一旦发现可能发生踩踏事故的高危区域，立即发出警报，及时采取相应的干预或控制措施。

目前，对这一领域的研究正在快速发展中。对人员密集场所的研究不仅要考虑场所空间的容量，还要充分考虑时间维度。由于人群的流动性，即使是低于50人的场所也可能出现人员高度密集的点，如在超市或商场中顾客突然抢购某种商品的行为引发的人员高度密集等。因此，确定人员密集场所除了要考虑场所人员的总数之外，还应考虑人员的分布和流动。[38] 行人动力学相关研究成果表明，人群聚集场景下的人员运动速度受到个体运动速度的影响不大，主要与人员的密度高度相关。当个体处于高密度人群状态下，整个群体的运动速度就会比较慢；相反，当个体处于低密度人群状态下，人员的运动速度就会恢复到其正常水平；而当个体周围的人群密度超过某一个值时，也即人群密度超过一个临界值，此时人群之间就会高度拥挤而导致人员完全不能正常行走。[26] 不少研究以时空行为视角来研究一定空间范围内的群体集聚，从微观个体出发，在空间维度上纳入时间维度，通过高时空精度的行为数据，准确评估和研判时空中的潜在风险；"时空行为"研究强调个体行为的企划与制约，相比于传统的、单一的千人指标，基于时空制约的设施可达性评估能更好地优化安全设施与服务配置；"时空行为"研究强调个体的空间认知与行为偏好，尤其关注特殊群体与特殊行为，满足不同人群、不同情境下的安全需求，从而更能体现以人为本的规划要求。此外，各种大数据技术以及复杂科学领域的各类研究成果正在这一领域运用，不同学科的研究成果将为降低人员踩踏事故风险发挥很大作用。

### 3. 其他常见风险

按照"人—空间"的视角，还可以发现不少典型风险。

（1）高层建筑风险。如高层建筑火灾、坍塌、高空坠物事件等高层建筑风险的破坏性极大。世界高层建筑与都市人居学会（Council on Tall Buildings and Urban Habitat, CTBUH）发布的《2018 年高层建筑回顾报告》显示，2018 年中国各地共建成 88 座 200 米以上的摩天大楼，占全球总数的 61.5%；全球 200 米及以上的高层建筑总数达 1478 座，中国拥有 678 座，占全球总数的 45.9%[①]。2018 年，全世界竣工摩天大楼数量最多的前 10 名城市中，中国有 6 个城市上榜。实际上，在建造 200 米及以上建筑的世界排行榜上，中国已经连续 20 多年保持榜首地位。高层建筑面临多重风险，其中，火灾因其救援难度大而是危害极大的风险。此外，还有容易被忽视的高空坠物风险，因为其偶发性强、难预测，也常引发公众关注。近年来各地均出现过高空坠物事件。例如，在上海这种建筑密集、人口密集的超大城市，随着时间推移和自身发展，城市建筑外面的附着物，如玻璃幕墙、空调、晾衣架、花架、雨蓬、广告牌等存在一定的老化、脱落现象，空中坠落风险量大面广，一旦耦合到触发因子，就可能造成恶性事件，危及群众安全。

（2）地下空间风险。随着城市地下空间的不断开发，地下管网沉降塌陷引起的道路设施损坏以及事故，近年来时有发生。2019 年 12 月 1 日上午 9 时，广州地铁十一号线沙河站施工区域出现地面塌陷，造成严重经济损失和人员伤亡[②]。2020 年 7 月 27 日下午 19 点左右，重庆武隆区二桥往滨江路交叉路口附近突然塌方，两名路过的行人掉入坑内，引发社会广泛关注[③]。上海这几年也发生过路面塌陷事

---

① 500 米"限高令"下，多座城市地标性建筑"削高". 新华网客户端 . 2020-05-10.

② 广州地铁十一号线沙河站施工区域地面塌陷 3 人被困 已确认 2 人身份 . 央广网 . 2019-12-03. 央广网官方帐号 https://baijiahao.baidu.com/s?id=1651861049892707211&wfr=spider&for=pc.

③ 重庆武隆人行道突然垮塌 两名路过行人瞬间掉入坑中受伤 . 央视新闻 . 2020-07-28. 中央广播电视总台新闻新媒体中心官方账号 https://baijiahao.baidu.com/s?id=1673436643887011755&wfr=spider&for=pc.

件，应当引起高度重视。

此外，还有地下空间洪灾、火灾等事故灾害可能造成严重的人员伤亡，也应引起高度重视。上海开埠年代较早，19世纪中叶就有了现代城市的雏形，经过一百多年的发展变迁，地下开发经历了不同的时代，情况因此更为复杂，而目前对于地下空间的资料掌握还存在一定的难度，要实现对碎片化、分散化的地下资料的数字化、系统化管理，才能做到"底数清，情况明"，才能有效规避地下空间开发利用过程中的建设风险。

（3）大型活动风险。大型活动和赛事的举办能力是衡量一个城市现代化水平的重要指标。这些活动的举办可以大幅提升城市环境，推进城市综合改造，挖掘城市发展潜力，给城市发展点燃引擎，还会给城市留下更多的活动空间和场所。大型活动和赛事举办时，往往人流骤增，人员高度聚集，而硬件和管理流程方面如果存在缺陷，极有可能诱发大面积伤亡。另外，诸如旅游景点、交通枢纽、城市综合体、社区活动场所、儿童看护所、校园等看似平静的场所，随时都可能出现诸如踩踏、火灾、坍塌等各种突发事件，瞬间就会造成重大伤亡，需要高度警惕。

值得注意的是，大型活动的风险防控是一项多部门联动的系统工程，且不同活动有不同的安全保障要求，对管理者、组织者有非常高的要求。大型活动本身就是舆论热点，一旦发生安全事故，也必然会引起广泛关注。这必须引起城市管理者的高度重视。

部分公共场所风险类型见表3-4。

表3-4 部分公共场所风险类型示例

| 载体特征 | 载体 | 事故类型 | 偶发性 | 突发性 | 后果衍生能力 | 可预防性 | 可预测性 | 可监测性 |
|---|---|---|---|---|---|---|---|---|
| 空间特征 | 超高建筑 | 撞击 | 中 | 中 | 小 | 强 | 有 | 强 |
| | | 火灾 | 中 | 中 | 中 | 强 | 有 | 强 |
| | | 坍塌 | 中 | 大 | 大 | 强 | 有 | 强 |
| | 地下广场 | 火灾 | 中 | 中 | 中 | 强 | 有 | 强 |
| | | 踩踏 | 中 | 中 | 小 | 强 | 有 | 强 |

| 载体特征 | 载体 | 事故类型 | 偶发性 | 突发性 | 后果衍生能力 | 可预防性 | 可预测性 | 可监测性 |
|---|---|---|---|---|---|---|---|---|
| 功能特征 | 室外休闲娱乐大型场所（露天型） | 踩踏 | 中 | 中 | 小 | 强 | 有 | 强 |
| | 大型商贸区 | 火灾 | 中 | 中 | 中 | 强 | 有 | 强 |
| | | 踩踏 | 中 | 中 | 小 | 强 | 有 | 强 |

"人—空间"视角下的城市风险以人的活动而不仅以空间的位置、功能等特性作为风险识别的"路线图"，在高度不确性的环境中具有重要意义。

### 3.2.3　"人—运行保障系统"视角下的城市风险

城市运行的核心功能分为两类——基础设施和衍生功能。基础设施平台多为非营利的公共服务平台，主要履行城市的基础功能。而衍生功能则具有目的性、选择性或者营利性，如各类政治、经济、社会、文化体育活动等城市运行事项。城市生命线从广义上讲，是指维持城市社会经济和生活所必不可少的交通、能源、信息通信、供水排水和废弃物处理等城市基础设施。城市中人和基础设施交互，主要围绕基本的生产、生活、出行行为。

"人—运行保障系统"视角下，可以发现多种类型的风险，本节主要讨论城市生命线系统、交通系统两个系统下的风险类型。

#### 3.2.3.1　城市生命线风险的特征

从狭义上讲，城市生命线主要是由供水排水系统、电力系统、燃气系统、信息通信系统等叠加分布而构成的城市基础设施系统，以各种管线输送为主要特征，包括给水、排水、燃气、热力、电力、电信、工业等多种管线和综合管廊等各类管线设施，道路范围以外建筑物、构筑物用地范围内的配套管线和附属设施，以及城市道路架空线。[39]

本书所说的城市生命线风险特指围绕以上基础设施的风险。

城市生命线是城市社会经济发展的重要支撑，是城市物流、能源流、信息流等输送的重要载体，是维持城市正常生活和促进城市发展的必要条件。城市生命线具有同时为社会生产和社会生活服务的双重性质，既是城市集聚化和社会化的产物，也是城市获取更高经济、社会和环境效益的基础。城市生命线被欧美主要国家称为关键基础设施，美国更将关键基础设施的安全作为广义国土安全的一部分予以保护。

总体看，城市生命线覆盖面广，除了易受自然环境影响外，自身原因和外力损坏对其造成的威胁较为突出，如管道遭受腐蚀破坏和日常养护缺失的情况、经受施工破坏和管线占压等外力侵扰的情况等，如果一旦发生事故，将给城市运行造成严重打击，妨碍工业生产，影响市民生活。国内外近年来发生过相关事故，如2016年10月21日美国网络瘫痪事件、2019年3月委内瑞拉电力系统大规模瘫痪事件、2019年1月12日法国巴黎燃气爆炸事故、2018年6月8日湖南省绥宁县自来水质量异常事件等，应引以为鉴。

城市生命线具有以下特征。

（1）具有公共服务属性，风险影响面广。

城市生命线的基础性越强，城市生命线管理的公共性则越强。城市生命线的公共性是指城市生命线运行安全性直接关系到公众社会活动的便利性和稳定性。[41]只有确保城市生命线安全，才能确保对城市公共事务的优质治理，才能实现人类社会的可持续发展。城市生命线是城市功能运行和生产发展的基础设施和前提条件，具有很强的基础性。因此，城市生命线的建设和分布都需充分考虑城市居民生产生活的便捷性，并由特定公共部门来支持和加强城市生命线的安全管理，确保城市生命线运行的稳定。城市居民生存和发展越离不开的基础设施，越是需要确保其便捷性和安全稳定性。[41]这意味着城市生命线风险，对城市运行的方方面面都可能产生影响，易引发系统性风险，甚至造成整个城市运行的停摆、瘫痪。

（2）不可替代性强，风险危害大。

水、电、燃气、通信四大行业的功能和作用具有不可替代性，是社会经济文化发展和人们日常生产生活不可缺少的，是人们的刚性需求，必须予以切实保障。尤其是水资源，更具有唯一性。这意味着生命线风险可能影响公众的健康及生命安全，危害大。

（3）生命线规划、建设、运行维护技术复杂，生命线风险管理难度大。

城市生命线工程的特点是：工程造成的次生灾害严重；生命线系统包括多种多样的结构类型，情况复杂难以统一处理；生命线系统都由若干环节组成，其中任何一个环节破坏都可能会影响整个系统的功能[42]。

城市生命线系统的脆弱性使用来衡量城市生命线系统在发展过程中抵抗资源、生态环境、经济、社会发展等内外部自然要素和人为要素干扰的应对能力。城市生命线的脆弱性取决于其暴露性、敏感性和适应性。暴露性指人类社群与压力和扰动接近的程度，敏感性指暴露的生命线受压力和扰动影响而改变的容易程度，适应性指暴露的生命线处理不利影响并从中恢复的能力。[39] 为克服城市生命线的脆弱性带来的潜在威胁，就要完善和加强生命线系统的建设以确保生命线系统遭受破坏时能够实现功能上的快速替补，快速响应救灾与设施修复需求，确保灾害来临时城市功能能正常运行。这同时也增加了城市生命线的复杂性程度，因此城市生命线风险的防控难度极大。

### 3.2.3.2 城市生命线风险防控

城市生命线风险管理实际上就是解决各城市生命线系统在规划、建设和运行的全生命周期中遇到的问题。从生命周期看，城市生命线风险管理涉及城市生命线的规划、设计、建设、施工、竣工验收、运行管理、管线保护、事故处理、信息系统建设与应用，以及相关的监督管理等工作。

城市生命线规划是指为了实现一定时期内城市的经济和社会发展目标，在确定城市性质、规模、发展方向，以及合理利用城市土地的前提下，协调城市空间布局和保障各项建设有序开展所做的规划。以此规划为引领，统筹建设、科学编制城市管线等规划，合理安排建设时序，从而保障并有效提高城市基础设施建设的整体性、系统性。城市生命线规划的作用在于通过对城市空间尤其是道路地下空间的分配和安排，以及对城市生命线未来发展目标的确定，控制和干预城市生命线的发展。城市生命线规划中的风险防控主要从国家宏观调控的手段、政策形成、实施的工具和城市未来空间架构的引导三个方面来实现。

在城市生命线规划、建设施工中，必须特别认识到地质环境不仅是城市生命线建设的制约因素，同时也是城市生命线建设过程中的被改造对象，建成后的地下构筑物更是地质环境的一个组成部分，并将对地质环境产生长期的影响。虽然城市生命线主要分布于城市道路下的浅层空间，但也必须注重工程地质环境的风险控制管理。

在我国，城市生命线运行风险管理难度大，涉及主体多。城市生命线的管理体制复杂，包括中央和地方两个层面，涉及十多个职能管理部门和众多的经营管理单位，这些单位分散在不同系统和管理部门。在我国，行政综合管理职能部门，主要涉及投资计划、财政、城市规划、建设、管理、安全监督、信息档案、保密等部门；行业行政管理职能部门，主要涉及市政（包括供水、排水、燃气、热力、路灯）、电力、信息通信、工业等行业行政主管部门；管线权属单位，主要涉及中央和地方相关企业（单位），其中中央企业（单位）包括中国石油天然气集团有限公司、中国石油化工集团有限公司、中国海洋石油集团有限公司、国家电网有限公司、中国电信股份有限公司、中国移动通信集团有限公司、中国联合网络通信集团有限公司、部队（武警）等，地方企业（单位）包括供水、排水、燃气、供热、工业等相关企业（单位）。从行政管理的角度，城市生命线的行政综合管理为综合管理与专业管理相结合的管理体制。

目前，世界上不少国家对城市生命线逐步从单一的地下管线管理逐步转向整个地表以下空间的综合开发与管理。

日本建立了比较完备的法制体系，从《宪法》《民法》到《建筑基准法》《道路法》《城市公园法》《轨道法》《地方铁道法》，从《下水道法》到《共同沟特别措施法》，还有 2001 年颁布实施的《大深度地下公共使用特别措施法》等。

美国建立了地下公共设施共同利益联盟(Common Ground Alliance, CGA)和"一呼通中心"。CGA 于 2000 年成立，是由政府部门、地下管线专业公司及管网施工单位联合组成的行业协会，旨在保障管线安全。"一呼通中心"即"811"专线，是 CGA 的下属组织，是一个拥有千余名成员的重要专业协会。挖掘作业者在施工前拨打"811"专线，可与分布在全美各州和哥伦比亚特区的 62 个"一呼通中心"取得联系，中心就会组织受施工影响的公共设施企业为挖掘作业者免费标记挖掘施工区域地下管线的具体位置。

德国各城市均成立了由城市规划专家、政府官员、执法人员及市民代表等组成的公共工程部，通过此平台，各利益相关方可以对相关工程建设、管线设施维护等情况进行商议。为保证城市管线的安全运行，德国通过立法和制定体系化的标准规范对各类管线经营主体实行政府监管：一方面，政府设立了专门机构——联邦管网管理处，对电力、燃气、电信、邮政和铁路等管网实行统一管理；另一方面，协会组织在地下管线管理中发挥出重要作用，如公用事业协会和德国水气协会等致力于德国水、气、电等专业的安全与质量法规标准制定工作，为德国管线运营管理的安全性和可靠性打下了坚实基础。[39]

### 3.2.3.3 交通运输系统等广义的基础设施风险

从"人—运行保障系统"这一认知框架来识别城市风险类型，识别人的出行活动，会发现交通系统风险是城市化进程中的显著风险。交通基础设施的风险识别，要从规划建设、运行管理的全生命周期出发进行风险管理。

城市越发达，交通运输系统越复杂。道路交通安全有赖于科学的规划，在快速发展中形成了复杂的学科体系。大型交通基础设施建设，不仅含有大量工程风险，也不能忽视建设过程可能引发的社会风险。特别是在快速城市化进程中，交通基础建设是基本建设内容，施工时间长、对周围环境影响大、工程复杂，不仅要做大量工程风险评估管理，也要将社会稳定风险分析和评估作为重大固定资产投资项目审批的前置要件。

交通体系的运行管理，同样是一个复杂系统管理，面临大量风险。例如，上海城市综合交通体系已经迈向世界先进行列。但是作为超大城市，交通拥堵和设施短缺依然是发展过程中的突出矛盾：一方面城市基础设施（交通设施、停车场、充电桩等）供给受限于各种客观条件的约束；另一方面市民的出行需求不断发生变化，如在新冠肺炎防控疫情期间，私家车出行更受青睐。另外，不同交通方式（小客车、公交、慢行、货运）、不同环节（建设、运行、管理）间依然存在不少瓶颈和矛盾，可能引发诸多出行方面的风险。

此外，交通运输系统与其他风险因子叠加，还可能产生多种风险，例如，港口城市的危化品存储、运输风险。港口城市是典型的节点城市，集聚了众多资源、要素，危化品运输、存储不可避免，一旦发生事故，危害巨大。从系统间交互出发，交通运输系统的风险可与周围环境的风险叠加，包括与来自自然环境的风险叠加等，特别是当其与社会安全事件叠加时，极难预测，如贵州安顺公交坠湖事件和重庆公交坠河事件等，应引起高度重视。部分交通运输系统风险见表3-5。

表3-5　部分交通运输系统风险示例

| 载体 | 小类（事故） | 偶发性 | 突发性 | 后果衍生能力 | 可预防性 | 可预测性 | 可监测性 |
|---|---|---|---|---|---|---|---|
| 大型客车形成的事故 | 火灾 | 中 | 中 | 小 | 强 | 有 | 强 |
| | 撞击 | 中 | 大 | 小 | 强 | 有 | 强 |
| | 坠落 | 中 | 大 | 小 | 强 | 有 | 强 |
| 客船、邮轮事故 | 火灾 | 中 | 中 | 小 | 强 | 有 | 强 |
| | 倾覆 | 中 | 中 | 小 | 强 | 有 | 强 |
| | 沉没 | 中 | 中 | 小 | 强 | 有 | 强 |
| 轮渡 | 火灾 | 中 | 中 | 小 | 强 | 有 | 强 |
| | 倾覆 | 中 | 中 | 小 | 强 | 有 | 强 |
| | 沉没 | 中 | 中 | 小 | 强 | 有 | 强 |
| 铁路事故 | 追尾 | 中 | 大 | 小 | 强 | 有 | 强 |
| | 出轨 | 中 | 大 | 小 | 强 | 有 | 强 |
| | 火灾 | 中 | 中 | 小 | 强 | 有 | 强 |

续表

| 载体 | 小类（事故） | 偶发性 | 突发性 | 后果衍生能力 | 可预防性 | 可预测性 | 可监测性 |
|---|---|---|---|---|---|---|---|
| 地铁、轻轨事故（地下） | 追尾 | 中 | 大 | 中 | 强 | 有 | 强 |
| | 出轨 | 中 | 大 | 中 | 强 | 有 | 强 |
| | 火灾 | 中 | 中 | 中 | 强 | 有 | 强 |
| 地铁、轻轨事故（地上） | 追尾 | 中 | 大 | 小 | 强 | 有 | 强 |
| | 出轨 | 中 | 大 | 小 | 强 | 有 | 强 |
| | 火灾 | 中 | 中 | 小 | 强 | 有 | 强 |
| 机场 | 泄漏 | 中 | 中 | 小 | 强 | 有 | 强 |
| | 撞击 | 中 | 中 | 小 | 强 | 有 | 强 |
| | 火灾 | 中 | 中 | 小 | 强 | 有 | 强 |
| | 爆炸 | 中 | 大 | 小 | 强 | 有 | 强 |
| | 坍塌 | 中 | 大 | 小 | 强 | 有 | 强 |
| | 踩踏 | 中 | 中 | 小 | 强 | 有 | 强 |

### 3.2.3.4 未来智慧社会基础设施风险

在当前各类智慧技术应用场景下，一些风险"苗头"已经显现。例如，2021年7月郑州暴雨，据央视网报道，截至21日10时中国移动郑州分公司基站停电3563个，基站退服3152个。① 在各类应急救援信息依赖互联网传输、市民活动日益依赖互联网的状态下，自然灾害在智慧技术应用场景下具有新的特征，系统脆弱性有了新的表现形式，安全风险防控与治理面临新的挑战。

当前，数字化技术带来的挑战已经影响到人们的生活。如选择隐私还是选择效率，智能机器与人竞争工作机会，理性技术与人文关怀，技术垄断巨头阻碍创新企业，企业模式在技术冲击下变革，人工智能物对社会伦理，智慧社会学习方式带来的冲击等，这些都可能引发新型风险。

随着数字化技术的普及，我们的社会可能进入"智慧社会"。《决胜全面建

---

① 三大运营商回应河南部分用户手机无信号. 央视网. 2021-07-21. https://news.cctv.com/2021/07/21/ARTIpeOKKGpROe4b2EJLNEzn210721.shtml.

成小康社会夺取新时代中国特色社会主义伟大胜利——在中国共产党第十九次全国代表大会上的报告》中指出，加强应用基础研究，拓展实施国家重大科技项目，突出关键共性技术、前沿引领技术、现代工程技术、颠覆性技术创新，为建设科技强国、质量强国、航天强国、网络强国、交通强国、数字中国、智慧社会提供有力支撑。

世界各国对智慧城市、智慧社会都已开始研究并制订具体实施计划。在理论层面，一般认为，从技术社会形态视角出发，可以将人类社会的发展大致分为狩猎社会、游牧社会、农业社会、工业社会和信息社会。智慧社会是信息技术发展并应用到一定阶段的产物。[43]

无论未来我们如何定义智慧社会，信息技术的广泛运用是其基本特征，"数据底座"将成为典型的基础设施。综合来看，数字技术的相关物理基础设施和数据是两类典型的基础设施。

数字技术的相关物理基础设施范围广泛，2021年9月1日起施行的《关键信息基础设施安全保护条例》第二条明确规定：关键信息基础设施是指公共通信和信息服务、能源、交通、水利、金融、公共服务、电子政务、国防科技工业等重要行业和领域，以及其他一旦遭到破坏、丧失功能或者数据泄露，就可能严重危害国家安全、国计民生、公共利益的重要网络设施、信息系统等。该条例以列举方式明确了关键信息基础设施的行业属性和影响属性两大界定标准。这样的划分标准具备一定的开放性，随着数据化技术的快速发展，未来可能会有更多的设施设备具有信息存储和传输功能，对各行各业的安全运行产生影响。

随着信息经济发展，以大数据为代表的信息资源正在朝着生产要素的形态演进，数据的价值和重要性已经充分显现。2020年4月《中共中央 国务院关于构建更加完善的要素市场化配置体制机制的意见》明确将数据作为一种新型生产要素写入政策文件。2021年9月1日《中华人民共和国数据安全法》正式实施。该法明确数据安全主管机构的监管职责，建立健全数据安全协同治理体系，提高数据安全保障能力，促进数据出境安全和自由流动，促进数据开发利用，保护个人、组织的合法权益,维护国家主权、安全和发展利益,让数据安全有法可依、有章可循。

这也提醒我们必须高度重视"数据"基础设施的风险防控。

### 3.2.4 "人—产业系统"视角下的城市风险

产业系统是城市动力系统。基于"人—产业系统"视角,可以清晰发现产业变革、技术变革会对城市运行、市民生活产生深刻影响。

和世界上大部分现代城市一样,我国的城市化进程伴随着工业化展开。特别是我国广泛通过规划和建设高新技术开发区、经济技术开发区、自由贸易区和产业集聚区等方式推进产业布局的创新和发展,这些不同性质的集聚区由于在短期内迅速地吸引了投资,往往会对当地经济发展、社会生活产生深远影响。在促进经济快速发展的过程中,也带来阶段性的、发展中的问题。针对这些现象,近年来,协调好工业化和城镇化的发展,已经日益引起关注。党的十八大报告中强调,"工业化和城镇化良性互动、城镇化和农业现代化相互协调,促进工业化、信息化、城镇化、农业现代化同步发展",城镇化被提到与工业化同等重要的位置。[44]

如果从人口迁移角度理解城市化:城市化是将农业人口转化为城市人口,而实现转化的基础就是产业结构调整,人口随着产业结构调整而迁移。显然,这是一个充满阶段性、结构化矛盾的过程,从这个视角理解,可以发现在人与产业系统的交互中,会产生各类典型的城市风险。

因此,这是我们观察城市风险的重要视角。

#### 3.2.4.1 产业系统变革对城市的影响

在人类社会早期,人类面临的风险问题中自然力量占主导地位。当时的生产力水平极其低下,自然环境神秘莫测,人的生命在自然灾害面前显得非常脆弱,人类的生存随时可能因受到来自自然环境的威胁而陷入困境。人类进入农业社会后,自然与社会力量相伴引发了新的风险问题。[45]

近代社会,工业化促进了城市的发展,只有城市才能支撑工业化生产组织方式。工业革命后,机器大生产成为主要的生产方式,人类的生存状况发生了深刻的变化。

社会力量取代自然力量成为这一时期的主导力量，人类开始大规模地破坏自然环境，人为风险也大大提高。工业化的生产方式决定了人口必然向城市转移，只有城市才能支撑工业化的生产组织方式。

随后，科技革命带来产业变革，一方面增强了人的生存能力，另一方面也带来了空前的科技风险，社会力量占主导地位的风险问题更具有复杂性、人为性和矛盾性，如核风险、基因风险、生化风险等。一旦科技带来的风险变成现实，将给人类造成不可逆转的损害。

甚至可以说，从社会发展动力的角度来看，所谓的城市风险是工业化发展的必然结果，是工业化发展的独特现象。

总体看，产业变革会导致城市空间、社会结构、社会权益、社会制度、社会心理等领域的一系列变革，这些变革中往往蕴涵着大量城市问题、城市风险。

（1）产业结构变革，会导致城市空间变革。

在世界城市史上，城市的空间结构往往随着产业结构调整而调整。英国的工业革命重组了冶铁业和纺织业，快速城市化和公共基础设施之间的不匹配导致流行病肆虐；美国的现代交通和企业组织模式，将数量可观的人口疏解到乡村地区，促进了自给自足的卫星城的发展；经历了1950—1960年经济繁荣后的英国，在1971—1981年间遭遇了萧条期，损失了数百万个就业岗位，导致新的地理格局形成；美国的"去工业化"产业重组，形成的"锈带"，带来了各式各样的城市问题和城市风险，其中尤其以各种社会风险为主。

在中国，工业化进程被快速压缩，产业快速迭代，很多城市既有科技含量不高的传统产业，也有大量高科技新兴产业，不同产业对城市空间配置有不同要求，每一次大的产业转移、产业结构调整对城市空间都会产生深刻影响。社区基础设施不配套、原有规划不能满足产业快速增长、不能满足人口的迅速集聚等矛盾蕴含了各类新风险。

（2）产业结构变革，会带来社会结构的变革。

产业系统变革发展，会带来社会结构的变革。例如，中国社会结构复杂，现代化有序转型任务艰巨，城市化进程常以扬弃传统性与获得现代性来催化整个中国社会结构的变化。伴随社会结构变化，传统秩序消解，新秩序尚未确定；社会利益多元化格局基本形成，但在实践机制上尚未打破已经被固化了的城乡利益格局，普惠型的社会权益保障体系尚未得到完全确立，资源、权益的分配中必然存在失衡现象。

（3）产业结构变革，会带来社会观念冲突的变革。

产业结构、社会结构的变革还会带来各种新旧观念的激烈冲突以及价值观的冲突，引发大量争议。社会结构、群体观念的冲突又会与社会心理相互映射。社会心理是社会群体中的情绪基调、价值认同和行为方式的宏观社会心理状态，是构筑社会结构系统诸要素中最敏感的综合感应器。其中的负面情绪很容易被放大，蕴含各种风险。此外，城市人群结构复杂，社会心理复杂还可能导致公众对风险认知参差不齐、诉求多元，从而进一步放大风险，影响风险感知。特别是重大灾害中、灾害后一段时间内，社会对风险防控能力的"怀疑"等复杂情绪蔓延会对城市风险治理共识的形成造成干扰。

（4）全球化是当代产业发展的结果，也重新塑造了各国产业结构，对城市生活产生深远影响。

作为当代产业发展的重要表征和动因，全球化对城市发展产生了深刻的影响。每一次全球化浪潮在带来新发展的同时，也带来新的风险。特别是在近几十年的全球化浪潮中，产业链深度互嵌，国际间交流空前频繁。这也意味着人类生产过程所带来的负面效应大规模地扩散，人类开始致力于应对这些负面效应，全球性风险已经成为严重威胁当代人类生存和发展的具有普遍性的"全球性问题"。例如，传播性强的传染病一旦暴发，很容易成为全球性问题，仅仅靠一城甚至一国的努力都不足以控制。从城市角度看，城市在全球化中担当着节点的角色，往往是风险事件的爆发点，是风险的传播节点、扩散节点。因此给城市风险管理带来很多新的挑战。

综上所述，以人和产业系统交互的视角来看待城市风险，可以非常清晰地发现产业发展对城市风险会带来综合性的影响，是城市风险化的动因之一。

### 3.2.4.2 产业系统变革下的典型城市风险类型

从人和城市产业系统交互的视角辨析城市风险，会发现这类风险类型十分庞杂，特别难以辨析。在风险管理实践中，常被认为是潜在的、间接的因素，容易被忽视。但是，今天全球都面临剧烈的产业变革，潜在矛盾正在显现，城市风险治理必须理解、认识这些风险，才能更早地识别风险，特别是在社会安全事件处置中，理解风险产生的原因，可以更清晰辨析不同群体的诉求，便于事件有效处置。

人和产业系统交互下产生风险是一个开放认知框架，对其的研究还在快速发展中，本书从产业内部变化和产业系统与公众生活交互的角度，探讨几种较为典型的风险类型。

#### 1. 产业发展带来新风险

每一种新业态诞生都可能带来新的风险。我国经济已经进入结构性调整的关键阶段，各行业相继进入了调整期和转型期。最近几年围绕技术变革而引发的电动化、网联化、智能化、共享化等新技术、新模式、新业态、新领域得到了良好的发展，形成了一定的比较优势。与这些新生事物相伴而生的还有各种新兴风险。如新能源汽车发生的自燃问题和电池污染问题，网约车的驾乘安全问题，共享单车"野蛮"发展的问题，自动驾驶的路测风险和责任归属问题，无人机黑飞、智能机器人非法作业、不安全的 3D 打印等问题，如果不对这些问题进行前瞻性的思考和研究，后期这些新兴风险就可能成为阻碍社会发展和技术进步的绊脚石。

造成这类问题的原因，主要在于新系统与原有系统的不兼容，形成的管理"缝隙"易导致风险叠加且不易被察觉。例如，网约车的安全问题频频引发关注，这提醒我们，应该注意到平台企业组织员工的模式和向社会提供服务的方式发生了变化，企业应承担的责任带有公共服务的属性，如何确保企业承担相应的安全责任，原有的监管系统和组织内部的管理系统都必然要进行变革。

这些风险，相关研究还未深入。特别要引起关注的是，信息技术正在快速发展，并且可能带来范式转换，信息技术动力（性价比、速度、容量以及带宽）正在以指数级速度递增，几乎每一年都要翻一番。[46] 风险防控能力可能无法满足这种发展速度。

**2．产业消退带来新风险**

产业变革，新旧交替。新产业的崛起必然伴随着一些产业的消退。在产业消退时期，快速发展期掩盖的问题会显现。例如，随着一些产业转移，遗留了大量基础设施、建（构）筑物，这些基础设施和建（构）筑物因长期缺乏维护和管理，设施功能退化、管理弱化，表现出系统性衰退，一旦遇到扰动因素，就可能会酿成意想不到的灾难。在社会层面，产业转移会带来群体生活状态的改变，是城市风险治理的巨大挑战。

**3．产业发展和公众生活矛盾的典型风险**

1）邻避风险

邻避设施主要指那些兴建之后"能够带来整体性社会利益但对周围居民产生负面影响"的设施，比如发电厂、变电所[47]。这些设施是基于理性的政府经济调控和个人经济决策、追求城市或国家发展的重大工程项目，但却可能给人类社会带来潜在的副作用。这些潜在的副作用在现代社会渐渐表现为社会风险。这些兴建设施常造成社区群体反对的邻避困境。"邻避"（Not on My Block）概念由欧海尔（O'Hare）提出。1977年，欧海尔在《公共政策》上发表《你不要在我的街区：设施设址和补偿的战略重要性》一文，引发美国学界邻避冲突研究热潮。此后，相关研究逐渐统一使用NIMBY（Not in My Backyard）或类似缩略语的趋势，学者开始在"邻避（NIMBY）"这一概念框架下探讨相关理论与实践问题，后来研究主题和范围进一步扩大和深化，以NIMBY为概念框架的研究文献持续增加。[48]

进入21世纪后，我国进入邻避事件的高发阶段，主要表现为邻避事件数量日益增多、爆发频率更为密集，邻避事件的社会影响范围更广。2007年厦门建设PX项目引起市民强烈反对，在其后数年间，PX项目在大连、宁波、成都、昆明、茂名等地相继遭到市民的反对。有此遭遇的不仅仅是化工产业中的PX项目，诸如垃圾焚烧发电厂、变电站、磁悬浮、高架桥等设施在筹建过程中均或多或少遭到周边居民的抵制。[49]这背后有多种原因：各种产业发展的需求导致的大规模建设增加；我国在快速工业化过程中，不可能对城市各类功能区做出详尽的规划，往往是根据现实需求不断调整，其中存在的不平衡现象容易引发冲突；在互联网等新兴技术快速发展的背景下，公共舆论对邻避设施更加关注，公众对邻避设施的风险感知更强烈，一旦发生冲突，影响范围更广。

虽然目前尚不存在一种完美的模式可以取代现有的邻避设施产生模式，但是我们仍然可以通过纠正现实中存在的诸多非正义现象，努力寻找使邻避设施符合空间正义的解决对策，努力探索通过管理手段解决邻避风险的方法。例如，增加信息公开度，取得社会信任，是破解这一问题的有效途径。向社会公开信息是环境治理相关企业的法定义务，也是行业的准入要件和门槛。环保设施只有切实做好信息公开、透明开放，自觉接受公众监督，才能真正取信于民，最大限度避免各类事件发生。

2）社会结构变革中的社会风险

正如前文所述，产业变革会导致社会结构变化，从而带来一系列社会风险，如城乡矛盾可能有新的表现形式。

产业结构变化会导致城市内部面临挑战。原本城乡二元结构之间的差异、矛盾可能都体现在城市中。一方面，城市大量新增人口与原有城市人口之间可能出现割裂，叠加城市空间容纳能力不足，则可能引发各类矛盾。另一方面，城市社会结构由于受到新增人口的影响，也可能导致各类矛盾。例如，基础服务不仅可能面临不足的可能性，还存在重新分配的可能性，在教育、医疗等领域都可能产生新的风险。

产业结构变化会导致城市和乡村的关系发生新的改变。在我国城市化进程中，在一定时间内，城乡之间在经济社会乃至环境状况方面难免存在很大的差距。为了使城乡居民共享发展成果，近年来我国采取了多种措施振兴乡村，按照《乡村振兴战略规划（2018—2022年）》，要"实施乡村振兴战略，统筹山水林田湖草系统治理，加快推行乡村绿色发展方式，加强农村人居环境整治，有利于构建人与自然和谐共生的乡村发展新格局，实现百姓富、生态美的统一。"①

3）产业发展与城市发展不协同之间的矛盾引发的城市容纳能力风险

一般情况下，产业系统变革的条件主要在于各类要素的集聚。与城市这一复杂巨系统相比，在实践中很多产业能在较短时间内快速发展，但是城市的发展是一个漫长的过程，受到自然禀赋、历史文化等多种条件制约。特别是当大量人口在较短时期内转移，城市容纳能力常常跟不上，以致出现大量阶段性矛盾。城市容纳能力一般包括城市空间容纳能力和环境容纳能力两个方面。

前文所述的城市管理迟滞风险、城市基础设施风险等，在产业系统变革视角下，清晰可见。总体看，城市越来越大的索取与排放和城市本身有限的承受能力之间的不匹配，产生了巨大的矛盾。一旦这种矛盾达到环境承受的临界点，整个城市复杂巨系统可能面临崩溃，陷入瘫痪。如果没有外部干预，环境并不会自动改善。对我国两个环境污染程度指标的研究测算显示，工业废水（1986—2004 年）、废气（1987—2004 年）与人均 GDP 之间并不存在协整关系[50]。因此近年来，我国提出"绿色"发展理念，高度重视环境友好型社会建设。

本节借鉴了系统论的思想，从人和城市主要子系统的交互过程的视角，探索城市风险的类型，也是从城市风险是一种耦合状态中的不确定性这一基本概念出发，认知城市风险。这种将城市风险置于开放、动态的系统中分析城市风险类型的方式，不在于穷尽城市风险类型，而旨在提供识别城市风险的认知框架。

对城市未来发展而言，智慧城市正在快速发展，智慧城市根据城市运营和管理需要，通过人与物、物与物、人与人的广泛连接，将信息技术与其他资源要素组织起来，综合运用数据、信息和智慧的力量，以促使城市更加"智慧"地运行。智慧城市建设也借鉴系统论的思想，最为简化的架构是感知层、网络层、应用层。其中，感知层主要进行数据采集，网络层通过物联网、互联网、移动通信网等网

---

① 中共中央国务院印发《乡村振兴战略规划（2018 - 2022 年）》. 新华网客户端. 2018-09-26.

络进行数据传输，应用层服务于城市民生、资源环境、产业经济、基础设施和城市管理。[51] 未来的城市风险管理必然向智慧化、数字化模式转变，在构建智慧城市的过程中，原有的管理结构可能被重塑，城市风险防控也面临新的挑战，须对智慧城市不同模块、不同系统的风险进行梳理，构建预警体系。因此从"人—城市"的视角认知风险对智慧城市建设中的风险防控与管理具有启发意义。

## 3.3　基于城市生命周期的城市风险分类

识别城市风险，分析城市风险的类型，还可以基于城市生命周期的视角。从这一视角分析城市风险，虽然会与前文指出的城市风险类型重合，但可以从更加宏观的角度，对城市风险的总体脉络进行把握。

风险在城市发展的不同阶段有不同的来源及表现形式。[52] 在传统农村向城镇转变的初期，城市人口规模相对较小，城市密度与集中度相对较低，城市的风险相对较少。随着城市人口与建设规模的扩张，各种资源、市场、信息等在城市聚集，城市日益面临着诸如秩序失衡、人口对环境资源和公共服务的压力加大等结构性风险。当城市活力不足，进入相对衰退期，城市的风险便会系统性地爆发，例如，城市就业机会的减少会增加社会的贫困，城市基础设施的老化、住房的紧张等问题会导致公共安全、社会冲突的增长。当城市不能有效地实现自我更新，不能在制度和政策领域进行系统性的变革，这些风险就有可能引发剧烈的社会危机。[53]

城市规划阶段，城市生命线基础设施系统和城市服务系统的容量、布局等基本框架得以确立，风险就此"埋下种子"。城市建设阶段，如果不注重质量、安全，"太

现代城市的发展，大多有相对清晰的、人为的规划、建设运行和更新阶段。一方面，每一个阶段都有鲜明的特征并蕴含着大量典型风险；另一方面，还有大量城市风险在城市规划中肇始，在城市建设中滋生，在城市运行中演变。

急""太快"地发展，不注重城市"动力"系统和城市"稳定"系统的均衡发展，不主动规避纵向延伸和横向扩张的"高、低城市化陷阱"，风险就此"生根发芽"。城市运行阶段，如果不能保持警惕，综合保障失效，则"木桶效应"成型，一遇"激发"条件，风险将会演变为事故或事件。这两种方式都是在城市生命周期框架下，认知城市风险。

### 3.3.1 城市规划阶段

#### 3.3.1.1 城市规划理念：要最大限度地体现市民共同愿景

城市规划是城市发展的起点，在城市建设、城市运行和城市管理等过程中具有举足轻重的作用。城市规划不仅是城市建设的蓝图和资源配置的依据，而且是政府公共政策和市民共同愿景的体现。在一定意义上，城市规划越能体现市民共同愿景，越能最大限度地避免风险。

城市规划是有关城市的未来发展、城市的总体布局和资源的合理配置、城市各项工程建设的综合部署，是政府履行经济调节、市场监管、社会管理和公共服务等职能的重要依据。城市规划具有标准性、系统性等特征。城市规划通行的标准是假定常住人口规模，即根据具有城市人口的正常的家庭生活，设计出城市的功能和设施的配套。按照规划标准设计的城市功能必须是齐全的，城市设施必须是配套的，以满足城市的正常运行需要[54]。

从风险角度来看，以人为本是基本理念：城市规划要从人的需求出发，不断学习用历史的、未来的视角来看待城市，才能最大限度地减少城市风险。要以人为核心，特别要尊重人的生活需求，从人的尺度和人性化角度出发，运用宜人的方法开展城市设计，塑造富于个性和魅力的城市空间环境，增强市民的幸福感、归属感。如果仅仅从产业出发、从管理出发，在外界环境快速变化的情况下，则很难把握住城市风险防范的重点。

城市规划是面向未来的，其成果要放在时间长河中接受检验。结合城市风险的特征，城市规划要关注人口、产业变化趋势对人的影响，在当前，尤其要关注信息技术、能源产业对社会发展、对人的影响，并从这些角度防范风险。

在城市规划中还要充分考虑安全韧性建设。比如，在城市水资源规划上究竟应该是采用"与水抵御"还是"与水共生"？2015年11月，美国"气候中心"组织在《美国科学院学报》上发表研究文章指出，假如气温上升4℃，全球受灾最为严重的国家是中国，不少城市会成为"水下城市"。简单的防御不足以应对日益增强的不确定性因素，还要提高城市的"韧性"，这些在城市规划中都必须有深刻考虑。例如，素有"欧洲门户"之称的鹿特丹（Rotterdam）是荷兰第二大城市、欧洲第一大港口，在水资源规划中提出了"给水更多空间"的发展方略。鹿特丹低于海平面7米左右。在经历了1993年和1995年的两次洪峰考验之后，2009年的《鹿特丹气候防护计划》改变了传统的"与水斗争"战略，提出了"给水更多空间"。具体表现在：建立水上公共交通网络提高城市的可达性；防洪堤外的建设将只限于适应性建筑，如浮动房屋、浮动公园等；采用水广场和屋顶绿化等创新措施，实现80万立方米的水储蓄；通过优化水系和绿化及开放空间的布局，调节城市气候。

### 3.3.1.2　城市规划风险

从广义的角度，由城市发展各类规划带来不良后果的可能性都是城市规划风险。从狭义的角度，城市规划风险主要聚焦城市空间规划，多指城市建设规划，是指由于政府对城市规划的变动或不合理规划给城市带来不良后果的可能性[55]。影响城市规划的因素多而复杂。城市规划专业人员依据区域经济和社会经济发展规划等，按照传统规范的方法，确定城市规划的预计人口总量、用地指标，进而完成一系列城市规划的各项内容，整个过程看似依据充分，实则不然。相关部门对未来经济发展、社会进步程度、城市环境、城市聚集资源和人口能力等的预测，本身就包含一系列不确定性，而不确定性就意味着风险的存在。因此，对城市建设规划风险进行识别与防控是保障城市可持续发展的重要环节。

城市建设规划需要考虑到的风险分为自然风险、产业风险、人群聚集场所风险、建筑工程与安装工程风险、公共卫生风险和生态环境风险等。重点关注合理规划城市建设用地,科学进行城市功能布局,规划设计应全面考虑,统筹兼顾。对于旧城区,由于其房屋相对老旧,且建筑密度较高,因此存在许多安全隐患和不利于城市防灾的因素。其风险防控措施的制定应与旧城改造策略相结合,优先考虑危险区块的改造,确保老城区有防灾减灾空间,并考虑建设或重建一定数量的防灾据点和疏散场所;对于现有中心城区,风险防控策略应以重点建筑和重要建筑的易损性分析为基础,确保事故发生时此类建筑物能正常运行。对于城市未来重点发展的区域,应按照可持续发展的原则进行安全规划和风险评估,合理确定工业园区、居民区和商业区布局。

从风险角度还要着重关注合理开发避灾场地和地下空间;避灾场所规划应遵循"平灾结合"的原则,避灾和避难场所平时可用于教育、体育、娱乐和其他生活和生产活动,在灾害发生时,则可用于灾害预防和疏散,如防灾公园等。科学设计防震、防洪、防火、交通等城市各项设施。

### 3.3.2　城市建设发展阶段

#### 3.3.2.1　城市建设风险

总体看城市高速建设发展会导致城市风险增加。城市建设风险是指在城市建设过程当中,各项城市建设活动或事件发生并产生不良后果的可能性。[55]中国的城市化快速发展从 20 世纪 80 年代的"旧城改造"开始启动,在 90 年代进入提速阶段。统计资料显示,1978 年,全国建筑业完成增加值 139 亿元,占 GDP 的比重为 3.8%。2017 年,建筑业增加值到达 55 689 亿元[①]。另外,1990—2000 年,中国城市的建成区面积从 1.22 万平方公里增长到 2.18 万平方公里,增长率为 78.3%;2000—2010 年,中国城市的建成区面积从 2.18 万平方公里增长到 4.05 万平方公里,增长率为 85.5%。[54]以上海为例,大型工程项目不断涌现。如上海虹桥枢纽、北

---

① 国家统计局固定资产投资统计司:建筑业持续快速发展　企业结构优化行业实力增强——改革开放 40 年经济社会发展成就系列报告之九。

横通道等项目，其基本特点是投资巨大、技术复杂、工程涉及面广、工程期限长，使得整个项目在实施过程中不可避免地存在较多风险。按照规划，到2030年，上海将建成长度约为1642公里的城市轨道交通，轨道交通建设更是具有工程环境复杂、技术含量高、工程管理要求高等特点，而由于上海为典型的软土地基环境，其建设难度和风险相对更大。

在城市建设过程中，风险是客观存在的，不以人的意志为转移，而且无处不在、无时不有，人们无法回避和消除它，只能通过各种手段来应对风险，从而避免产生损失。同时，风险的发生具有一定的规律性，人们通过长期的观察和分析，就有可能发现各种风险遵循的运动轨迹和运动规律。在城市建设过程中，台风、地震、水灾等自然灾害的发生是客观存在的，不可能完全排除。但是经过长期的经验积累与建设实践，人类已经形成了一系列的应对措施，能够尽量减少或者避免由这些风险造成的损失。此外还有大量技术风险、经济风险都要重点防范。城市人口密集化、建筑楼林化、路桥高架化、管网隐蔽化，在建设过程中，一旦风险因素发生变动，极易产生连锁反应，或者产生各风险因素的耦合关联，若管控不及时、不到位，极有可能发生重特大安全事故，对城市安全造成重大威胁。

### 3.3.2.2 城市运行过程中的风险

城市运行过程中的风险在前文中已有较多论述，这是城市管理中主要面对的风险。

本节强调的是在生命周期视角下，应注意到在城市运行过程中，由于普遍存在使用强度、使用习惯、重建设轻养护、重主体结构轻附属设施等诸多方面的问题，容易导致城市基础设施折旧加速，随着时间的推移，如果没有管理干预，会呈现风险隐患越来越突出、事故愈来愈频发的特点。

比如，上海的轨道交通经常处于客流饱和以及超负荷运行状态，车辆、通信信号设备、接触网、轨道线路和结构等都存在维修以及更换需求，部分设备零件已接近设计使用寿命，存在一定的风险隐患。

还有近年来城市运行中常见的高空坠物问题，其偶发性强，极易引起广泛社会关注。其发生频率的高低就与建筑物的生命周期密切相关，从这一视角分析，也较容易识别此类风险。

### 3.3.3 城市收缩阶段

持续的增长与繁荣似乎是众多城市演变的理想模式。但在世界城市史中，几乎没有城市有这样的幸运。综观世界近代城市发展的历史，工业衰退、人口外迁导致莱比锡、利物浦、热内亚这些历史名城的人口大量流失，城市收缩成为困扰这些城市发展数十年的核心难题。1990 年以后，城市收缩问题开始向欧洲东部蔓延。截至 2005 年，东欧国家超过 20 万人口的大都市中逾七成表现为持续收缩，城市收缩正在成为许多欧洲城市发展中的一个普遍现象，也是欧洲城市未来发展的困境所在。[56] 在美国，一方面硅谷、波士顿等知识服务经济占主导地位的区域崛起，另一方面制造业空心化也造成了一部分城市的收缩。

2019 年，我国国家发展和改革委员会在《新型城镇化建设重点任务》中提出"收缩型中小城市要瘦身强体，转变惯性的增量规划思维，严控增量、盘活存量，引导人口和公共资源向城区集中"，对收缩型城市的发展明确重点任务。

#### 3.3.3.1 "城市收缩"概念和成因

"城市收缩"这一术语最早出现于二十世纪八九十年代，用以描述后工业化背景下德国城市工业衰退、人口减少的现象。学术界在对城市收缩进行普遍研究的基础上，对其概念内涵基本达成了以下共识：①城市收缩有别于城市衰败；②人口减少是评价城市收缩的核心指标；③城市收缩形成的原因具有多维度和复杂化。在其精确定义上，被广泛接受的，是收缩城市国际研究网络（Shrinking Cities International Research Network，SCIRN）给出的定义：拥有 10 000 人以上居民的城市区域在两年内出现人口大量流失、经济转型升级、结构性危机症状。[57]

国内学者提出的收缩型城市成因主要包括产业结构需求变化与劳动力供给结构变化不匹配、人口老龄化趋势加重、中心城市的虹吸效应、增长主义政府及规划倾向和频繁的行政区划调整等。[58-59]

从产业结构调整看由于产能过剩、劳动力成本上升等因素的影响,我国沿海地区许多制造业企业正逐步向东南亚地区进行搬迁和转移。此外,这些城市在制造业转型升级的过程中,自动化机器的使用极大地降低了劳动力的投入。[60]

从城市间流动角度看,大城市的虹吸效应强。当城市群的整体协同性较差时,部分外围城市的人口会沿着交通网络不断流入中心城市,进而造成外围城市人口的被动流失,并最终形成收缩型城市。[61]有观点认为,随着我国交通网络和信息化建设的不断完善,大城市对劳动力的吸引力正在不断增强。[62]

从自然资源角度看,自然资源枯竭会导致城市收缩,由于其转型困难,引发的各种社会问题更加突出而较受关注。例如,中国的许多收缩型城市都位于东北老工业基地,黑龙江的鸡西、鹤岗等都属于典型的因自然资源枯竭而形成的收缩型城市[63]。国务院2013年印发《全国资源型城市可持续发展规划(2013—2020年)》,开始关注资源型城市的可持续发展,新的发展模式正在这些城市推进,并取得显著成效。

### 3.3.3.2 "城市收缩"阶段风险易放大

城市收缩成因不同,解决路径会有所不同,但总体来看,其面临的严峻挑战主要有三个方面。

(1)城市经济迅速衰退。资源枯竭是绝大多数资源型城市在发展中会直接面临的问题,这些城市与其他城市的收缩不同,其经济缺乏韧性,经济衰退速度往往过快。在很多情况下,"掠夺型开发、粗放式生产",从开采手段到加工方式,都没有经过科学的论证,也没有能做到统筹兼顾、规划安排,容易形成短暂繁荣,也容易出现断崖式经济衰退。

(2)经济结构和劳动力结构的单一性。在经济结构上,城市发展过分依靠资源相关的工业部门,挤压其他各部门及农业、服务业等其他产业的生存空间,城市的一些功能属性可能因此有所缺乏,造成较多的生产生活材料和服务依赖从外地获取。而在人口结构上,城市发展基于单一产业或资源开发,主要劳动力人口技能单一,性别和年龄结构容易趋同,城市公共资源配置时难以顾及儿童和老年的需求。劳动力生产生活极度依赖单一产业发展，这种情况下，只要围绕资源而发展的产业链中的任意一环出现问题，整个产业体系和资源城市都会面临危机，进而会对城市的整体稳定造成不利影响。

（3）城市管理能力衰退，公共服务能力下降。产业衰退、人口流失，城市就会缺乏活力，城市管理水平也很难提升，医疗、教育等公共服务能力都可能下降。一旦遇到自然灾害和其他外部扰动因素，很容易在多种因素的共同作用下，导致大的事故灾害。

此外，由于人口流失，留守人员大多不具备转型能力，在全社会公共服务能力下降的情况下，他们的获得感下降，易产生不公平感等各种负面情绪。

当前对于城市收缩状态的城市风险研究还不够深入，解决对策应从更宏观的角度激发城市活力，调整产业结构，破除路径依赖。

要充分认识收缩状态下，风险放大的特性，推进城市治理体系和治理能力现代化，促进多元治理主体的共同参与，加强政府企业和公民的良性合作，形成共同应对突发事件的合力。改善城市人居环境，要加大城市环保基础设施和生态环境治理投入，改善以往在粗放式发展过程中造成生态环境恶化的状况，提升生态韧性。[64] 完善城市应急管理体制，提高应急处置能力，加强与兄弟城市的协作。要充分评估城市在不同方面抵抗灾害的能力水平，从而有针对性地补齐短板。

### 3.3.4　城市更新阶段

#### 3.3.4.1　城市更新是城市发展到一定阶段的必然选择

城市更新（Urban Renewal）是城市发展到一定阶段的必然选择，是城市发展中的一种自我调节机制，自城市出现就已存在，城市发展通常会经历"发展—衰落—更新—再发展"这样一个新陈代谢的过程。

城市更新是由美国房屋经济学家迈尔斯·奥利恩（Miles Olean）在 20 世纪 50 年代明确提出的。第二次世界大战后，西方经济发达国家的一些大城市出现人口和产业向郊区迁移的"逆城市化"现象，城市的中心地区逐渐衰败，为了防止和消除这种现象，部分国家提出了城市更新的设想和计划。

1958 年 8 月在荷兰海牙召开的城市更新第一次研究会，对城市更新做了如下阐述：生活在城市中的人，对于自己所住的建筑物，周围的环境或上班、上学、购物、游乐及其他的生活有各种不同的希望与不满。对于自己所住房屋的修理改造，街道、公园、绿地和不良住宅的清除等环境的改善，尤其对于土地利用的形态或地区制度的完善，大规模公用事业的建设，可以要求尽早地实施，以便形成舒适的生活、怡人的市容等。[65] 因此，城市更新可理解为：针对城市发展过程中出现的城市衰退以及随之而带来的城市环境、生态、景观和面貌的恶化而采取的有意识、有目的的城市新陈代谢、城市机能更新完善的再发展行为。

改革开放以来，我国进入了城镇化快速发展阶段，2021 年公布的第七次人口普查数据显示我国城镇化率已经达到 63.89%，较 2000 年的 36.2% 增长迅速。高速的城镇化在使城市面貌焕然一新的同时，也给各大城市带来了沉重的资源和环境压力。中央城市工作会议指出，未来城市发展要从速度型转向质量型、从增量建设迈向存量治理。如何转变城市发展方式、注重城市内涵发展、提升城市质量和品质已经成为新常态下的重要议题。

国内外城市发展的实践表明，城市更新作为一种城市可持续发展的手段，是提升城市发展活力和竞争力的必经之路。实施城市更新行动，推进城市生态修复、功能完善工程，统筹城市规划、建设、管理，合理确定城市规模、人口密度、空间结构，促进大中小城市和小城镇协调发展。

### 3.3.4.2　城市更新的主要方式和特征

世界各国都有大量城市更新实践。例如，东京通过多轮次和多层面的空间规划来引导城市的整体发展，强调结构性调整和整体性协调的五次首都圈规划改变东京都"一极集中"的结构，形成以商务核心城市为中心的自立型都市圈，构筑"多核多圈层"的区域结构。[66] 通过持续更新，促使东京成为领先的全球城市。

#### 1. 城市更新的主要方式

城市更新是一个持续而系统的工程。例如，英国利物浦的城市更新是一个持续的过程,大致分为城市更新萌芽(20 世纪 40 年代中期至 60 年代中期),即物质空间建设改造与执行城市贫民区清理政策阶段;城市更新发展(20 世纪 60 年代中期至 70 年代晚期),即政府主导下的内城住房修缮翻新和区域改造;城市更新深化(20 世纪 80 年代至今),即市场主导、公私合作与社区依托的城市综合治理。[67] 我国城市更新的重点也在与时俱进。改革开放后,城市更新面临的一个迫切问题是如何调整与重组先前计划经济体制下形成的城市空间,以适应新趋势与新发展的需求。[68]

显然,城市更新过程包含了复杂的治理层面的改进和物质层面的大量改造。从狭义角度,城市物质层面的更新主要有以下三种方式。

(1)重建。即完全打破原有的城市结构布局,推倒原有的破旧建筑重新进行规划、建设,如第二次世界大战后欧美国家对荒废住宅区进行的大规模重建。重建的特点是变化幅度大、最富有创意性,但也最为激进、需要大量资金、进行缓慢,受到的阻力也最大,较易引起社会的震动和矛盾冲突。

(2)改善和修建。即对于比较完整的城市,去除不适应城市发展的方面,增加新内容,弥补旧有城建缺陷,改建、完善、扩大和增添原有设施的功能,以满足不断出现的各种新需求。这种模式较重建模式变化幅度小、所需资金少,可以最大限度地缩小拆迁安置的困扰,实现城市发展与地方文脉保护的完美结合。

(3)保护。即对那些具有良好状态、功能健全的旧城区或历史地段,城市文物与名胜古迹、特色建筑等以新技术、新手段采取维护措施,以延缓或停止其功能或形态的恶化。保护是城市更新中的一种预防性措施。

从广义角度,城市更新不仅包括物理层面的更新,还包括遵从城市内在秩序和规律的城市更新,以人为本的有机更新。

**2. 城市更新的特征**

(1)城市更新涉及利益主体多,通常为多元参与,政府主导。

城市更新是一项复杂的工程,涉及众多相关利益主体,需要多个参与主体来完成,如城市政府、企业、市民、专业团体和民间组织都是主要的参与者,在城市更新中都扮演着重要角色，发挥着至关重要的作用。其中，城市政府在诸多主体中具有强势身份地位，往往起到主导作用。企业往往承担大量城市更新工作的具体实施工作。市民也是城市更新中不可忽视的力量，他们通过积极参与，可以影响城市更新规划的制定，在一定程度上保证了城市更新规划制定的民主化、科学化。专业团体以专业化知识和专业化实践活动发挥特有的影响力，能有效制约和矫正城市更新走向的偏差。民间组织以其集中度和利益与兴趣一致参与城市更新的过程，保证了社会公平性、阶层利益和社会公益。

（2）城市更新是一项复杂而又系统的工作。

城市更新不仅仅包括对城市硬件的更新，如对城市住房、基础设施的改善，还包括城市产业的调整置换、城市社会原有邻里关系的更新，涉及城市各个利益主体和城市各个行业的方方面面。城市是一个严密的社会有机体，是一个社会生态大系统。从长远看，城市更新是城市整个物质形态的进化完善，也是城市文化和历史的延续维护。所以，城市更新必然是一个庞大的物质系统、社会系统、特色产业体系的延展、进化和提升，其范畴不仅包括物质形态，也包含着非物质形态的社会、经济、文化等方面。

（3）城市更新是一个动态、持续的过程。

城市更新的动态性主要表现为城市更新在不同时期被赋予了不同的内容。城市更新是城市有机体成长发育的过程，其动态性表现在人类社会进步、物质技术进步、经济发展、城市历史延续。但同时，城市更新又受到人类物质技术水平、经济发展水平、人类认识水平、直接财力物力等方方面面的限制，不可能一蹴而就、毕其功于一役。

### 3.3.4.3　城市更新面临的典型风险

城市更新会带来一系列改变和挑战，在解决旧矛盾的同时，新的社会不公平和社会排斥现象会出现，城市治理新形式的出现伴随着权力的重建和再定位，新城市空间的出现，城市政策之间缺乏协调性和一致性、目标不清晰等，这里面都蕴含大量潜在风险。大量具体的城市更新项目，资金投入巨大、项目实施周期漫长、牵涉多方利益主体，使其开发背景和过程都较为复杂，对城市经济发展、城市形态、城市面貌和环境都有着决定性的影响。

城市更新面临的较为典型的风险主要有生态风险、社会风险、经济风险等。

城市更新中的生态风险主要是指城市更新项目的功能布局、开发强度、环境保护措施等方面的问题所导致的对项目内部及周边区域内的生态环境、城市居民的生产生活等所带来的各种潜在威胁。随着城市更新的逐步推进，这一类风险的危险性越来越高。

城市更新中的社会风险是指由城市更新行为所导致的社会冲突，危及社会稳定和社会秩序的可能性。更直接地说，是由于城市项目更新、建设而破坏城市社会的正常运营秩序，影响居民的正常生活，甚至爆发社会危机的可能性。

城市更新中的经济风险是指由城市更新行为导致的经济问题，以及由此带来的危及城市经济健康发展和城市经济安全的可能性。从产业结构角度看，城市更新带来的改变会对产业发展造成影响；从具体项目看，旧城改造、新城开发需要消耗大量资金，常通过金融手段汇聚资金，易引发经济风险。

## 3.4  本章小结

风险的研究对象在一定程度上可以概括为对不确定性的研究。近年来，人们日益感到不确定性在城市生活的方方面面不断涌现。本章从理论的角度，借鉴既有研究成果，探索构建城市风险的认知框架。这不仅可以对城市风险进行分类，更为重要的是，本书关注开放式的风险认知方式，为实际工作中识别城市风险、实现风险可管理奠定基础。

本章尝试总结、梳理出三种风险的认知框架，各有优劣，可以互补。

基于事件视角的认知框架，能够清晰界定管理边界，具有重要实践意义，但常常限制人们识别风险的能力，导致人们陷入"不知道自己不知道的风险"的思维陷阱，难以对日益突发的不确定性事件做出预判。

基于"人—城市"视角的认知框架，从人的视角出发，能更好地识别和预判风险，在突发事件暴发时，能帮助管理者更好地抓住主要矛盾。特别是当前我国处于城市数字化转型的关键时期，数字化技术会促成城市管理的深刻变革、重构，在数字化进程中，大部分智慧城市的数字治理结构是从人和外界交互的场景出发，打破原有的管理条线与范畴，重新构建治理结构。因此，从最基本的"人—城市"视角来认识城市风险，在新的发展阶段便有了新的价值。

基于城市生命周期的视角识别城市风险，可以从更加宏观的时间维度，对城市风险的总体脉络进行把握，对城市不同发展阶段面临的共性问题有总体判断，从而加强防范，这对宏观管理者很有意义，也是世界各国城市发展史给当下每个城市的宝贵财富。

至此，我们对城市风险这一对象的研究告一段落，但从城市风险的认知框架来看，这是一个开放的系统，必然需要不断丰富完善。从下一章开始，本书的研究重点将聚焦管理主体、管理行为和体系。

# 参考文献

[1]  孙柏瑛.安全城市 平安生活：中国特（超）大城市公共安全风险治理报告 [M]. 北京：中国社会科学出版社，2018.

[2]  黄宏纯.突发事件全面应急管理 [M]. 北京：北京理工大学出版社，2018.

[3]  钟开斌，林炜炜，翟慧杰.中国城市风险治理研究述评 (1979—2018 年 )：基于 CiteSpace V 的可视化分析 [J]. 贵州社会科学，2020(3):41-49.

[4]  郭研实.国家公务员应对突发事件能力 [M]. 北京：中国社会科学出版社，2005.

[5]  原珂，陈醉，王雨.中国城市风险治理研究述评 (1998—2018)——基于 CSSCI 期刊文献的可视化分析 [J]. 兰州学刊，2020(12):101-115.

[6]  朱力.突发事件的概念、要素与类型 [J]. 南京社会科学，2007(11):81-88.

[7]  邓拓.邓拓文集 [M]. 北京：北京出版社，1986.

[8]  夏明方.文明的"双相"：灾害与历史的缠绕 [M]. 桂林：广西师范大学出版社，2020.

[9]  徐选华.区域重大自然灾害社会风险演化机理及应对策略 [M]. 北京：中国社会科学出

版社，2016.

[10] 杨赛霓. 自然灾害综合风险评估 [J]. 城市与减灾，2021(2):44-48.

[11] 陈珂. 长江三角洲自然灾害数据库建设与风险评估 [M]. 上海：上海交通大学出版社，
　　　2018.

[12] 尹占娥. 城市自然灾害风险评估与实证研究 [D]. 上海：华东师范大学，2009.

[13] 周祖木. 自然灾害与相关疾病防范 [M]. 北京：人民卫生出版社，2013.

[14] SAXENA S. Mental health and psychosocial support in crisis situation[R].
　　　Geneva: WHO，2005.（转引自刘正奎，吴坎坎，张侃. 我国重大自然灾害后心理
　　　援助的探索与挑战 [J]. 中国软科学，2011(5):56-64.）

[15] 陆文军. 城市舆情风险管理 [M]. 上海：同济大学出版社，2021.

[16] 杨国梁，多英全，王如君，等. 事故灾难类城市安全风险评估基本原则与流程 [J]. 中
　　　国安全科学学报，2018，28(10):156-161.

[17] 孙建平. 城市安全风险防控概论 [M]. 上海：同济大学出版社，2018.

[18] 中国法制出版社. 突发公共卫生事件应急条例释义选编 [M]. 北京：中国法制出版社，
　　　2020.

[19] 吴群红，康正，焦明丽. 突发事件公共卫生风险评估理论与技术指南 [M]. 北京：人民
　　　卫生出版社，2014.

[20] 洛伊斯·N. 玛格纳. 传染病的文化史 [M]. 刘学礼，译. 上海：上海人民出版社，
　　　2019.

[21] 贾雷德·戴蒙德. 枪炮、病菌与钢铁：人类社会的命运（修订版）[M]. 谢延光，译. 上海：
　　　上海译文出版社，2016.

[22] 曼弗雷德·B. 斯蒂格. 牛津通识读本：全球化面面观 [M]. 丁兆国，译. 南京：译林出
　　　版社，2013.

[23] 突发公共卫生事件应急条例释义选编 [M]. 北京：中国法制出版社，2020.

[24] 寇丽平. 社会安全治理新格局 [M]. 北京：国家行政学院出版社，2018.

[25] 王炎龙. 重大突发事件信息次生灾害的生成及治理［J］. 四川大学学报（哲学社会科
　　　学版），2010（6）：92-96.

[26] 拉塞尔·哈丁. 群体冲突的逻辑 [M]. 刘春荣，汤艳文，译. 上海：上海人民出版社，
　　　2013.

[27] 宋英华. 中国应急管理报告（2016）（应急管理蓝皮书）[M]. 北京：社会科学文献出
　　　版社，2016.

[28] 何艳玲，周寒. 全球体系下的城市治理风险：基于城市性的再反思 [J]. 治理研究，
　　　2020，36(4):5-19+2.

[29] 钱学森. 关于建立城市学的设想［J］. 城市规划，1985(4):3.

[30] 周干峙 . 城市及其区域——一个典型的开放的复杂巨系统 [J]. 交通运输系统工程与信息，2002(1):7-9.

[31] 刘春成 . 城市隐秩序：复杂适应系统理论的城市应用 [M]. 北京：社会科学文献出版社，2017.

[32] 刘春成，侯汉坡 . 城市的崛起：城市系统学与中国城市化 [M]. 北京：中央文献出版社，2012.

[33] 赵健，孙先科 . 国家中心城市建设报告（2018）：国家中心城市的使命与担当（国家中心城市蓝皮书）[M]. 北京：社会科学文献出版社，2018.

[34] 彼得·霍尔 . 明日之城：1880 年以来城市规划与设计的思想史 [M]. 4 版 . 童明，译 . 同济大学出版社，2017.

[35] 陈进华 . 中国城市风险化：空间与治理 [J]. 中国社会科学，2017(8):43-60+204-205.

[36] 刘承水 . 中国城市管理报告（2020）：中国 36 个重点城市管理水平评价（城市管理蓝皮书）[M]. 北京：社会科学文献出版社，2020.

[37] 胡小武 . 新常态下的城市风险规避与治理范式变革 [J]. 上海城市管理，2015(4):10-15.

[38] 寇丽平 . 人员密集场所脆弱性分析 [J]. 中国人民公安大学学报（社会科学版），2009，25(3):45-50.

[39] 王以中 . 城市生命线风险防控 [M]. 上海：同大学出版社，2019.

[40] 余翰武，伍国正，柳浒 . 城市生命线系统安全保障对策探析 [J]. 中国安全科学学报 .2008(05).

[41] 陈潭，严艳 . 城市生命线管理的理论命题与实践范式 [J]. 浙江学刊，2020(2):88-96.

[42] 王金桃 . 系统视角下的危机管理（清华汇智文库）[M]. 北京：清华大学出版社，2016.

[43] 贾开，张会平，汤志伟 . 智慧社会的概念演进、内涵构建与制度框架创新 [J]. 电子政务，2019(4):2-8.

[44] 郑荣华 . 城市的兴衰：基于经济、社会、制度的逻辑 [M]. 桂林：广西师范大学出版社，2021.

[45] 吴翠丽 . 风险社会与协商治理 [M]. 南京：南京大学出版社，2017.

[46] 库兹韦尔 . 奇点临近 [M]. 北京：机械工业出版社，2011.

[47] 陈宝胜 . 公共政策过程中的邻避冲突及其治理 [J]. 学海，2012（5）:110-115.

[48] 陈宝胜 . 国外邻避冲突研究的历史、现状与启示 [J]. 安徽师范大学学报（人文社会科学版），2013，41(2):184-192.

[49] 王佃利 . 邻避困境：城市治理的挑战与转型 [M]. 北京：北京大学出版社，2017.

[50] 马树才，李国柱 . 中国经济增长与环境污染关系的 Kuznets 曲线 [J]. 统计研究，

2006(8):37-40.

[51] 李春华，许翊章 . 智慧城市概论 [M]. 北京：社会科学文献出版社，2017.

[52] 佚名 . 长鸣的城市警钟——城市化进程中的社会风险与公共治理 [J]. 探索与争鸣，2011(2):14.

[53] 李友梅 . 城市发展周期与特大型城市风险的系统治理 [J]. 探索与争鸣，2015(3):19-20.

[54] 魏华林，万暄 . 中国城市风险治理：形成背景与产生原因 [J]. 保险研究，2015(6):2-8.

[55] 刘军 . 城市建设风险 [M]. 上海：同济大学出版社，2019.

[56] TUROK I，MYKHNENKO V . The trajectories of European cities, 1960-2005[J]. Cities, 2007，24(3):165-182.

[57] 尤晓彤，谈明亮，孙亚南 . 收缩型城市的韧性提升路径探析 [J]. 江苏科技信息，2021，38(7):62-64.

[58] 刘风豹，朱喜钢，陈蛟，等 . 城市收缩多维度、多尺度量化识别及成因研究 —— 以转型期中国东北地区为例 [J]. 现代城市研究，2018，(7)：37-46.

[59] 张学良，张明斗，肖航 . 成渝城市群城市收缩的空间格局与形成机制研究 [J]. 重庆大学学报 ( 社会科学版 )，2018，(6)：1-14.

[60] 李郇，杜志威，李先锋 . 珠江三角洲城镇收缩的空间分布与机制 [J]. 现代城市研究，2015(9):36-43.

[61] 张明斗，刘奕，曲峻熙 . 收缩型城市的分类识别及高质量发展研究 [J]. 郑州大学学报 ( 哲学社会科学版 )，2019，52( 5)：47-51.

[62] 李彦，胡艳，杨佳欣 . 高铁开通对收缩型城市转型发展的影响——基于三大要素集聚的研究 [J]. 北京工业大学学报 ( 社会科学版 )，2021，21(1):40-54.

[63] 罗小龙 . 城市收缩的机制与类型 [J]. 城市规划，2018，42(3)：107-108.

[64] 尤晓彤，谈明亮，孙亚南 . 收缩型城市的韧性提升路径探析 [J]. 江苏科技信息，2021，38(7):62-64.

[65] 于今 . 城市更新：城市发展的新里程 [M]. 北京：国家行政学院出版社，2011.

[66] 同济大学建筑与城市空间研究所，株式会社日本设计 . 东京城市更新经验：城市再开发重大案例研究 [M]. 上海：同济大学出版社，2019.

[67] 徐博 . 国际城市收缩问题研究 [M]. 北京：社会科学文献出版社，2018.

[68] 翟斌庆，伍美琴 . 城市更新理念与中国城市现实 [J]. 城市规划学刊，2009(2):75-82.

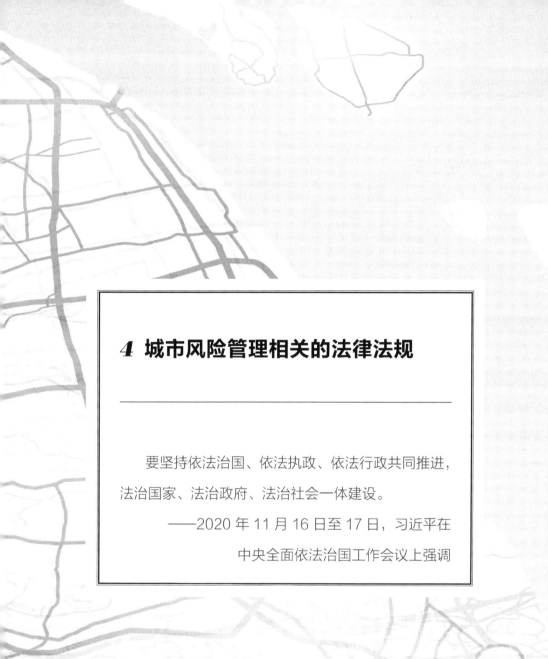

# 4 城市风险管理相关的法律法规

要坚持依法治国、依法执政、依法行政共同推进，法治国家、法治政府、法治社会一体建设。

——2020 年 11 月 16 日至 17 日，习近平在中央全面依法治国工作会议上强调

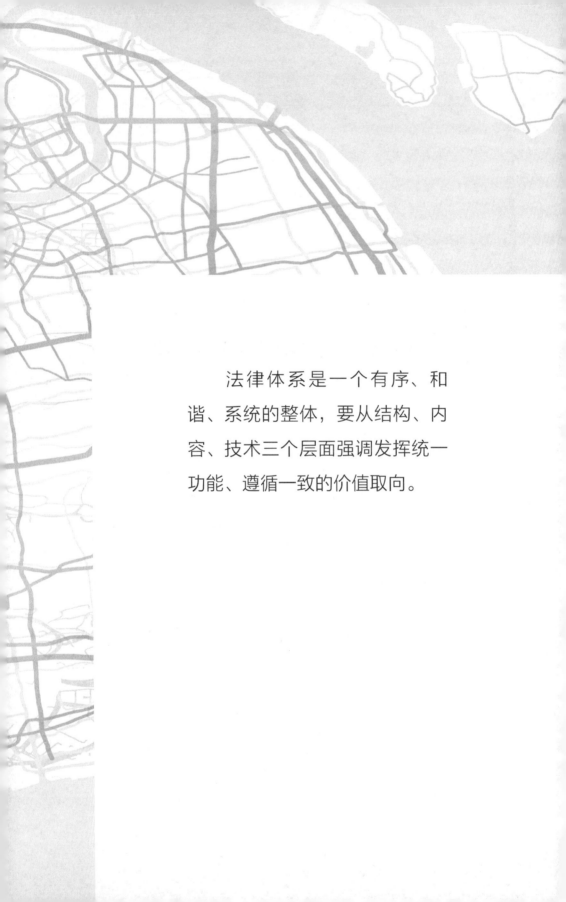

法律体系是一个有序、和谐、系统的整体，要从结构、内容、技术三个层面强调发挥统一功能、遵循一致的价值取向。

本章开始，将聚焦城市风险管理的决策、流程、方法、路径等。法律法规是城市风险管理过程中各项活动的基本依据与保障，每一个城市风险管理者都应学习关注。本章将概括性介绍城市风险相关的法律法规。

城市风险管理涉及城市发展的方方面面，相关的法律在内容上十分庞杂。总体看，从法律规范的内容和形式来讲，既包括作为防灾减灾、安全生产、应急管理等法律法规基础的宪法规范，也包括行政法律规范、技术性法律规范、程序性法律规范。本章从城市风险相关法律法规体系的基本框架展开，未一一详述各项法律法规，而是通过介绍和索引，帮助城市风险管理者在工作中予以运用。

## 4.1　城市风险管理相关法律体系

城市风险管理是一个新兴领域，从法律法规的角度来说，我国还没有专门的、具体的城市风险法律法规。但从实践看，安全生产、应急管理、防灾减灾等领域的法律法规都与城市风险管理相关。本书所说的城市风险相关法律法规主要指这些领域的法律法规。

改革开放以来，全国人民代表大会及其常委会、国务院、国务院各部委、各地方人民代表大会及其常委会以及各地方政府高度重视城市安全工作，分别颁布实施了若干有关城市安全的法律、行政法规、地方法规、部门规章和地方规章，初步建立了城市风险相关法律法规规章体系的基本框架。

就当前我国安全生产、应急管理、防灾减灾等法律法规规章体系总体状况而言，仍属于"一事一法"和"一阶段一法"并存的混合模式，在这种混合模式下，相关法律法规规章体系总体呈现出"2+$N$"结构，其中"2"是指《中华人民共和国安全生产法》和《中华人民共和国突发事件应对法》，"$N$"是指各行业领域的安全法规以及在防灾减灾方面的单行法等。中国近年来先后颁布了三十多部有关防灾减灾的法律，包括针对水灾、火灾、地震灾害、气象灾害等灾种的立法，其特点是大都采取单独立法的模式，主要以单行法为主，如《中华人民共和国防震减灾法》等 [1]。这些法律涉及"防灾—应急—恢复"的各个环节，与应急管理相关法律法规互为支撑。

总体看，城市风险相关法律法规规章体系是一个包含多种法律形式和法律层次的综合性系统，从法律规范的形式和特点来讲，既包括作为整个防灾减灾、安全生产应急管理等法律法规基础的宪法规范，也包括行政法律规范、技术性法律规范、程序性法律规范。

按法律地位及效力同等原则，相关法律体系主要由以下几部分组成。

**1. 中华人民共和国宪法**

《中华人民共和国宪法》（以下简称《宪法》）是我国的根本大法。《中华人民共和国宪法》第 42 条明确规定"加强劳动保护，改善劳动条件"，这是我国有关安全生产方面最高法律效力的规定，也是我国这一领域法律体系的最高层级。

**2. 法律和国际公约**

法律包括综合性法律、专项法律和相关法律。

综合性法律可以理解为基础法，主要指《中华人民共和国安全生产法》和《中华人民共和国突发事件应对法》，它适用于所有生产经营单位，是我国城市安全领域的基本法律，是体系的核心。2007 年 11 月 1 日起正式生效的《中华人民共和国突发事件应对法》作为规范突发事件应对工作的全国性法律，第一次系统和全面地调整并规范了突发事件应对工作的各个领域和各个环节，为突发事件应对工作的全面法律化和制度化提供了最基本的法律依据。应在《中华人民共和国突发事件应对法》的基础上，加快灾害应对基本法的制定。

专项法律也可理解为专门法律，指具体规范某一专业领域安全生产的法律。包括矿山领域、交通领域、建筑施工领域、消防领域，如《中华人民共和国矿山安全法》《中华人民共和国海上交通安全法》《中华人民共和国消防法》和《中华人民共和国道路交通安全法》等。在防灾减灾立法方面，我国予以了高度重视，以专项法律为主，综合性法律主要以《中华人民共和国突发事件应对法》为代表，还包括 1997 年《中华人民共和国防震减灾法》、2004 年《地质灾害防治条例》和《国家地震应急预案》等，我国防灾救灾法律体系已经逐步形成。

相关安全生产法律指安全生产专门法律以外的其他法律中涵盖有安全生产内容的法律，如《中华人民共和国劳动法》《中华人民共和国建筑法》《中华人民共和国煤炭法》《中华人民共和国铁路法》《中华人民共和国民用航空法》《中华人民共和国工会法》《中华人民共和国全民所有制企业法》《中华人民共和国乡镇企业法》《中华人民共和国矿产资源法》等。还有与安全生产监督执法工作有关的法律，如《中华人民共和国刑法》《中华人民共和国刑事诉讼法》《中华人民共和国行政处罚法》《中华人民共和国行政复议法》《中华人民共和国国家赔偿法》《中华人民共和国标准化法》等。

国际公约主要指国际劳工公约，属国际法范畴，虽不应包括在我国法律体系内，但凡经全国人大常委会批准后，在我国国内具有法律效力，等同于法律。国际劳工组织（International Labor Organization, ILO）自 1919 年创立以来，一共通过了 185 个国际公约和为数较多的建议书，这些公约和建议书统称国际劳工标准，其中约 70% 的公约和建议书涉及职业安全生产问题。我国政府已签订了多个国际性公约，根据我国法律规定，当我国安全生产法律与国际公约不同时，应优先采用国际公约的规定（除保留条件的条款外）。目前，我国政府已批准的公约有 25 个，相关的国际公约有《职业安全和卫生及工作环境公约》（155 号）、《作业场所安全使用化学品公约》（170 号）等。

### 3. 全国性行政法规

全国性行政法规由国务院组织制定并批准公布，是为实施相关法律或规范监督管理制度而制定并颁布的一系列具体规定，是我国实施城市安全相关监督管理工作的重要依据。这类行政法规比较多，如《国务院关于特大安全事故行政责任追究的规定》《安全生产许可证条例》《危险化学品安全管理条例》等。

### 4. 地方性法规

地方性法规是指由有立法权的地方权力机关——各地方人民代表大会及其常务委员会和地方政府制定的规范性文件。由法律授权制定，是对国家城市安全相关法律、法规的补充和完善，以解决本地区某一特定的安全问题为目标，具有较强的针对性和可操作性。地方性法规的内容不得和法律、行政法规相抵触，其效力低于行政法规。改革开放以来，地方性立法有了很大进展，目前全国 31 个省（区、市）中有 30 个省（区、市）出台了"安全生产条例"，如《北京市安全生产条例》《河南省安全生产条例》等。

### 5. 部门规章和地方政府规章

根据《中华人民共和国立法法》的规定，部门规章之间、部门规章与地方政府规章之间具有同等效力，在各自的权限范围内施行。这类规章较多，如原国家安全监管总局颁布的《安全生产违法行为行政处罚办法》、公安部颁布的《火灾事故调查规定》、卫生部颁布的《放射工作人员职业健康管理办法》等。

地方政府规章主要指由地方省级人民政府、省会所在地市和较大市人民政府制定颁布的有关安全生产工作的具体规定。地方政府规章一方面从属于法律和行政法规，不得与其相抵触；另一方面又从属于地方性法规，也不得和地方性法规相抵触。这类地方政府规章也很多，如《四川省小煤矿安全管理规定》等。

### 6. 标准

在我国一般法律体系中不包含标准这一层级，但它在城市风险管理相关工作中起着十分重要的作用，是安全管理的基础和监督执法工作的重要技术依据，也是我国城市风险管理法律体系的重要组成部分。根据《中华人民共和国标准化法》的规定，标准有国家标准、行业标准、地方标准和企业标准。从内容上可分为设计规范类、安全生产设备和工具类、生产工艺安全卫生类、防护用品类四类标准。国家标准、行业标准又分为强制性标准和推荐性标准。保证人体健康和人身、财产安全的标准主要是指国家标准和行业标准，大部分是强制性标准。

国外有技术法规，我国目前没有技术法规的正式用语。有关技术性的规定主要通过标准来规范。根据 WTO/TBT 协议，我国有关强制性标准相当于国外的技术法规。正是基于标准的特殊作用，很多法规没有规定的有关技术性内容通过标准进行规范，同时在法律法规中明确了标准的法律地位。因此，从某种意义上讲，安全生产标准是重要的技术性法律规定。随着《中华人民共和国安全生产法》《中华人民共和国行政许可法》等法律法规的修改实施以及依法行政的逐步深入，相关监管监察工作逐步走上法制化、规范化轨道，安全生产标准的作用越来越重要。

按照"管行业必须管安全、管业务必须管安全、管生产经营必须管安全"的要求，这些标准具体分布在煤矿、非煤矿山、危险化学品、工贸、特种设备、建筑施工、交通运输、能源、农业、国防科技工业、水利、文化、旅游、新闻出版广电、体育、教育、海洋、烟花爆竹、民用爆炸品、医疗、应急管理、消防、个体防护装备、城市运行等 24 个行业领域。从设备设施、作业环境、人员管理等方面进行安全技术规范与要求，对预防和控制安全风险、减少生产安全事故，促进安全生产形势持续稳定好转，发挥了重要的技术支撑作用。

## 4.2 我国城市风险相关法律法规的历史沿革

与城市风险管理相关的法律法规发展历经了三个阶段，即 1949—2003 年、2003—2018 年、2018 年至今。整体呈现出从专项到综合、从局部到整体、从现象到源头的风险管理特征。

### 4.2.1 第一阶段：1949—2003 年

1954 年，《中华人民共和国宪法》（以下简称《宪法》）于 9 月 20 日在第一届全国人民代表大会第一次会议上通过。"五四宪法"中明文规定："国家通过国民经济有计划的发展，逐步扩大劳动就业，改善劳动条件和工资待遇以保证公民享受这种权利。"

在国民经济恢复时期，由中央产业部门和地方人民政府制定和颁布的各种安全生产法规就有 119 种。1956 年 5 月，国务院正式颁布了《工厂安全卫生规程》《建筑安装工程安全技术规程》《工人职员伤亡事故报告规程》，即"三大规程"。这些法规在新中国成立初期，对我国保障安全生产和保证劳动者的安全与健康起到了重要作用。

1958 年下半年，出现了盲目冒进的苗头，人们忽视科学规律，冒险蛮干，只讲生产，不讲安全，大量削减安全设施，伤亡事故又明显上升，出现高峰期。

1963 年，我国进入国民经济三年恢复调整时期，先后发布了《关于加强企业生产中安全工作的几项规定》《国营企业职工个人防护用品发放标准》等一系列安全生产法规、规章，使安全生产法制工作得到了进一步加强。

1978 年 12 月召开中国共产党第十一届三中全会后，党中央、国务院对安全生产工作非常重视，先后出台了《中共中央关于认真做好劳动保护工作的通知》（中央〔78〕76 号文件）和《国务院批准国家劳动总局、卫生部关于加强厂矿企业防尘防毒工作的报告》（国务院〔79〕100 号）文件，要求各地区、各部门、各厂矿企业必须加强劳动保护工作，保护职工的安全和健康；确定了"安全第一，预防为主"的方针，初步建立了安全生产法规体系、安全监察体系和检测检验体系，安全生产责任制得以逐步落实；安全生产的科研、教育工作也得到长足发展。

1979 年，全国五届人大二次会议颁布了《中国人民共和国刑法》，其中明确了对交通、运输、工矿、林场、建筑等企业和事业单位，因违反规章制度，强令工人违章作业而造成重大事故责任者的惩处方法，并规定了量刑标准。1997 年 3 月 14 日第八届全国人民代表大会第五次会议修订的《中华人民共和国刑法》，对安全生产方面的犯罪做出了更为明确具体的规定。

1984 年 7 月，国务院发布了《关于加强防尘防毒工作的决定》，进一步强调了生产性建设项目"三同时"的规定，其中对于加强防尘防毒的监督检查和领导等问题，都做了明确规定。1987 年，卫生部、劳动人事部、财政部、全国总工会联合发布了《职业病范围和职业病患者处理办法的规定》，规范了对职业病的管理，并将 99 种职业病列为法定职业病。

此外，全国有 28 个省、自治区、直辖市的人民代表大会或人民政府颁布了地方劳动保护条例。从 1981 年开始，我国加快了安全生产方面的国家标准的制定进程，先后制定、颁布了一系列劳动安全卫生的国家标准，为安全生产工作提供了法定的技术依据，也使安全生产法制在技术上得以落实。

1991 年 3 月，国务院发布了《企业职工伤亡事故报告和处理规程》（国务院令第 75 号），严肃了对各类事故的报告、调查和处理程序。1992 年 4 月 3 日，新《中华人民共和国工会法》颁布实施，这部法律把党中央对工会工作的方针和主张予以具体化、法律化，为工会适应新历史时期的需要，更好地维护职工安全健康权益提供了法律依据和保障。1992 年，《中华人民共和国妇女权益保障法》颁布，对女职工的劳动保护提出了明确要求。1994 年 7 月 5 日全国八届人大八次常务会议通过了《中华人民共和国劳动法》，它的颁布和实施标志着我国劳动保护法制建设进入了一个新的发展时期。国家还陆续制定了《中华人民共和国矿山安全法》《中华人民共和国煤炭法》《中华人民共和国乡镇企业法》《中华人民共和国消防法》等法律法规。

1989 年开始，中国积极响应联合国"关于开展国际减灾十年"活动的号召，成立了中国国际减灾十年委员会（2004 年更名为国家减灾委员会），负责制定我国的防灾减灾各项方针与政策，协调各部门和社会各界力量开展防灾减灾工作，陆续颁布了 30 多部具有针对性的防灾减灾法律法规。

## 4.2.2 第二阶段：2003—2018 年

2003 年，我国暴发了全国性的非典型性肺炎（SARS），面对这类严重的突发公共卫生事件，我国传统的政府单一主体、条块分割的公共安全管理模式已经无法适应，难以有效应对。传统的城市公共安全管理模式在应对常规事故灾难和自然灾害方面较为擅长，但在应对"非典"这种突发性的、意料之外的重大灾难时，就会显得力不从心。

2004 年，我国开始重点加强预防突发事件的应急预案编制工作，要求各个城市、各个单位和部门都要启动应急管理预案编制工作。2005 年，开始积极构建突发事件预警机制、突发事件的社会力量动员机制，要求各单位建立预警制度，并调动所有社会力量积极参与突发事件的应对，卫生部于 2005 年底在我国大部分省市设立了应急管理办公室。2006 年，开始注重加强政府与全社会的应急能力建设，重视对社会公众的安全教育、培训和演练工作，要求政府与全社会共同学习城市应急知识，提升应对突发事件的能力。2007 年 11 月 1 日，开始实施《中华人民共和国突发事件应对法》，并全面启动建设城市公共安全预案体系，城市公共安全管理在应对突发公共安全事件中的应急能力得到很大提升；重点加强基层与企业的应急管理工作，在基层和企业建立起专门的突发事件应急救援队伍，建立自上而下，覆盖所有城市所有单位的应急管理体系。2008 年，我国南方发生大范围的雨雪冰冻灾害，城市应急管理预案以及城市应急管理体制、机制与法制在抗击雪灾的过程中发挥了重要作用。

《中华人民共和国突发事件应对法》是我国应急管理的基本法，根据不同灾种，全国人大常委会、国务院及其各部门也出台了相关法律法规。全国人大常委会颁布了《中华人民共和国防洪法》《中华人民共和国防震减灾法》，国务院颁布了《中华人民共和国抗旱条例》《突发事件应急预案管理办法》《铁路交通事故应急救援和调查处理条例》。国家有关部委和行业主管部门也各自出台了应急管理的相关法规。

总的来看，我国目前已基本建立起了以《宪法》为依据、以《中华人民共和国突发事件应对法》为核心、以相关单项法律法规为配套的应急管理法律法规体系。

### 4.2.3 第三阶段：2018 年至今

随着我国城市化进程明显加快，城市人口、功能和规模不断扩大，城市的发展方式、产业结构和区域布局发生了深刻变化，新材料、新能源、新工艺广泛应用，新产业、新业态、新领域大量涌现，城市运行系统日益复杂，安全风险不断增大。原有的分灾种、分部门的分散管理模式容易导致政府职能分散、资源分散、组织机构协作困难等诸多问题，难以适应现代城市安全管理的需要。

2018 年，中共中央办公厅、国务院办公厅印发了《关于推进城市安全发展的意见》（以下简称《意见》），《意见》明确了"坚持生命至上、安全第一；坚持立足长效、依法治理；坚持系统建设、过程管控；坚持统筹推动、综合施策"的基本原则，并给出了 2020 年以及 2035 年城市安全发展的总体目标。《意见》的出台为城市安全管理的系统性、整体性、综合性全面增强奠定了法治基础。

在这样的背景下，各地方和部委也出台了相关的制度。如住建部印发《贯彻落实推进城市安全发展意见实施方案》，山东省印发《山东省推进全省城市安全发展的实施意见》，北京市印发《北京市推进城市安全发展的工作措施》，上海市印发《关于进一步加强城市安全风险防控的意见》，汉中市印发《关于进一步加强城市安全防范工作的通知》等。

2021 年 9 月 1 日，修改后的《中华人民共和国安全生产法》正式实施，这是安全生产法第三次修改，修改后的安全生产法在完善安全生产原则要求、落实生产经营单位主体责任、加大对违法行为的惩处力度等方面新增了内容。同年，《上海市安全生产条例》12 月 1 日修订后实施，在框架结构上，这次修订以强化城市运行安全为中心，将安全生产放在城市"大安全"的背景下进行总体布局，增加第二章安全风险防控和第三章社会共治两个专章，对城市安全生产具有基础性和通用性的规范进行归纳和提升。

## 4.3　城市风险相关法律法规存在的问题

法律体系是一个有序、和谐、系统的整体，要从结构、内容、技术三个层面强调发挥统一的功能、遵循一致的价值取向。

本节主要从安全生产法律体系、应急管理法律体系、防灾减灾法律体系等方面阐述城市风险相关法律法规存在的问题。

### 4.3.1  安全生产法律法规体系需加以完善

安全生产法律法规是风险管理法律法规体系中的重要内容。

纵观我国安全生产法律法规及规章的发布历程，不难发现，为了摆脱安全生产事故多发的局面，大量法规规章得以迅速颁布，因而存在法律制度之间协调性差的现象。随着时间的推移，安全生产法律法规及规章体系内各组织及部门之间的凝聚力无法集中，法律制度之间配套协调不足等现象日趋明显。

从结构上看，一是在安全生产法律法规及规章中，对义务责任等实体内容规定较多，但对义务和责任得以履行的有关程序规定较少，目前尚无有关行政执法程序的专门规定；二是安全生产监管监察缺乏统一明确的执法程序规定，缺少与安全生产法律相配套的操作细则和执行层面的条例细则、规章规程等，导致执法人员的执法程序不够规范统一，从而不利于严格依法行政。

从内容上看，一是部分法规缺失。随着我国经济社会发展变化、经济结构转型升级、产业结构不断调整，安全生产工作需要面对未曾有过的新情况、新问题、新矛盾和新挑战。目前，还有不少安全生产法律法规及规章尚未制定，如应急救援、综合监管等领域存在立法缺位，特别是市县基层执法机构设置和队伍建设缺乏统一规定，执法力量薄弱，无法满足安全生产的需要。二是法律法规修订滞后。受立法资源等因素制约，现行有效的安全生产法律法规中，有的已经颁布实施十余年而未进行任何修订，不能适应当前安全生产形势的需要。随着上位法的修改，配套的法规规章也亟待修订。

从技术上看，部分规定不够明确。法律规定中如生产经营活动、生产经营单位、主要负责人、安全生产、危险源、隐患、风险、安全生产标准化等基础概念不够明确，某些行政处罚自由裁量幅度过大，缺乏可操作性。法律法规及规章之间衔接不够，缺乏整体性。安全生产法律法规及规章体系还处在不断完善的过程中，立、改、废等立法活动较频繁，法律法规稳定性还需增强。法律法规和规章之间衔接不足，部分内容存在交叉冲突，整体性还需增强。

### 4.3.2　应急管理法律法规系统性有待增强

根据《中华人民共和国突发事件应对法》，我国实行的是单灾种应急管理体系，即不同的部门负责不同类型的灾害和突发事件的应急管理与应急力量建设。单个部门无法应对，需要协调调动多个部门的力量时，又相应成立了国家防汛抗旱总指挥部、国家森林防火指挥部、国务院抗震救灾指挥部、国家减灾委员会、国务院安全生产委员会等国家相关突发公共事件应急指挥机构，负责突发公共事件的应急管理工作。相应的法律法规由各部门负责制定，由于其所制定、修订的法律法规基本局限于各自行业领域，所以内容交叉、重复甚至相互抵触的现象在所难免。

《中华人民共和国突发事件应对法》对突发事件的应急原则、监测与预警、应急处置与救援、事后恢复与重建等都做出了规定，但由于管理分散、行政和执法主体多元，突发事件应急管理法规制度尚未形成统一的体系。随着我国工业化、城镇化的不断发展，气候环境变化加剧，自然灾害增多，重特大事故频发，威胁公共安全的突发事件时有发生，这对我国应急管理提出了挑战，现行的应急管理法律法规已经不能适应新形势新要求。

一是"一案三制"中的法制和体制机制建设有待加强，应急管理法律法规不健全，现行的部分应急管理法律法规权责界定不够清晰，缺乏法律的约束和规范，各级各类应急预案针对性、可操作性不强，缺乏具体的实施细则、实施办法，尤其是针对紧急行政程序的法律规范严重不足。

二是我国地区之间、部门之间、军地之间的合作机制和应急协作规范制度不健全，缺乏标准化、模块化的应急指挥组织规范，在信息通报、资源共享、联合演练、协同处置等方面呈"碎片化"零散状态，在平时缺乏标准化程序化的信息交流和联动合作，在紧急情况下缺乏重要救灾要素的快速集成机制。

三是在社会力量参与应急救援方面存在法律法规以及相关政策不健全的问题，

对企业、社会组织和志愿者缺少有效的组织协调，没有建立规范化程序化社会合作机制。

四是应急管理法律法规宣传教育和普及工作薄弱，如公众对《中华人民共和国突发事件应对法》等法律法规的知晓度、认同度、适应度和配合度等均较弱，亟待进一步提高。

针对这些情况，以及近年来突发事件应对管理工作遇到的一些新情况新问题，特别是新冠肺炎疫情对突发事件应对管理工作带来了新挑战，亟待通过修改该法予以解决。2021 年 12 月 20 日，十三届全国人大常委会第三十二次会议提出《中华人民共和国突发事件应对法》修订草案，拟对进行全面修订。主要从 6 个方面进行修改完善：①理顺突发事件应对管理工作领导和管理体制。为了体现党对突发事件应对管理工作的领导，完善有关管理体制，明确各方责任。②畅通信息报送和发布渠道。为了保障突发事件及其应对管理相关信息及时上传下达，畅通渠道、完善有关制度。③完善应急保障制度。为了加强应急物资、运力、能源保障，推动有关产业发展、场所建设、物资生产储备采购等工作有序开展，为突发事件应对管理工作提供坚实物质基础。④加强突发事件应对管理能力建设。为了有效提高突发事件应对管理能力，为突发事件应对管理工作提供更坚实的制度支撑、人才保障、技术支持。⑤充分发挥社会力量作用。为了充分调动社会各方力量参与突发事件应对工作的积极性，进一步形成合力。⑥保障社会各主体合法权益。为了保障突发事件应对管理工作中社会各主体合法权益，确保人民群众生命安全和身体健康。

### 4.3.3  防灾减灾法律体系面临新挑战

防灾减灾法律体系与突发事件应急法律体系高度统一，但仍需要对多种自然灾害制定专门性法规。

灾害事件具有高危险性、高破坏性，仅靠责任单位或政府难以解决对受害人的救济，需要全社会的共同参与，走法制化途径，因此，有必要制定和完善灾害事件保险、灾害救助等方面的法律法规。在救助方面，国务院已经出台《国家自然灾害救助应急预案》，对自然灾害救助的各事项做了比较详细的规定，但是仍需要高度关注灾害预防及救助组织法律制度。纵向而言，包括中央及地方灾害预防及救助组织机构；横向而论，包括灾害应对指挥部（中央及地方），专事决策的执行、灾害救助特种搜救队、灾害发生后的紧急搜索及紧急施救、灾害搜索救助训练中心等。

此外，还需要进一步完善各类灾害应急预案法律制度、灾害预防法律制度、灾后重建法律制度和灾害预防及救助法律责任制度等。例如，政府应对灾害的紧急预案制度内容，包括灾害预防及救助基本预案制度和具体的各种灾害预防及救助业务预案制度，国务院及其各部委的全国性或行业性灾害预防及救助预案制度，以及各级政府的地区性灾害预防及救助预案制度等。

### 4.3.4　标准作为技术性法规的作用待强化

标准作为一种技术性法规在安全生产、应急管理、防灾减灾方面能起到规范主体行为、指导实践工作、评价工作质量等多种作用。

目前，标准的技术性质量和实施效果评估与标准管理亟需深化。一是标准管理层次过多，导致责任不清和管理中存在的无序状态，这主要是由于体制及标准制定职责界限不清晰所致；二是部门管理职责交叉，导致标准互相交叉矛盾现象的出现；三是管理缺位、越位、错位问题突出，使得标准指导性不强。

标准质量亟需提升。一是技术水平低，标准内容指导性意见较多，可量化操作内容偏少，部分标准偏教条和形式，许多标准不能够满足现阶段生产安全的需求；二是部分行业领域、关键环节标准严重缺失，特别是有关新产品、新工艺、新业态等领域的安全生产技术标准；三是标准的制定周期过长，标准的研制步伐跟不上新时期、新兴领域、新技术对安全生产的需求；四是我国安全标准的更新速度严重滞后，很多标准都存在标龄长、标准水平与目前生产力发展不相适应的问题。

标准实施亟需加强。一是宣传培训工作不到位，致使安全生产标准的效力大打折扣；二是部分标准内容相互交叉矛盾或技术指标规定不一致，使企业无所适从，难以执行，同时给安全生产监管执法带来困惑，出现行政处罚不一致或多个行政部门多头执法的现象；三是在标准执行过程中，对标准贯彻执行情况缺乏有效的监督检查，致使已经制定发布的标准没有得到有效地贯彻执行，导致标准"落地"困难，难以充分发挥标准的作用。

### 4.3.5　监管执法效能不高、企业执行力差

防范城市风险，需要不同主体的共同努力，尤其在安全生产方面。从监管执法工作开展情况来看，一方面；相关部门检查多，处罚少，重检查轻执法甚至只检查不执法、执法不严格不规范的问题仍比较突出。企业安全生产违法成本低，行政执法震慑作用发挥不明显。另一方面，监管执法随意性较大，组织安排不科学，专业人员少，影响了监管执法效果。

从企业执行的情况看，很多规定只在规模大的企业得以有效执行，而规模小的企业做得不好，执行力差甚至不做；有的大型企业也存在追求经济效益，风险管理不到位的情况；同时也有很多规定更新不及时，可能已不适用于现阶段的情况，在企业实际执行中造成困扰。

## 4.4　加快建设中国特色的城市安全法律法规体系

当前城市风险管理面临大量新挑战。在防灾减灾方面，气候变化带来的挑战已经引起全世界的关注。技术变革、能源革命正在广泛展开，由此带来的安全生产风险等还缺乏相应的法律法规约束。面向未来，还须加快建设中国特色的城市安全法律法规体系，并坚持动态完善法律法规体系[2]。

### 4.4.1 以新时代中国特色社会主义思想为指导，加强顶层设计

党的十八大以来，党中央对应急管理工作高度重视，习近平总书记对应急管理做了全方位、立体式的深入阐述，形成了习近平总书记关于应急管理的重要思想。这是指导新时代应急管理工作的科学理论，是建设中国特色应急管理法律法规体系的根本指南。

在借鉴世界主要国家的应急管理、防灾减灾、安全生产做法时，我们要扬长避短，注意借鉴其法律法规比较健全、体制机制比较完善、职责比较明晰、社会资源配置优化等优点，但不能生搬硬套。要从中国的国情出发，发挥优势，以习近平新时代中国特色社会主义思想为指导，加快推进中国特色应急管理法律法规体系建设。

### 4.4.2 充分认识依法治理的重大意义

坚持依法治理是实现城市安全目标的一条主线，是提升城市安全整体水平的根本途径。

党的十八届四中全会对全面推进依法治国做出重要战略部署，提出深入推进依法行政、加快建设法治政府等重大任务，并明确要求依法强化对影响安全生产等重要问题的治理。《法治政府建设实施纲要（2015—2020 年）》提出创新社会治理，全方位强化安全生产。坚持人民利益至上，善于运用法治思维和法治方式解决安全生产领域的矛盾和问题，将安全生产纳入法治化轨道，创造良好的安全生产法治环境，不断提高安全生产法治化水平。这是在安全生产领域落实依法治国方略和依法行政方式的根本体现。

历史唯物主义告诉我们，法治是国家上层建筑的重要组成部分，必须服从服务于社会经济基础和生产力发展的要求；同时，法治对于社会经济基础和生产力发展具有巨大推动作用，法治通过确立和实施稳定的、公开的、规范的制度和规则，能够为经济社会发展提供牢固的基础、持久的动力和广阔的空间。安全生产是经济社会基础和生产力的重要组成部分，强化风险源头防范，落实企业安全生产主

体责任，严格规范安全监管执法等都需要完备的法治。因此，推动经济社会实现安全发展，必须坚持依法治理，从法治上提供制度化解决方案。

法治不彰是一些重特大事故暴露出的突出问题。当前在安全生产领域，一些企业不严格落实有关安全生产法律法规，违法违规违章屡禁不止，对下达的执法指令无动于衷、推搪拖延、拒不整改。有的监管执法人员执法不严，失之于宽、失之于软，只检查不处罚，甚至点到为止。因此，必须在全社会强化安全生产法治观念，增强人们对安全生产法律法规的敬畏，提高人们守法意识和自觉性。同时切实加强监管执法队伍的政治建设、业务建设、作风建设和装备建设，不断提高监管执法的程序化、规范化水平，依法严惩违法违规行为。

### 4.4.3 深入明确依法治理的主要任务

在体系健全上，一是建立健全安全生产法律法规立改废释和一致性审查机制，在制定修订安全生产相关法律法规时，安全生产监督管理和法制部门要做好一致性审查，增强安全生产法制建设的系统性和统一性，着力解决法律法规不配套、相关内容不一致等问题。二是加快制定、修订《中华人民共和国安全生产法》配套法律法规，研究制定、修订化工、建筑施工、冶金等高危行业领域的法律法规、安全技术规程。三是加强安全生产领域行政执法与刑事司法衔接。研究修订《中华人民共和国刑法》相关条款，将无证生产经营建设、拒不整改重大隐患、特种作业人员无证上岗、拒不执行安全监察执法指令等具有明显主观故意、极易导致重大生产安全事故的典型违法行为纳入《中华人民共和国刑法》调整的范围，大幅提高违法成本，强化安全生产法律的威慑力，始终保持对安全生产违法犯罪行为严查严处的高压态势，维护安全生产法律法规的权威，做到"查处一个、震慑一批、教育一片"。四是加强安全生产地方性法规建设，设区的市应根据《中华人民共和国立法法》的立法精神及相关规定研究制定符合本地实际的安全生产法规，解决区域性安全生产突出问题。

在标准完善上，一是加快安全标准的制定修订和整合，组织梳理急需制定修订和整合精简的安全标准，建立以强制性国家标准为主体、推荐性标准为补充，国家标准、行业标准、地方标准协同有序发展的标准体系。二是鼓励社会团体和企业研究制定有关新产品、新工艺、新业态标准，制定、应用更加严格规范的安全生产行业和企业标准，并结合我国国情和安全生产实际，积极借鉴实施国际先进标准。

在监管执法规范上，一是按照网格化管理的思路，依法依规明确每个生产经营单位的安全生产监督和管理主体，科学划分各级负有安全生产监督管理职责的部门及行业管理部门的监督和管理权限，消除监管盲区。二是完善执法程序，科学制订实施执法计划，明确执法主体、方式、程序、频次，规范行政许可、行政强制、行政处罚等行政执法程序，提高监管执法的标准化和规范化水平。三是建立行政执法和刑事司法衔接制度，完善安全生产违法线索通报、案件移送、受理立案与协助调查等工作机制，防止出现有案不移、有案难移、以罚代刑现象。四是完善司法机关参与事故调查机制，对事故调查中发现涉嫌犯罪的，调查组应及时将有关材料移交司法机关处理，严肃查处违法犯罪行为。五是研究建立安全生产民事和行政公益诉讼制度。对涉及公众利益的安全生产问题，可分别由社会组织和检察机关提起民事公益诉讼和行政公益诉讼。

在执法监督上，一是完善人大和政协监督机制，各级人大应当通过执法检查、专题询问等方式，定期检查城市安全法律法规实施情况，各级政协要充分发挥参政议政职能，开展民主监督和协商调研。二是强化监管执法部门内部监督，建立执法行为审议和重大行政执法决策机制，定期或不定期对相关执法行为进行评议考核。三是建立领导干部非法干预监管执法活动记录、通报和责任追究制度，切实保障安全监管部门依法独立、公正行使监管执法权力。四是建立社会监督和舆论监督机制，完善执法纠错和执法信息公开制度，使监管执法行为接受社会和舆论的监督，把执法权力关进制度的笼子。

在监管执法保障上，一是要研究制定监管监察能力建设规划，明确各级安全监督管理部门人员、经费、用房、车辆、装备等配备标准，加强检验检测、调查取证、应急救援等执法技术支撑体系建设，确保监管执法工作需要。二是健全完善负有安全生产监督管理职责部门的监管执法经费保障机制，将监管执法经费列入同级政府年度财政预算，全额保障监管执法部门的人员经费、办公经费、业务装备经费和基础设施建设经费等。三是建立监管执法人员依法履行法定职责制度，对监管执法责任边界、履职内容、追责条件等予以明确规定，激励广大安全生产监管执法人员忠于职守、履职尽责、敢于担当、严格执法。四是制定监管执法人员录用标准，坚持凡进必考、入职培训、持证上岗和定期轮训制度，提高执法人员业务水平，满足专业化监管执法的需要。

### 4.4.4　动态完善法律法规体系

根据《中华人民共和国立法法》的规定，依照法律规范的不同效力等级和一般法理，分别对现有法律、法规和规章进行必要的修改、补充和废止，消除同一层次或不同层次相关法律规范之间的不统一、不协调现象，以增强应急法制的协调性和实效性。

一是要按照新的国家机构职责来清理修订各部门有关规章。机构改革后，需要对全部的法律、法规、规范性文件进行梳理，根据新的形势和需求进行重新修订，全面构建国家与地方相衔接、部门与行业相配套、政府与企业相协调的应急管理法规体系。

二是要清理修订完善管理标准。通过清理，废除一批过时的标准，修订完善现行的标准，同时要组织起草一批急需的标准。

三是及时修订国家突发事件总体应急预案。组织修订安全生产类、自然灾害类专项预案，加强各类应急预案的衔接协调，形成全灾种、全行业、全层级的应急预案体系。大力推进地区之间、部门之间、条块之间、军地之间的跨域协作，建立完善社会力量参与应急救援的法规制度。

四是建立规范的救援评估制度。做到评估程序合法、评估方法科学、评估内容全面、评估结论真实，有针对性地加强应急能力建设，优化应急救援队伍和装备物质部署，使应急救援评估工作成为吸取教训、总结经验、推动工作的有力抓手。

五是提高应急、救援协作的实战水平。要围绕程序化、制度化和规范化，通过建立健全应急协作制度、开展应急队伍系统作战训练演练、制定共享共通的应急通信与信息系统标准等方式，按照"优化、协同、高效"的原则，建立应急协调机制，强化应急协作，构建政府与企业、社会组织间的合作机制。要制定完善应急预案、应急物资管理、应急能力建设、应急管理执法、应急救援、援助补偿、灾后恢复等相关的法律，使之细化、实化，形成一整套科学完备的应急管理法律法规体系，为应急管理提供科学的法律依据和保障，从而打造多层次、全方位、宽领域的协作网络。

## 4.5　本章小结

对于每一个城市风险管理的参与者来说，知法懂法是开展城市风险管理工作的基础。本章我们介绍城市风险相关法律法规概况，旨在帮助读者了解相关法律法规的历史沿革与范畴，并探讨了相关法律法规体系完善的方向，这都是城市风险管理实践中需要高度关注的内容。

# 参考文献

[1]　陈鹏，李航，金鑫.中、美、日防灾减灾法律体系对比研究 [J]. 风险灾害危机研究，2020(2):69-86.

[2]　丁志刚.灾害政治学 [M]. 北京：中国社会科学出版社，2015.

# 5 城市风险管理主体及关键机制

城市管理应该像绣花一样精细。城市精细化管理，必须适应城市发展。要持续用力、不断深化，提升社会治理能力，增强社会发展活力。

——2017 年 3 月 5 日，习近平在参加十二届全国人大五次会议上海代表团审议时指出

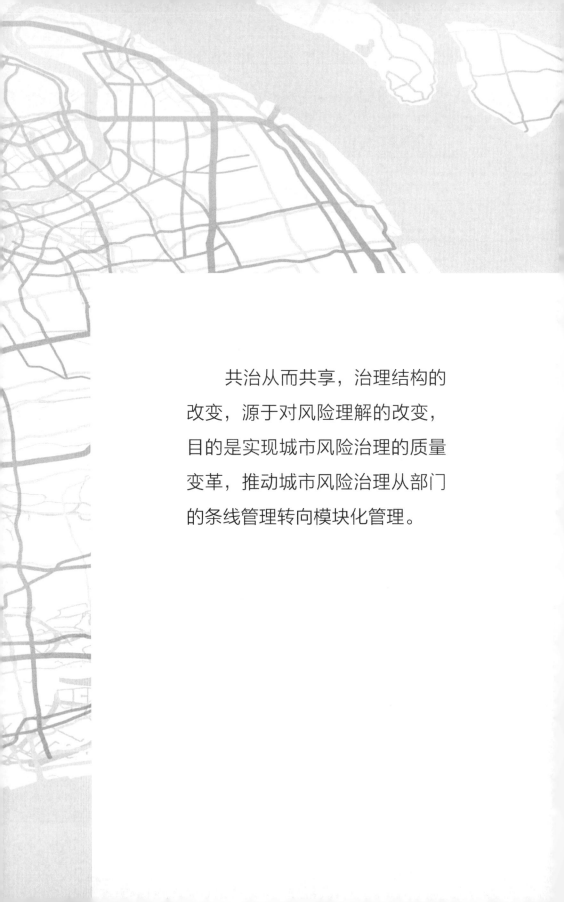

共治从而共享，治理结构的改变，源于对风险理解的改变，目的是实现城市风险治理的质量变革，推动城市风险治理从部门的条线管理转向模块化管理。

　　城市风险的复杂性显而易见，城市风险的管理主体必然是多元的，需要政府、企业、社会的共同参与。理论研究和实践经验都表明，面对巨大的、复杂的、高度不确定的、突发的城市风险，需要不同城市管理部门、运行部门的整体协调，需要企业、行业、社区等主体发挥主动性，还需要每个人的努力。当然，我国城市风险管理发展时间较短，综合管理的行政设置主要体现在应急管理上，主体的界定及关键机制的建立还在探索期。本章在介绍我国城市风险管理主体及关键机制的基础上，提出城市风险多元共治的"金字塔"结构和相关管理机制。关注多元主体如何协同，以实现共治，以及不同主体承担什么责任等问题，并介绍了相关管理实践案例。

## 5.1　城市风险管理主体

　　在实践中，我国政府层面的城市风险治理与应急管理高度融合，因此，在政府层面，城市风险管理的不少职能主要由应急管理部门承担。随着我国应急管理工作的不断发展，风险管理作为一种新兴手段，逐渐受到高度重视[1]，逐步从"事后"走向"事前"。

　　另外，随着人们对城市风险的理解逐步加深，城市管理的各个管理部门都将风险管理作为基本职能之一，并在此基础上，逐步加强协作，打通管理边界，同时通过探索多种方式，构建城市风险多部门协作的管理结构。城市风险管理的主体日渐多元，城市风险管理机制日渐完善。

### 5.1.1　风险管理主体的多元

　　广义来看，城市风险管理的主体包含政府层面、社会层面的组织和个人。这其中包含了有明确授权的管理主体，也包含大量没有明确授权的城市风险管理参与者。治理理论的主要创始人之一詹姆斯·N. 罗西瑙（James N. Rosenau）[2] 在其代表作《没有政府统治的治理》和《21 世纪的治理》中，将治理定义为一系列活动领域里的管理机制，它们虽未得到正式授权，却能发挥有效作用。[1] 城市风险管理中的这些未得到明确授权的参与者往往能发挥重要作用。

自 20 世纪 30 年代以来，风险管理作为一门新兴的管理学科[3]，受到了政府、市场和社会等多个主体的重视，多种背景的从业人员参与其中。风险管理的发展大体可分为 3 个阶段[4]：20 世纪 30 年代，美国诞生了风险管理的基本构思；50 年代，企业界开始探索研究风险管理[5]；70 年代至 90 年代，风险管理被认为是企业管理中的重要内容，并趋于科学化和规范化。一些国家的公共管理部门陆续制定了全国性的风险管理标准。同时，在核能、环境、能源、公共卫生等领域也开始探索使用风险分析的理论与方法[1]。

2001 年"9·11"恐怖袭击事件后，风险管理进入全新的阶段，各国政府和国际组织逐步成为风险管理的主体和关键机制的核心。一方面，国际组织和国家"自上而下"地开展风险管理顶层规划，出台重点法律法规和相关政策，制定相应的指南和标准，确定风险管理的能力要求和职责范围等，全面指导风险管理工作[1]。另一方面，以风险管理为核心手段建设安全韧性城市已成为全球发展趋势，通过"自下而上"的形式推动风险管理机制运行[7]，开展风险识别工作，运用风险评估模型和信息技术，使之不断规范化、制度化、标准化、程序化、精细化和透明化。同时，风险管理的参与者日益多元。

广义看，在我国，城市风险管理主体是多元的。例如，在抗击新冠肺炎疫情中，"中国迅速开展社会动员、发动全民参与、坚持依法、科学、精准防控，在全国范围内实施史无前例的大规模公共卫生应对举措，通过超常规的社会隔离和灵活、人性化的社会管控措施，构建联防联控、群防群控的防控体系，打响抗击疫情人民战争，通过非药物手段有效阻断了病毒传播链条"。[8] 可见，在这样的近百年来人类遭遇的影响范围最广的全球性大流行病面前，不同主体的共同努力发挥了巨大的作用。

狭义看，我国城市风险管理的主体主要是指相关政府部门。我国风险管理行

---

① 本书在行文中将未有明确授权的管理行为称为治理。

政的发展演变，与中国及世界的政治、经济、历史、文化发展趋势及状况密不可分，与我国突发事件演化的环境高度关联，表 5-1 详细总结了我国风险管理行政演变的总体发展阶段的特点。

我国风险行政管理由政府部门或机构应对专项灾害管理，逐渐过渡到政府统筹进行综合风险管理。不断加强应急管理机构与其他部门之间的协调制度建设，通过逐步增强应急管理制度的权威性和专业性，促进应急管理制度与行政管理制度的融合，从而使更多管理部门能更好地实现协同管理。

**表 5-1　我国城市风险管理行政演变的总体发展阶段**

| 管理阶段 | 专项风险管理时期（1949—2003 年） | 综合风险管理探索时期（2003—2017 年） | 综合风险管理发展时期（2018 年至今） |
|---|---|---|---|
| 管理理念 | 专项风险管理 | 综合风险管理 | 综合风险管理体系 |
| 管理内容及特点 | 自然灾害、公共卫生、生产安全、社会安全分类管理 | 四大类突发事件综合管理 | 涵盖各类突发事件的国家安全管理体系、国家应急管理体系和能力现代化，注重风险的系统性和叠加性 |
| 管理主体 | 专项部门或机构 | 综合协调部门 | 综合性风险管理机构，政府主导，社会参与 |
| 管理手段 | 专项风险评估指南和标准 | 《中华人民共和国突发事件应对法》基本要求；城市顶层风险管理指南 | 法规标准体系和管理流程的制度保障 |
| 理论基础 | 风险评估 | 风险管理 | 风险治理 |

### 5.1.2　专项风险管理时期（1949—2003 年）的主体

专项风险管理时期是指 1949 年中华人民共和国成立后至 2003 年传染性非典型性肺炎公共卫生事件①（以下简称 SARS 公共卫生事件）之前的时间段。这一时

---

① 严重急性呼吸道症候群又称 SARS。在未查明病因前，被叫作"非典型性肺炎"，是一种极具传染性的疾病。世界卫生组织（WHO）将其命名为"严重急性呼吸综合征"(Severe Acute Respiratory Syndrome,SARS)。https://www.chinacdc.cn/jkzt/crb/zl/crxfdxfy/。

期，灾害管理种类相对比较单一。改革开放前，灾害管理主要针对洪涝、地震等自然灾害，以及肺结核、鼠疫、血吸虫爆发等公共卫生事件，形成了以"条条管理"为主的单一灾害管理模式[9]。1950 年 2 月，我国成立中央救灾委员会，委员单位有政法委员会、内务部、财经委员会、财政部、农业部、水利部、铁道部、交通部、食品工业部、贸易部、中央合作事业管理局、妇联等[10]。此后，相继建立地震、水利和气象等专业或非专业部门负责职能范围内的灾害预防和抢险救灾[9]。

改革开放后，在自然灾害领域，中央层面有国家减灾委员会、国家防汛抗旱总指挥部、国务院抗震救灾指挥部和国家森林防火总指挥部四个部门议事协调机构，负责全国灾害管理的协调组织工作[11]。同时，除了传统的自然灾害外，伴随工业化和城市化进程，工业、交通等领域的事故和社会群体性事件开始大量出现，公路、民航和铁路领域的交通事故数量直线上升，以国有企业改革和土地拆迁为诱因的社会群体性事件成为影响社会安定团结的主要因素[9]。在新兴领域突发事件的应对方面，有 1991 年成立的中央社会治安综合治理委员会和 1998 年成立的中央维护稳定工作领导小组办公室[12]，对口公安部；2003 年成立的国务院安全生产委员会，对口原安全监管局。

这一系列从"全国到中央"到部门间议事协调机构对口专业部门进行制度安排的形式，与我国当时的专项风险管理相适应的，其主要特征可以概括为以下三个方面：

（1）公共部门没有正式设立或明确风险管理机构。

（2）在部分专业领域进行的风险管理应用较为成熟，包括自然灾害风险管理、金融产业风险管理、市政民生行业风险管理、公共卫生管理等社会性监管领域。同时，安全隐患排查工作也在部分城市开展。

（3）专业领域的管理部门制定了专门的风险评估指南和标准，但更多地将风险管理作为一种工具，侧重于在风险评估技术层面开展工作，没有形成风险管理体系[1]。尽管没有形成完善的制度，但为政府作为风险管理的主体开展日后的工作奠定了立法和行政基础，为达成社会共识提供了必要的条件。

### 5.1.3　综合风险管理探索时期（2003—2017 年）的主体

综合风险管理探索时期是指 2003 年 SARS 公共卫生事件后至 2017 年的时间段。SARS 公共卫生事件暴露出我国公共管理领域存在重大薄弱环节，成为加强和改进风险管理工作的机会。面对各类突发公共事件数量持续上升、范围逐步扩大、表现形式日趋多样化的状况，我国开始尝试从应急处置向重视预防的风险管理进行探索转变。

1. 应急管理背景下的综合管理主体和机制（2003—2012 年）

SARS 公共卫生事件后，我国以"一案三制"为核心开始了综合应急管理体系建设工作。《国务院关于全面加强应急管理工作的意见》（国发〔2006〕24 号）提出，"我国应急管理工作基础仍然比较薄弱，体制、机制、法制尚不完善，预防和处置突发公共事件的能力有待提高"，为此，需要"健全应急管理法律法规""加强应急预案体系建设和管理"以及"加强应急管理体制和机制建设"。

2006 年，在国务院办公厅内部以总值班室为基础设立国务院应急管理办公室，全面履行政府应急管理职能[13]。国务院各部门以及各级地方政府作为突发事件应急管理工作的行政主体[14]，按照行业管理职责和区域管理职责进行工作，国务院应急办统一负责协调和信息汇总。遇到重大突发事件，启动非常设指挥机构，或者成立临时性指挥机构，由国务院分管领导任总指挥，国务院有关部门参加，应急办服务国务院领导应急响应和决策[15]。国务院应急办不取代各有关部门的应急管理职责，民政、公安、国土、环境、水利、安监等各有关部门都承担应急管理职责，在各自部门内设立相应的应急管理机构，负责相关类别突发事件的应急管理工作[7]。国家防汛抗旱、安全生产、海上搜救、森林防火、核应急、减灾、抗震、反恐怖、反劫机等专项指挥机构及其办公室，发挥在相关领域突发事件应急管理中的指挥协调作用。地方各级政府是管辖行政区域内突发事件应急管理的行政领导机构，负责管辖行政区域内各类突发事件的应急管理工作；地方各级政府办公机构（办公厅、办公室）和相关部门履行相应的应急管理办事机构、工作机构的职责[16]。

2007 年 11 月 1 日起施行《中华人民共和国突发事件应对法》（以下简称《突发事件应对法》），对应急管理组织结构性制度加以规定：统一领导制度，应急管理机构设置制度，综合协调制度，突发事件分类管理制度，突发事件类别确认制度，突发事件分级负责制度，突发事件级别确认制度，突发事件属地管理责任制度，值守应急制度，综合性专职应急救援队伍制度，专业性专职应急救援队伍制度，兼职应急救援队伍制度，志愿者应急救援队伍制度，军队参加突发事件的应急救援和处置制度，国际合作与交流制度，共计 15 个大项。2021 年 12 月提出的《中华人民共和国突发事件应对法》修订草案规定：明确国家综合性消防救援队伍是应急救援的综合性常备骨干力量，规定乡村可以建立基层应急救援队伍。

2008 年北京奥运会的举办探索将风险管理融入整个城市系统的运行与管理过程，为我国城市综合风险管理体系建设提供了创新性的契机，是一次具有引领性的有益探索。同年，国务院机构改革提出我国行政管理制度改革按照"职能有机统一的大部门体制"总体要求[17]，一定程度上推动了应急管理体制综合化建设以及由应急管理向风险管理的转变，开始从"事后型"体制向"循环型"体制转变；从"以条为主体"的体制向"以块为主体"的体制转变；从"独揽型"体制向"共治型"体制转变[18]。这一阶段的主要特点包括两点：

（1）城市综合风险管理体系最初以应急管理办公室为核心，逐渐发展统一建立为应急管理部门。

（2）风险管理由以往各专项部门实施的专项风险管理，转为由应急管理办公室统筹协调管理全方位的综合风险管理。

2. 风险管理背景下的综合管理主体和机制（2012—2017 年）

2012 年后，应急管理向风险管理转变的呼声愈发强烈。为了适应国家安全战略体系建设，我国一些城市率先开始进行多方面的突破和制度创新，在现有应急管理体系的基础上开展综合风险管理体系的建设工作，针对风险管理组织体系、工作机制和保障机制，全面启动长效风险管理机制建设，针对分级风险控制、重大风险评估、风险管理监督检查等工作进行全面部署。

总的来看，这一时期的探索对我国传统的应急管理体制发展具有深远意义。十八大以来，党中央提出了国家治理体系和治理能力现代化的战略目标。国家开始重构应急管理体系，建立国家安全委员会，修订国家应急管理预案，各级党委书记成为风险管理的第一责任人，实行党政同责的制度，为进一步加强应急管理向风险管理转变、形成统一的应急管理部门、成立应急管理部做了体制和思想上的准备。

### 5.1.4　综合风险管理发展时期（2018 年至今）的主体

2018 年以前，我国中央政府层面逐步形成并长期实行国务院统一领导、各部门分类别应对各类突发公共事件的安全风险管理制度。尽管管理主体存在多次改革，但主要模式依旧为国务院统一领导，分类别、分部门管理，分级管理、条块结合。根据 2018 年 3 月 17 日第十三届全国人民代表大会第一次会议批准的《国务院机构改革方案》，中华人民共和国应急管理部成立。至此，一个崭新的国家机构全貌向社会展现。

2018 年中华人民共和国应急管理部的成立，标志着中国应急管理体制重大变革的开始，是适应总体国家安全观发展需要的重大改革[19]。我国进入了综合风险管理体系建设工作的新阶段。应急管理部的组建是顺应我国现代风险管理客观发展需要的崭新实践，在应急管理部为主体的运行机制下，我国的风险管理实现了以下几项整合[17]：

（1）风险管理对象的整合。由单一部门统一管理自然灾害和事故灾难等突发公共事件，反映出我国在现阶段复杂社会背景下对城市风险演化和叠加等特点的认识，通过对风险管理对象的整合可以更好地应对多因果和多形式的突发公共事件。

（2）风险管理职能的整合。应急管理部实现了应急管理职能的静态和动态整合。一方面，通过整合分散在各职能部门的应急管理职能，基本完成自然灾害和事故灾难领域内全灾种管理的静态职能整合；另一方面，通过议事协调机构、联席会议、政府办事机构到目前的单一部门综合管理，基本完成从非常态化到常态化的动态职能整合。

（3）风险管理过程的整合。应急管理部成立后，有助于实现突发公共事件"事前科学防""事中有效控""事后及时救"的全过程管理机制。这次改革赋予应急管理部整体规划和指导的全过程应急管理职责，并明确了自然灾害和事故灾难类突发公共事件的应急资源准备、应急预案演练、指挥救援应对和恢复重建善后的全过程管理职能。

这一时期，随着应急管理部的成立，结合"大部制"改革理念，围绕公共安全问题，通过"放管服"改革举措，调整政府应急管理职能，推动政府作为风险管理的主体在应对突发公共事件中为社会提供全方位的风险管理服务。其突破和创新主要表现在以下三个方面：

（1）以应急管理部的设置为标志，风险管理体系建设开始进入常态化、制度化的轨道，将常态管理制度与非常态管理制度进行了有机融合，既能完善应急处置的体制和机制、制度和措施，又能重点对突发事件的预防和应急准备、监测和预警做出系统而详细的规定[20]。

（2）城市重点关注的风险领域进一步拓展与全面化，同时进一步形成统一指挥与协调联动的管理制度格局。在四大类突发事件风险的基础上，更加关注风险的联动性、系统性和关联性，融合政府部门职能，协调联动，打破条块分割、部门分割、地城分割、军地分割的界限，调动组织、人、财、物等各方面资源[21]。

（3）加强社会动员能力建设与全民参与的制度建设。通过政府、企业与第三方之间有效的组合力量，形成政府主导、全社会共同参与的城市风险管理局面，发挥各类风险管理主体的优势，高效组织风险管理主体的资源和力量，从而应对各类突发公共事件。

### 5.1.5　城市风险管理主体的未来变化趋势

我国根据自身的实际情况，组建了应急管理部，地方各级人民政府设立应急管理行政机构,这是创新应急管理制度体系、实现公共安全治理现代化的关键一步。目前全球城市风险以及相对应的管理主体和关键机制有着如下发展趋势[1]:

(1)城市风险随着城市发展从单一风险走向错综复杂的系统性、链条性、巨灾性风险,不同类型和不同级别的风险存在更加显著的叠加效应、传递效应和耦合效应。城市风险管理更加需要防范大灾、科学研判、全面谋划,加强各方面的准备工作和应对能力。

(2)城市风险由传统风险转向传统风险和新兴风险并存,由关注风险本身转向既关注风险本身也关注风险源头。城市人口的变化和集聚、气候和环境的变化、科学技术的快速发展、经济社会结构的发展、全球化与区域化的影响等是导致风险不断扩大、流动、叠加、辐射的源头性问题。

(3)将风险理念纳入可持续发展规划,并为风险管理工作的持续、动态发展配备充分的资源。从综合风险管理的角度对城市中交通、通信、供电、供水、供气、供热等问题进行统筹规划,提升城市生活正常运转的风险监控与预防能力,增强城市风险承载力和韧性。

(4)建立统一的风险管理机构,明确城市风险管理各主体的责任与义务,强调在地理上跨地区、功能上跨部门、时间上跨周期的综合风险控制能力。

应急管理部的组建符合当前风险管理的时代发展要求,同时也符合我国国情和社会发展阶段。作为当前我国风险管理的主体形式和运作机制保障,首先,应急管理部需要承担统筹规划与推动应急管理体制改革和创新的全面工作。做好统筹规划应急管理体制的顶层设计工作,从中央政府层面体制机制设计到指导地方的制度设计,从各级政府到各类社会组织之间的联动,都需要应急管理部积极发挥作用[22]。其次,在处理与其他部门相关业务的关系时,需设计新型部际关系。明确政府部门间应急管理事权划分的规则,加强所有涉及应急管理的机构职能、资源与力量的优化配置,打破行政区划管辖边界,实施跨地区、跨部门、跨领域应急管理体系建设,加强各地区、各部门以及各级各类应急管理机构的协调联动[23-24]。最后,需完善法制,加强执法监督,并开展立法和修法工作。《突发事件应对法》是应急管理领域的基础性法律，要以此法为依归，规划、组织、协调、指导应急管理执法，定期督促检查、监督执行情况，维护应急管理法制体系的权威性，并推动各地各有关部门制定相关配套制度。

未来，我国风险管理的主体设置和机制发展的内在逻辑将从被动的应急处置逐渐发展为全过程的风险管理。在这个过程中，政府治理、市场治理、社会治理将共同推动城市风险管理的专业化、综合化、法治化、现代化。因此，城市风险管理政府层面的主体和机制从专业部门应对专项灾害发展为统筹的单一部门综合协调，保持原有应急管理办公室体制在承上启下中枢纽作用的优势，不断创新发展风险理论、方案、制度和体系，提升国家公共安全治理的能力和水平。

## 5.2　城市风险防控的协调机制

城市风险防控的协调发展之初是应急管理体系的形成。应急管理体系是指国家层面处理紧急事务或突发事件的行政职能及其载体系统，是政府应急管理的职能与机构之和[25]。加强应急管理体系建设，根据突发事件或危机事务，把握并设定应急职能和机构，进而形成科学、完整的应急管理体制[26]。在应急管理体系的发展过程中，我国的应急管理体系也随着管理主体改革发展的变化而变化，特别是综合风险管理的逐步发展使得应急管理体系向城市风险防控的协调机制发展。

当前，我国的城市风险防控的协调机制逐步转向了统一指挥、权责一致、权威高效，向全生命周期的城市风险防控体系迈出了坚实的一步，为新时代中国城市风险防控的协调机制的变革发展提供了更具综合性、权威性、专业性的制度基础[27]。

面对自然灾害、事故灾难、公共卫生事件和社会安全事件四大类突发公共事件，城市风险防控的协调机制在管理主体发生变化的情况下也在不断变化。本节将介绍我国在自然灾害、事故灾难、公共卫生事件和社会安全事件四大类突发公共事件中的城市风险防控的协调机制。

### 5.2.1　自然灾害应对中的风险防控协调

频发的自然灾害让人们明确感知到风险社会的来临。2008年初的雪灾给我国带来了重创：交通受阻、农作物受损，倒塌房屋48.5万件，因自然灾害造成的直接经济损失达1516.5亿元[28]。而同年的"5·12"汶川地震也造成了我国多个省市不同程度的受灾，受损公路53 295公里，受灾农田多达10.05万公顷[29]。面对自然灾害中，政府是首要治理主体，但在近年来的自然灾害治理实践工作中，市场和社会发挥着越来越重要的作用。

**1. 自然灾害应对中的政府协调治理**

政府作为风险治理的首要主体，若能够形成高效、灵活的组织形式，必然能有效整合多元治理资源，形成组织合力，从而有力化解危机。目前，国家应对公共危机和灾害重建的预案体系越来越成熟，特别表现在责任主体的明确上，但这种明晰仅限于政府系统内，尚未形成多元主体良性互动的协作治理框架。

在目前自然灾害重建的实际应对和理论研究中，现有协调联动系统主要集中关注政府间、政府部门间关系的处理，对政府和第三部门、政府和企业的关系协调尚未进行系统研究[30]。政府自身干预意愿、监督能力成为制约因素，导致市场和社会在城市风险防控方面的责任意识淡薄，但是借助市场和社会的力量，促成市场和社会积极参与灾后重建工作是极有必要的。

政府"大包大揽"的灾后救援和重建模式难以有效应对巨大自然灾难背后的复杂工作。在人力和物力相对匮乏的条件下，这种模式必然导致灾后工作上的不足和滞后，无法迅速恢复受灾地的正常生活秩序。市场和社会应当积极弥补政府的缺陷，在灾后重建网络中发挥更加重要的作用，形成"政府—市场—社会"互动协作的灾后重建体系。

**2. 自然灾害应对中的政府与市场的互动协作**

市场主体和机制的内在盈利逻辑，使得市场主体和机制在灾后重建工作中偏离与政府互动协作的方向，因而短期机会主义的盈利模式需要政府对其进行有效介入。政府与市场并不能在目前自然灾害的应对中较好地互动协作，这主要体现在以下几个方面：

（1）互动协作的灾后重建预案缺失。政府与市场的灾后重建预案存在困境，这一现实问题反映了资金配置的不公平、补偿机制的不完善等问题。企业缺乏制度性渠道参与政府的灾后重建预案制定工作，地方政府对企业的灾后重建预案工作也缺乏应有的经验，往往还是政府部门自己在制定各方面的规划方案[31]。这种缺少互动协作的灾后重建预案制约了政府和企业的有效联动。

（2）利益诱导机制和实际指导机制缺失。这导致在自然灾害应对中政府的积极性很高，但由于没有对参与灾后重建的企业进行财政补贴、税收减免或其他政策优惠，拥有天然资源储备优势的企业缺乏相应的积极性。

因此，应从政府权力掌控逻辑和市场利益最大化逻辑的双重角度探讨体系建设路径，具体来说包括两个方面：

（1）整合政府与市场的灾后重建预案，形成模块系统，政府的灾后应急管理相关部门应研究灾后重建的模块结构，便于制定科学合理、切实有效、系统完整的灾后重建预案。同时，应建立预案制定方与政府和市场的沟通协调机制，听取多方意见，明确预案所涉主体的权责边界。

（2）塑造多元的利益诱导机制，实现政府与市场的互动协作。政府加快转变职能和行政方式，为市场参与灾后重建工作提供内外动力，推进灾后重建的协调和服务能力建设。

**3. 自然灾害应对中的政府与社会的互动协作**

在灾后重建中，还需要凭借社会的力量化解困境，而社会所发挥的作用依赖于社会公众作为一个集体行动的能力。例如，日本在自然灾害风险治理的过程中就极为强调公民作为社会的一部分所发挥的力量[32]。

社区重建是灾后重建的工作内容之一，而基层社区组织的重建，如社区居民委员会，则是重中之重。一方面，由于在突发自然灾害面前，集体组织的载体结构可能发生巨大的破坏，难以在短时期内恢复；另一方面，居民委员会本身并不具有完全的独立性，导致其无法有效成为公民的组织载体。因此，有必要引入其他组织，如社会组织，在灾后重建中发挥合力作用。

由此，出现了几种社会力量参与灾后治理的模式：

（1）项目引导。政府提出具体项目以及政策，由达到投标要求的社会组织进行竞标，中标的社会组织前往灾区实施项目。或者政府提出宏观思路及目标，由社会组织进行具体项目的设计，并将宏观思路及目标落实于实践层面。

（2）智库引导。通过"社会—智库—政府"的模式将公民需求和专家专业知识融合，运用科学的方法搜集多方信息，弥补信息不对称等缺陷。

值得注意的是作为首要主体，政府在灾后重建工作的每一阶段都需要实现与市场和社会等其他风险防控主体的对话和协商。在多元主体之间树立沟通和协作机制，对于形成自然灾害应对的风险治理多元协作及治理体系有着至关重要的意义。

### 5.2.2 事故灾难应对中的风险防控协调

面对事故灾难时，政府作为首要主体，如何对其进行协调治理以及采取何种态度对待事故灾难，是目前信息技术不断发展、信息量不断爆炸时代的重要问题。如何使公众相信政府、依赖政府，考验着政府的风险治理能力、公共服务能力、社会协调能力以及社会管理能力等多方面的综合能力。

#### 1. 关键环节

关键环节包括风险预警、应急处置和信息公开三个方面。风险预警要求政府能够针对性地采集到预警所需要的信息；预警信息要准确，避免错误预警信息；预警信息发布要及时，不能延误预警并确保预警信息的受众群体能够及时收到；预警系统的建立和利用要坚持既经济又合理的目标，不能盲目设立。应急处置要求政府根据事故的类别、受灾的范围、遇险人员的分布位置等情况组织抢险救援工作，进行快速干预、快速评估、快速决策和快速联动。信息公开要求政府满足公众的需求，不能将所有信息在事件发生较长时间后"一股脑"地倾倒给公众和媒体，要求及时主动地举行新闻发布会，主动走到公众身边：一方面，及时公开相关事故信息和处置细节能有效阻止错误的舆论效应发散；另一方面，公开相关事故信息和处置细节也是随着事故救援和调查工作的深入而不断展开的，发布没有经过科学论证和证据支撑的论断反而会导致更大范围的恐慌和猜疑[33]。

### 2. 观念意识

观念意识是一切风险治理的先导，只有树立"居安思危"意识才能指导人们的行动。"居安思危"意识是整个风险治理的基础。事故灾难发生的不确定性、产生危害后果的严重性和救援时间上的紧迫性，要求政府必须提高"居安思危"的治理意识。

政府需要树立"居安思危"意识，并将这种意识拓宽至城市风险防控中的所有主体。各级政府要牢固树立"居安思危"意识，这也是政府的职责所在。事故灾难的治理，需要各级政府的共同努力，也需要市场和社会等多主体的参与，以此提高其治理的质量和效率。预防事故灾难很大程度上取决于市场和社会的动员及参与[33]。政府部门应充分利用各种媒体和宣传教育手段，培养公众的危机意识，在全社会广泛宣传应对危机的各种知识，并重点对可能面临某种危机的群体进行有针对性的教育，有针对性地开展危机演练和培训[34]，让公众学会危机下的自救和互助，在全社会培养事故灾难的预防和危机意识[33]。

### 3. 机制行为

完善事故灾难下的风险治理机制和行为是风险治理主体协调的重要保障。首先，需要完善事故灾难行政问责机制。将行政问责作为事故灾难管理的强制程序，完善问责程序，明晰责任归属，理清责任标准，明确划分政府责任。其次，完善政府信息公开机制并加强新闻媒体舆论导向功能。完善的信息网络公开渠道有利于事故灾难中社会秩序的稳定，有利于公众对事故灾难决策的认同，也有利于社会广泛地参与事故灾难风险治理。因此，需要完善信息公开制度，建立风险治理主体之间平等的交流模式；改变新闻媒体传统的舆论导向模式，改进舆论引导方式，加强网络舆论引导。最后，拓展全社会对事故灾难风险治理的学习和反思。对事故灾难风险治理的学习和反思，一方面是总结经验、吸取教训，对事故灾难教训进行内省和反思；另一方面是强化对公众和事故灾难相关人员的日常教育和引导，通过传统媒体和新兴传播媒介进行事故灾难自救、互救等知识的宣传。

### 5.2.3 公共卫生事件应对中的风险防控协调

突发公共卫生事件具备突发性、特定性、复杂性、危害性特征，该类突发事件发生突然且通常没有征兆，也无法通过科学仪器或者工具手段进行有效预测和推断，难以及时预防。引发突发公共卫生事件的原因众多、根源复杂，其表现形式和处理方式也各不相同，不针对特定的人群或特定区域，且突发公共卫生事件往往与民众的生活、健康息息相关，对社会稳定和经济的影响严重。因此，在公共卫生事件中对于管理主体的风险治理能力和体系有着极高要求。以下分别从联防联控、监测研判、救治能力和信息透明四个方面对政府在公共卫生事件中的协调作用进行阐述。[35]

（1）建立联防联控工作机制。为全面控制疫情扩大化，彻底落实及时发现、快速处置、有效救治的政策，有力保障人民的生命安全和身心健康，全面恢复经济的稳定发展，政府在面对公共卫生事件时，应第一时间启动应急响应联动机制，激活企业、单位、机构、社区等主体间的联防联控工作机制，根据应急预案协调各个主体在公共卫生事件中的任务分工。

（2）加强公共卫生事件监测研判。政府应迅速开展疫情监测和应急准备，第一时间对症候群、疾病、危险因素和事件进行监测和分析，协调全社会公共卫生实验室检测资源。加强人口分类、分级管理，实施相应的人口流动管理政策，由社区卫生机构对人员的健康实行随访管理，并要求相应人员隔离。加强公共卫生事件监测和研判，实时调整相应政策。

（3）全面提高救治能力。政府基于分级、分层、分流的重大疫情救治体系协调公共卫生事件产生病例的定点收治医院，建立专业门诊，保障确诊病例和疑似病例有能接受治疗的条件。加快制定治疗方案，中西结合，对轻症患者和重症患者给予不同治疗手段，避免患者向重症转化，提高治疗效果，最大限度提高治愈率、降低病亡率。同时协调各主体强化院内感染防控和应急心理救助工作，全面保障人民的生命安全和身心健康。

（4）及时公开疫情防控信息。政府应实时更新病例情况，而真实准确的数据得力于防控部门的信息通报工作，各级政府防控领导小组应每日通报最新消息，实现信息共享。

与此同时，也需要注意在保护工作人员和救治人员的生命安全和健康的基础上，构建政府引导、市场主导、社会配合的公共卫生应急系统，以更好地实现政策衔接、信息资源共享、优质医疗供给、快速联动响应、高效协作应对风险。

在这些方面，除了政府在突发公共卫生事件发生时承担应急指挥任务外，通过更多风险治理主体，如市场主体，探索医疗合作新模式也是新的发展路径和协调机制。

（1）促进优质医疗资源下沉。在城市医疗资源相对匮乏的区域，政府财政收入通常较低，无法满足公共卫生服务需求，通过整合医疗设备供应商、金融机构、医疗信息服务提供商和邻近区域优质医疗专家资源，引入市场机制，将公益性和市场化相结合，提高参与区域专科医联体平台建设的医疗人员待遇和积极性。

（2）开展区域医、养、产结合项目试点。通过整合央企、国企、保险公司、医疗产业运营管理集团、社会办医机构、投资商等，打造城市医、养、产结合的新模式和新高地。"医"包括城市间共建综合医院、科研平台、基层医联体，"养"是城市居民养老、康复治疗园区，"产"包括先进医疗技术、医疗设备、医疗产业落地。

（3）建设互联网和人工智能赋能下的紧密型智能化专科医联体。统筹区域基层医院需求和医疗专家的专业优势，加大互联网和人工智能赋能下的紧密型智能化专科医联体建设。利用互联网技术打破行政区域界限，通过医疗专家人工智能远程协助等方式，向区域和城市医疗资源欠发达地区输送各类资源，提升基层医院医疗水平，让基层地区急、重症患者能及时享受全国优质医疗资源。

以上三点均是为了防止在突发公共卫生事件发生时，因应急资源不充沛、应急水平较低而造成突发公共卫生事件影响范围扩大。这些举措是将市场纳入公共卫生事件风险防控的协调机制的尝试。总之，在公共卫生突发事件风险防控的协调过程中，对于政府来说，最重要的莫过于有效避免和遏制公共卫生事件的蔓延趋势，营造社会的和谐稳定态势[36]。对于市场和社会等主体，受制于政策法规、协调机制、服务平台等诸多限制，社会组织和市场力量参与公共卫生突发事件应急处置还存在信息不对称、管理不规范、供需不匹配等诸多问题[37]。如何依法规范并鼓励社会组织和市场力量参与突发卫生公共事件的风险管理是需要探索的实践方向[37]。

### 5.2.4　社会安全事件应对中的风险防控协调

目前，我国的社会公共安全事件主要以群体性突发事件为主。近年来，我国群体性事件时有发生，已经逐渐成为影响社会稳定的重要因素。群体性事件作为社会冲突的显性形态，是社会矛盾逐渐激化、集中爆发的动态行为过程[38]。

群体性行动的某些不当行动方式和破坏结果必然导致政府采用预防与控制为治理主线，形成应对群体性行动的基本模式[39]。但是这种"防控—应对"的单一治理协调逻辑并不符合群体性行为的逻辑，由"防控—应对"的单一治理协调逻辑向"防控—应对"与"引导—协调"并重的治理协调逻辑才能有效降低群体性突发事件的风险。

1."防控—应对"的风险治理主体协调模式

在"防控—应对"的风险治理主体协调模式中，政府的逻辑主要是"运动保平安"和"只保眼前平安"，实践表明这并不能解决群体性突发事件。

首先，面对群体性行动引致原因的长期性和综合性，表状的多元性和复杂性[40]，政府难以进行完美或者精准的分工，极易形成"责任"盲区[41]。其次，对群体性行动参与者急迫的现实利益诉求或者说现实的生活困境进行权宜性补偿或安抚并不能化解群体性行动衍生的内在根源，反而会使得民众被误导或者形成错误预期[42]。再次，以社会治安问题的处理方式应对群体性行动，容易使得群体情绪失控和行为偏激。总体看"防控—应对"的协调模式并不能有效化解群体性行动产生的根源[40]，反而造成了生成因素的累积，为再次发生埋下伏笔。

2. "引导—协调"的风险治理主体协调模式

在"引导—协调"的风险治理主体协调模式中，政府通过拓展群体从利益表达与利益获取的渠道，配之以制度引导、组织引导和"人本"引导，实现对群体性行动产生根源的逐步化解，以及对群体性行动的有序和理性引导，从根本上破解群体性突发事件的发生风险[39]。

1）引导：利益表达渠道与利益获取渠道[43]

利益表达渠道是利益主体通过利益诉求作用于行为客体的中介，利益表达渠道是否畅通与高效直接影响利益主体的利益诉求行为效率，进而影响利益主体的利益诉求结果[44]。提升传统利益表达渠道、开拓新的利益表达渠道是基本的应对路径。传统渠道主要包括群众信访制度的利益表达渠道、人民代表大会的利益表达渠道、执政党的利益表达渠道；新的渠道包括大众传媒的利益表达渠道、网络平台的利益表达渠道等。

利益获取渠道是通过多种政策措施创新与实施，实现对公民利益表达的回应，致力于最大可能地满足公民的利益诉求[45]。利益获取渠道包括公共服务型财政体制建立、社会福利制度完善和社会慈善事业发展三个方面。公共服务型财政体制建立强调以财政体制转型为框架，普遍提升社会整体的公共服务水平，满足公民不断增长的公共产品需求[39]。社会福利制度完善强调以社会福利制度完善为主导，针对性地提升社会弱势群体的福利水平，满足其基本利益诉求。社会慈善事业发展以培育全社会的慈善文化为主线[39]，实现阶层间的利益流动，化解利益分化引发的阶层对立。

2）协调：制度、组织和人本

通过法律条文和制度建设保证群体的利益诉求，并通过制度化利益表达渠道实现利益诉求。在群体性行动筹备阶段，群体性行动的组织者应依法向当地公安机关提出进行群体性行动的申请，并就时间、地点、内容与方式进行协商；在群体性行动实施阶段，群体性行动参与者要严格遵守上述要求，未经许可，不得变更时间、地点、内容与方式。通过制度建设、协调手段全程规范群体性行动，让群体性行动在概念和行为路径上完全区分于社会治安事件，从而使群体性行动成为民主社会公民利益表达的正常现象[46]。同时，通过培育相关组织载体，提高群体性行动的组织化程度，让公民社会下的第三方成为可行的组织资源，提升群体性行动组织化程度。政府在风险治理的过程中也应当注重以人为本的理念，以情动人、以情感人、以情服人。通过换位思考，协同不同主体的目标。

群体性事件最易产生社会安全事件，也是民主政治下公民利益表达的重要工具。若政府作为协调主体处理不当，则会引发社会的不稳定，同时，群体性事件也在倒逼政府进行公共政策的修正与创新。所以，对于社会安全事件，既需要正视群体行为的功能，也需要对产生的动因和过程进行分析，从而通过引导和协调进行消解，而不是一味地防控和应对，将群体性行为变为社会安全事件，而是将其引导至合法、有序和理性的方向上。

## 5.3 多元共治背景下城市风险管理的中国实践探索

改革开放 40 多年来，中国经历了人类历史上最大规模、最快进程的城市化进程，和农村相比，城市的主要特征表现在"多元化"。在农村，长期以来，人们的生产资料、生产工具以及生产方式几乎是相同的，又经年累月地生活在一定范围，彼此之间的思想和行为是相对趋同的，整个社会呈现的是"一元化"特征。而在城市，由于社会分工的不同，每个个体都分属于特定的社会组织，个体的人是多元的，其所属的组织是更加多样的，整个社会呈现出"多元化"特征。

城市的"多元化"特征决定了城市管理工作的多元化，对于现代城市而言，"多元共治"不是新词汇，它与城市的多元化形态共生，城市发展越成熟，对"多元共治"的要求也越高。特别是保障城市安全运行，"多元共治"作为一种机制，一直发挥着极其重要的作用。

### 5.3.1　"多元共治"是城市风险管理的必然要求

#### 5.3.1.1　改革推动"多元共治"

我国是世界上自然灾害最为严重的国家之一，同时各类事故隐患和安全风险交织叠加、易发多发。回顾一次次自然灾害和事故灾难，"多元共治"作为防、减、救、恢过程中的应对机制，其作用无疑是现实的、有效的。但是，历次的事故处理也暴露出原有运行机制中存在很多问题和短板。2015 年 6 月 1 日，造成 442 人遇难的"东方之星"号客轮翻沉事件，由于参与搜救的力量多而且来自不同系统和单位，两周后才确定遇难人数和生还人数，这说明不同主体缺乏统一的规程和标准；2015 年 8 月 12 日，天津港大爆炸事故更是损失惨重、教训惨烈，暴露出天津港各个行业部门对安全生产的监管责任界限不清、管理缺位等问题。

2018 年 3 月新组建的应急管理部整合了 11 个部门的 13 项职责，把自然灾害和事故灾难处置的职能整合在一起。这次改革中，应急管理部作为整合职责职能最多的"超级大部"出现在民众的视野。此次中央的顶层设计，将原本散落在不同部门与不同条线，"各自为政"的防灾、减灾、救灾职能进行了整合，交由统一的部门牵头管理，期望寻求更为科学系统有效的方式来组织实施并落实风险防范和应急处置体系建设，加强应急管理体系和能力建设。国家层面的整合是治理结构上的调整，必将带来全国全社会风险治理和应急管理"多元共治"格局的变革，推动其向更高层次发展。

#### 5.3.1.2　发展倒逼"多元共治"

2019 年 3 月 21 日，江苏响水天嘉宜化工厂因旧固废仓库内长期违法贮存的硝化废料自燃，引发爆炸，导致 78 人死亡，给当地经济社会发展造成重创。根据 2019 年 11 月 15 日公布的事故调查报告，天嘉宜公司无视国家环境保护和安全生产的相关法律法规，存在刻意瞒报、违法贮存、违法处置硝化废料情况，且其安全环保管理混乱，日常检查弄虚作假，固废仓库等工程未批先建；相关环评、安评等中介服务机构存在严重违法违规、出具虚假失实评价报告的情况。[1] 这些问题

---

[1]　江苏响水天嘉宜化工有限公司"3·21"特别重大爆炸事故调查报告公布 . 人民网 .2019-11-16. http://society.people.com.cn/n1/2019/1115/c1008-31458361.html.

揭示了在企业和市场层面，不同主体的安全意识和法制意识淡薄，安全管理混乱，"劣币驱逐良币"问题严重。

分析其间接原因，主要有以下几点：各级应急管理部门综合监管职责不到位；生态环境、工信、市场监管、规划、住建和消防等行业管理部门存在违规行为；响水县和生态化工园区招商引资安全环保把关不严，疏于监管；江苏省盐城市未认真落实地方党政领导干部安全生产责任制。这些问题揭示了在政府层面，不同主体在面对安全生产问题时职责不清、责任落实不到位。

剖析其深层次原因，主要是我国化工行业多年来保持高速发展态势，产业规模已居世界第一，但安全生产管理理念和技术水平还停留在初级阶段，不能适应行业快速发展的需求。

因此，在城市高速发展过程中，面对诸如此类安全生产及其他类别的复杂性问题，需要政府、企业、市场等不同层面的主体各负其责、各尽其职，共同面对和解决，提高综合治理能力，提升"多元共治"的水平和能级。

### 5.3.1.3　市场驱动"多元共治"

市场是提供需求并消化需求的载体，市场因需求而生。在经济社会中，供需平衡是非常重要的市场法则。

面对城市运行的方方面面，维持系统平衡的要素和各要素之间的关系也变得越来越复杂，需要更高级别的应对机制和管理系统。在保障城市安全运行的领域，市场需求表现出旺盛和多元的特征。在安全生产领域、在自然灾害防治领域，面对复杂问题，单一主体凭借一己之力往往很难应对和解决，需要多个主体的协作，而多个主体如果缺乏系统科学的指挥体系，反而会加剧无序，使矛盾变成冲突，甚至可能导致系统平衡被破坏。只有各方力量联合起来，发挥各自的优势，在统一有效的指挥下，唱好"大合唱"，才能满足市场需求。

### 5.3.1.4　新技术助力"多元共治"

随着信息化时代的到来，"大、云、物、智、移"和5G、区块链等新技术日臻成熟，可以通过技术手段尽量弥合多元主体的差异，并有效压缩多元主体的层次，提高信息的交互和传递效率。

比如，"城市大脑"和"城市运行中心"的创建，通过信息化平台的建设，打通不同部门之间相互割裂的信息交互，拆除原本横梗在部门之间的"墙"，实现数据打通与管理场景融合，归并职能、整合资源、打通梗阻、提高效率。新技术应用不仅为"多元共治"机制的升级提供了技术支撑，同时推动了管理流程的改造与重塑，为实现共建共治共享，为群体智慧的参与和发挥等提供平台，是社会治理方式的创新与发展。

共治从而共享，治理结构的改变，源于对风险理解的改变，目的是实现城市风险治理的质量变革，推动城市风险治理从部门的条线管理转向模块化管理。

### 5.3.2　探索搭建政府、市场、社会"金字塔"多元治理框架

应该认识到，复杂的城市风险，其治理不是以部门为中心，而是将政府多层级、多部门的功能进行整合，形成模块。鼓励部门在模块中开展协同创新，通过积极引导和丰富的激励机制，使企业和社会方方面面参与治理，使他们成为城市风险治理的参与者而不是旁观者，共同打造风险治理的"金字塔"。

这个金字塔是"党建引领、政府主导、市场主体、社会参与、文化支撑"（图5-1），是新时代城市安全运行"多元共治"的新格局。塔底是基础，对应社会，重点解决认识和行动；腰部是平台、载体，对应市场，重点解决技术问题；塔尖是核心，对应是政府，重点解决机制创新。

#### 5.3.2.1　党建引领、政府主导

党的领导是中国特色社会主义最本质的特征和最大优势，政府部门要集中精力将组

**图5-1　政府、市场、社会"金字塔"多元治理框架示意图**

织优势转为治理优势。发挥制度优势永远是我们面对复杂的社会治理问题时的主导思想，"党建引领、政府主导"是主脉，是构建中国特色的城市风险治理和应急管理"多元共治"新格局的纲领。

政府要起到主导作用。政府要理清想做什么、能做什么以及做得成什么的问题，要围绕防范化解重大风险，着重机制创新，解决统筹规划、法规标准、体系架构、人才培养、产业培育等一系列问题。主要应关注以下三点内容。

第一是整合行政资源，利用社会资源，形成有效合力。应急管理部的成立是关于风险治理、应急管理、综合保障等行政资源整合的顶层设计，通过机构改革，将原本散落在不同条线的行政资源进行整合和梳理，避免重复浪费，避免无用虚耗，弥补不足和空白。在践行过程中，如何下好全国"一盘棋"，需要地方政府在中央的整体框架之下，做好部署，这样才能确保改革的成效达成预期目标。各地应急管理部门需要将"多元共治"作为工作思路和方法，整合各方力量，实现资源的综合利用。使原本分散在各条块的力量，包括人力资源、基础设施资源、资金预算资源等得到科学高效的统筹利用；同时需要利用好社会资源，包括来自市场的和民众的资源。行政资源从中央到地方，呈现纵向状态，具有层次性特征；社会资源分布在各个角落，呈现横向状态，具有多样性特征，只有打造好纵横交织的立体网络，才能有效防范各种不同的风险，应对和化解各种风险挑战。比如，面对台风，气象部门负责做好预报预警和关于台风特征的宣传工作，水利部门需要做好平时的设防工作和战时的保障工作，交通部门需要做好交通疏导以及管制工作，卫生部门需要做好医疗应急保障工作，公安部门需要做好防汛抢险治安工作，民防民政等部门需要做好应急物资储备工作；社会组织和民众要有防台防汛的意识，做好自我管理，有余力的可以做好互助互救工作；市场上各类安全技术服务公司可以提供技术支撑和服务。

第二是完善法治治理体系。自然生态、经济生态、政治生态等都有其自身的法则，但法则往往是隐性的，它按照自身的客观规律运行，不以人的意志为转移。如何使更多的人理解规律、遵循规律，需要法治体系的保障，法治是显性的，是对如何遵循法则的具体阐释。在城市治理中，"多元共治"本身是一种治理法则，在不同的时代和阶段都客观存在，并随着社会的发展，其内涵和外延也不断丰富和发展。进入新时代，如何在提升治理体系和治理能力的现代化中更好发挥这一治理法则的效用，需要完善相关的法治作为保障，以法制为基础和准则，以目标一致为导向，解决共同面临的问题，满足各利益相关方的合理诉求。

第三是理顺多元关系，增强共治效果。在社会治理中，面对异常复杂问题的不同利益相关者，具有层次性和差异性特征。层次性构成了多元的立体结构，差异性是其多样、多维特征。不同层次、不同维度的个体差异，同一层次、同一维度的个体差异，各种差异纵横交织、相互扰动、互相纠缠，只有理顺其关系，明确其定位，才能因势利导、求同存异，实现各主体之间的同频共振。

### 5.3.2.2　市场主体、社会参与

"市场主体、社会参与"是构建中国特色的城市风险治理和应急管理"多元共治"新格局的方法。

市场要起到主体作用。过去40多年来，我国在经济上取得了重大成就，一个重要原因是充分尊重市场作用，确立了市场是资源配置的决定性力量。在城市的风险治理和应急管理领域，同样需要依赖市场的作用，通过市场化的手段调动各要素的活力，发挥其功效，做到人尽其才、物尽其用。政府是主导，但其作用有边界；市场却是"毛细血管"，可以渗透到社会的各个方面，解决人、物资、技术、信息、资金投入等问题。

要优化市场机制，激励技术创新，解决城市风险治理中的一系列软硬技术问题，如监测布局、信息传输、动态评估、人机决策、远程指挥、实时调度、在线准备等。

要落实"人民城市人民建"的理念，通过市场机制加强社会参与力度，强化资源流动性。优化投入结构，解决安全生产、防灾减灾等方面融资投资问题；建立机制，发挥各类主体的作用，加强外脑利用，充分发挥各类智库的积极作用等。如果一个城市90%的风险防治工作都能由市场和社会在基层完成，那么这将是治理能力"现代化"最瞩目的指标。这种市场参与不是各自为政，而是不同的市场

主体占据不同的生态位，并按照一定的机制协同作用。

比如，将保险机制作为一个抓手可以带动安全服务技术的发展和产业培育，使防和救的问题通过市场手段有效解决。《中华人民共和国国民经济和社会发展第十四个五年规划和2035年远景目标纲要》提出的"发展巨灾保险"，就是要用好保险的保障功能和社会辅助管理功能，落实好"防、抗、救"，实现政府、保险、投保方"三赢"，形成不同主体积极参与风险治理的有效机制。现代城市牵一发而动全身的特性，使其风险所带来的后果很难为单一主体一力承担，而此时就可以引入市场保险的力量作为转移和分担。以保险公司作为支点，邀请第三方专业技术机构评估和把控相关风险，既应对了风险后果，也是对风险管理执行的一种倒逼。同时，各种社会组织和社会大众也会因市场的作用被带动，有更多机会参与到保障城市安全运行的系统中来。

政府与市场之间应有个接触点，最佳的接触点莫过于基层管理部门，最典型的是社区管理者，其原因有以下两点。一是因为没有哪一个部门像基层管理部门那样贴近市民的生活，想要不断提高人民群众的获得感、幸福感和安全感，就应该多维度、多途径提升基层部门的支撑能力。二是由于风险的演变性，小风险治不好，就容易变成大风险，大风险管不好就容易形成大隐患，大隐患控不住，一旦遇到"黑天鹅"，就比较容易变成"灰犀牛"。因此，强化基层风险治理能力，既是源头治理的内涵，也是一笔很容易算清的经济账。

社会"参与"有一个逐步"主动"的变化过程。社区的积极参与可以调动市民的主体能动性，从共建和监督两个方面夯实城市管理的基础。无论具备如何完善的体系和创新的机制，离开了具体的人，城市管理就只是一副冷冰冰的骨架。人民至上，城市发展的目标最终还是应该落到每一个居住个体的生活品质提升上，让每一位城市居民意识到自己是城市的主人，是与其他千千万万个城市居民相互依存的共同体中的一员。因而，如何让市民认同城市总体发展的理念，如何创造对多样群体尊重和包容的氛围，如何营建人人参与、协同互助的品质空间，如何提供关怀保障的配套设施，这些应成为城市管理中最为根本的出发点，也是在认识、平台和机制的框架之外不可或缺的补充。

### 5.3.2.3 文化支撑

文化是社会实践的产物，并随社会实践的发展而发展。中华文化在不同历史阶段形成了与之相适应的主要文化表现形态。中华优秀传统文化是中华民族在漫长历史长河中淘洗出来的智慧结晶，既呈现于浩如烟海、灿烂辉煌的文化成果，更集中体现为贯穿其中的思想理念、传统美德、人文精神。对各种灾害、危机，中华传统文化中有"防微杜渐"的思想；在大灾大难面前，中国传统文化倡导坚韧、自强、百折不挠，"多难兴邦"，"众志成城"。这些都是中华民族的璀璨历史的结晶，展现了各族人民的伟大智慧创造，也是中华民族和中国人民在历史长河中逐渐形成的，有别于其他民族的独特标识。革命文化是近代以来特别是"五四"新文化运动以来，在党和人民的伟大斗争中培育和创造的思想理论、价值追求、精神品格，展现了中国人民顽强不屈、坚韧不拔的民族气节和英雄气概。革命文化既是中华民族革命斗争历史的高度文化凝聚，也是中国精神在革命年代的主要表现形式，寄托着各族人民对美好生活的向往。社会主义先进文化是在党领导人民推进中国特色社会主义伟大实践中，在马克思主义指导下，形成的面向现代化、面向世界、面向未来的，民族的、科学的、大众的社会主义文化，代表着时代进步潮流和发展要求。这三种文化都是中华民族在生存发展进程中的伟大创造，记载了中华民族自古以来在建设家园的奋斗中开展的精神活动、进行的理性思维、创造的文化成果，是民族禀赋、民族意志在伟大斗争中的历史表达、时代体现，也是中华民族生生不息、发展壮大的丰厚滋养。这些文化滋养体现在风险多元共治中，在各种不确定性挑战面前，文化有助于"意识合力"的形成。文化引领力、文化凝聚力、文化感染力、文化约束力可以支撑城市风险多元共治格局的形成。

## 5.4 联席会议制度——城市风险管理的中国实践一

风险管理的主体和机制改革使得风险管理出现了新的思路和发展路径，风险在时间和空间维度的不断拓展使得传统的"内生性风险管理主体"无法独自解决所有的风险和应急管理问题。因此，首先在政府层面就要求实现多地区、多部门在风险管理上的统筹协调发展。

联席会议制度等临时性网状组织就是在这种背景下形成的。

### 5.4.1 概念、特征和优势优点

联席会议制度等临时性网状组织目前存在多种称呼，如"联席会议""行政首长联席会议""城市或发展论坛""主要领导定期会晤机制""协调委员会""领导小组会议"等[48]。虽然实践中对联席会议的具体称呼不尽一致，但是其运作方法是基本一致的，即不具有行政隶属关系的政府主体或部门组织，通过部门领导的定期或不定期会晤，商讨城市运行安全等领域面临的重大问题，并在平等协商的基础上达成相关的合作协议，以解决跨区域、跨部门、跨主体的合作治理过程中遇到的问题[48]。

目前，对"联席会议（制度）"的概念尚未形成权威统一的定义。目前有以下几种概念界定方式：①行政联席会议制度是相互独立的地方政府间，为解决问题而自愿召开会议的协调合作机制[48]。②联席会议是由来自不同地方政府或部门的代表，为达到某一或某些目标而共同召开的会议，它是一项协调参加区域合作各主体间行为的有效机制[49]。③联席会议是指由没有领导与被领导关系，但在工作上密切关联的单位，为了解决存在共同利益的问题，由一方或多方牵头，自愿参与的会议，它旨在通过这种方式，加强彼此间的联系与沟通，相互学习借鉴，研究解决区域问题的新方法[50]。

由此将联席会议制度定义为：跨行政区域的、跨行政部门、跨行政主体的无上下级隶属关系的风险管理主体之间，为实现风险合作治理，解决风险治理过程面临的重大问题，相关职能部门领导通过召开会议的形式，通过协商达成相关的合作协议，以促进不同区域内地方政府间风险管理相关部门的合作的制度。

联席会议制度的特征包括以下四点。

（1）主体多元性。联席会议制度的基本要求是，跨区域、跨部门的治理主体间形成有效的合作治理与协调机制，它应当而且实际上也是一种多元主体参与的机制。从宏观上来说，联席会议是由跨行政区域，同时没有隶属关系的地方政府或职能部门参与的制度。从微观上来说，参与联席会议的人员的身份与级别不尽相同，既可以是行政领导，也可以是日常一线工作负责人。

（2）自愿性。参与联席会议制度的主体之间不存在领导与被领导的行政隶属关系，这种非隶属性决定了主体可以自愿决定是否参加联席会议，是否要与其他各方达成合作，是否接受合作形式。随着风险管理在国家发展中的地位不断提升，越来越多的风险治理主体主动地参与到联席会议中来，希望发挥联合优势，推动风险治理。

（3）平等性。联席会议制度建立在各主体平等的基础之上，平等性是其基本特征，有的直接在相关文本中做了明确的规定，有的虽然未直接明确规定其平等性，但都通过相关规定或条款体现了平等的基本精神，具体通过合作各方的法律地位平等、合作各方权利义务平等以及职责履行的平等三个层面体现。

（4）协商性。联席会议制度是风险治理各个主体通过协商机制，以各方都能接受的方式实现跨区域、跨部门合作治理的一种制度。协商贯穿于联席会议的整个过程，经过协商达成的一致意见也称为协议。联席会议是风险治理主体之间反复协商、沟通互动的过程，同时，合作的内容、形式，协议的履行，产生的纠纷由各方通过协商共同确定、处理。

联席会议制度的优点在于，利用一个平台，将风险管理决策过程中涉及的不同区域、不同主体的相关部门联合召开会议，使得决策更加合理。风险治理需要注重调动各方的积极性和参与性，联席会议制度能够充分调动和运用法制、市场、社会和人民的力量，推动风险治理建设，推动风险治理现代化。

### 5.4.2 问题、成因和解决路径

联席会议制度日益呈现出规范化、制度化的趋势，但是跨区域合作的特殊性

使得健全和完善风险管理主体之间的联席会议制度仍然存在许多问题。不同行政区划之间在自然环境、经济发展、社会状况等方面往往存在较大差别；同时，不同区域的特殊性，加剧了相互学习、借鉴的难度。由此，联席会议制度目前还存在许多问题和不足，包括以下三点。

（1）功能定位不明确。当前诸多联席会议制度还停留在风险管理主体之间相互参观与对话的阶段，与协商相距甚远，难以达成促进跨区域、跨部门协调与合作的相关决策。同时，对于何种类型、何种层次的问题需在联席会议上讨论还不甚明确，往往只能依赖行政办公的单方面意见，存在较大的随意性，往往仅对问题进行交流，并未就各主体如何提高风险治理水平做出协调和决策。

（2）会议机制不完善。当前联席会议的间隔期较长、会期较短，难以有效解决所有问题[47]。目前，大多数联席会议一年一次，而每次会期仅持续数日，联席会议的成员对风险治理相关的事项进行沟通与交流的时间非常有限，若出现存在分歧的事项，则更没有足够的时间和精力妥善处理这些分歧，并进一步讨论合作事宜。

（3）合作协议难落实。在跨区域、跨部门合作进行风险治理的背景下，风险治理主体通过召开联席会议的方式缔结合作协议，具体表现为"意见""协议""章程""纪要""宣言""方案""提案""意向书""议定书""倡议书""计划"等多种形式。其内容往往共识性条款过多，合作各方的权利义务不够明确，缺乏具体履行规则或实施细则，缺乏连续性，缺乏反馈和评估，这些是接下来需要解决的问题。

联席会议制度目前存在的问题需要追根溯源，寻找导致这些问题的原因才能实现联席会议制度功能最大化。目前，问题的成因包括以下四个方面。

（1）风险治理观念落后。风险治理主体对于自身利益是建立在整体利益基础之上，在平等协商基础上实现整体利益的观念和意识还较为落后，影响了联席会议制度的正常运行。合作观念薄弱、区域观念缺乏、缺少契约精神是观念落后的主要表现。

（2）风险治理体制制约。风险治理主体因行政区域形成的体制因素对风险治理产生着重要的影响，联席会议制度也由此受到影响。主体的绩效考核仍然以行政区划为界线，并没有从空间范围将相邻区域的影响作为绩效考核的参考，影响联席会议的主动性和积极性。

（3）风险治理法律缺位。联席会议制度需要通过法律法规和相关制度的保障，但目前我国在这方面的法律法规和相关制度仍然处于缺位状态，联席会议制度的地位得不到法律认可，合作协议的效力得不到现有法律的确认和保护，联席会议制度化进程缓慢是主要表现。

（4）风险治理配套缺失。联席会议制度需要一系列配套机制，才能保障其发挥有效的作用。但目前联席会议制度在运行过程中缺乏利益协调与补偿机制，信息沟通机制不顺畅，缺失监督考核机制，造成了联席会议成果执行进度的差异和错位，其执行效率和执行效果有待提高。

联席会议制度是进一步推动相同等级风险治理主体跨区域、跨部门合作进行风险治理最现实和最重要的途径。面对当前出现的问题、成因和挑战，联席会议制度的创新成为进一步促进主体间进行跨区域、跨部门合作治理的必然要求，可以从理念、机构、机制等层面推动解决。

（1）从联席会议理念层面推动。为充分实现联席会议制度在促进跨区域、跨部门风险治理过程中的效能，作为参与主体的政府、市场、社会等应转变传统观念，树立新型的区域观念，深化区域合作，实现风险治理水平共同发展。树立新型合作意识，培养合作共赢意识和责任担当意识；培养和尊重契约精神，尊重参与主体自愿参与的权利、平等协商的精神。

（2）从联席会议机构层面推动。联席会议的组织筹备召开、议定事项的贯彻执行等各项工作的顺利推进是联席会议制度充分发挥其协调与合作功能的基础。联席会议制度必须依托相应的组织机构，才能顺利召开，并实现决策的与时俱进和议定事项的贯彻落实。设立联席会议秘书处，成立议定事项专责小组，设立日常工作办公室是该问题的解决路径[47]。

（3）从联席会议机制层面推动。联席会议制度作为基本公共物品，通过特定的程序界定风险治理主体的时间空间，规范和约束主体之间的相互关系。实现联席会议制度的创新，增进主体彼此之间的合作，是提升整体风险治理水平的基本保障。制度的创新不仅需要良好的外部环境，也需要有效的内部体制、机制。完善利益协调机制，构建信息交流与共享机制，完善监督与考核机制是重要的解决路径。联席会议制度的完善不仅是制度本身的完善，更需要与之相适应的相关配套机制的完善。

### 5.4.3 联席会议制度案例分析：长三角一体化应急管理

根据 2016 年 5 月国务院批准的《长江三角洲城市群发展规划》，长江三角洲城市群包括安徽省、浙江省、江苏省和上海市"三省一市"的 26 个城市。长江三角洲城市群典型的自然、经济和社会特征使得其面临着自然灾害频发、事故灾难形势严峻、公共卫生事件防控难度大和社会安全风险巨大等一系列的挑战[51]。

2020 年年初，三省一市应急管理部门在长三角区域合作三级运作机制框架内，组建了长三角应急管理专题合作组[52]，5 月被正式纳入长三角地区专题合作组，成为 14 个专题合作组之一，负责落实国家推动长三角一体化发展领导小组和长三角地区主要领导座谈会决策部署，研究制定长三角应急管理领域重要政策、年度计划与合作事项等[53]。

2020 年 10 月 12 日，长三角应急管理专题合作联席会议在上海召开[53]。此次会议由浙江省应急管理厅作为轮值方牵头组织，讨论研究《长三角应急管理协同发展八大机制》及年度合作事项，深入推进长三角一体化应急管理协同发展。上海市、浙江省、江苏省和安徽省应急管理部门负责同志出席会议。长三角应急管理协同发展的八大机制[53]涉及建立省际边界区域协同响应、应急救援力量增援调度、危险化学品道路运输联合管控、安全生产执法联动、防汛防台抗旱合作、重特大关联事故灾害信息共享、应急物资共用共享和协调、应急管理数字化协同、应急救灾和救援博览会常态化运行等内容。

当前，长三角一体化应急管理作为联席会议制度的典型形式[54]，合作领域逐步拓宽，在环境事件、公共卫生事件、交通运输应急、社会安全事件、自然灾害应对等方面形成合作；已初步建立省级层面跨区域综合应急管理合作机制，合作形式多样，在联席会议制度、共享资源与信息、联合培训与演练、跨区域应急联动等合作方式上都开展了有益的探索和尝试[55]；跨区域应急信息共享机制初步形成，包括法院信息共享机制、公安机关图像信息共享应用机制、口岸查验信息共享机制等。但目前长三角区域应急联席会议制度存在以下问题。

（1）联席会议主体尚未形成高层推进、多层级政府及其职能部门、非政府组织之间的全方位应急管理合作机制。

（2）目前，联席会议的成果执行在地方政府间应急合作监督和激励机制不完善的现状下，往往呈现出不能真正落到实处的现象。

（3）尚没有建立起全过程、多灾种的合作机制。目前的合作机制多停留在签订合作协议、召开联席会议、开展联合演练、共享信息资源等方式的阶段。信息沟通渠道也较为单一，尚缺少信息共享平台。

## 5.5　社区多元共治——城市风险管理的中国实践二

城市社区是城市社会管理的基本单元，城市建设水平和竞争力的细节体现在社区建设中。随着城市社区治理水平的提高与治理重心的下沉，过去由政府单一主导的基层社区治理模式逐渐向多元主体共治模式转变。社区多元共治主体的出现，给城市的基层社区治理带来了活力，也为社区的稳定、长远、健康发展添加了蓬勃动力。

党中央始终高度重视城市社区治理在国家发展全局中的独特地位。2017 年 6 月，中共中央、国务院印发《中共中央国务院关于加强和完善城乡社区治理的意见》（以下简称《意见》），这是我国首个社区治理的纲领性文件[56]，《意见》中强调，城乡社区是社会治理的基本单元，城乡社区治理事关党和国家大政方针贯彻落实，事关居民群众切身利益，事关城乡基层和谐稳定，并提出坚持以基层党组织建设为关键、政府治理为主导、居民需求为导向、改革创新为动力，健全体系、整合资源、增强能力，完善城乡社区治理体制，努力把城乡社区建设成为和谐有序、绿色文明、创新包容、共建共享的幸福家园，为实现"两个一百年"奋斗目标和中华民族伟大复兴的中国梦提供可靠保证。

2019 年 11 月，习近平总书记在考察上海杨浦滨江时，首次提出"人民城市人民建，人民城市为人民"的重要论断和城市治理理念，深刻阐明了中国特色社会主义城市治理的价值取向、治理主体、目标导向、战略格局和方法路径，为推动新时代中国城市的建设发展治理、提高社会主义现代化国际大都市的治理能力提供了根本遵循。习近平总书记特别强调："城市治理的'最后一公里'就在社区。"社区是人们的共同生活体，人民城市重要理念要求新时代的城市工作必须把重心下沉到社区、力量集聚到社区、资源配置到社区。推动新时代城市工作重心向社区下沉，就必须把抓基层、打基础、强基本放在更加突出的位置，更加鲜明地树立起做强街镇、做优社区、做实基础、做活治理的导向，更加注重在细微处下功夫、见成效，让社区更有能力、更有条件、更加精准、更加精细地为群众服务办事，着力解决好人民群众关心的就业、教育、医疗、养老等突出问题，不断提高基本公共服务水平和质量，使社区成为超大城市治理的坚实支撑和稳固底盘[57]。2020 年，中国共产党上海市第十一届委员会第九次全体会议审议通过《中共上海市委关于深入贯彻落实"人民城市人民建，人民城市为人民"重要理念，谱写新时代人民城市新篇章的意见》，对落实"两城论"进行了部署，并提出了未来上海发展的五大目标：人人都有人生出彩机会、人人都能有序参与城市治理、人人都能享有品质生活、人人都能切实感受城市温度、人人都能拥有归属认同。在治理体系与治理能力现代化背景下，"两城论"理念为社区发展与治理提供了新时代的方向，城市的核心是人，以人民为中心的社区治理需要强化"绣花"般的精细化治理，在治理重心下移中提升市民的参与积极性。当前，大数据、人工智能、风险防控已经开始在社区治理中加以应用，为市民参与社区建设和社区治理提供了新机会和新空间[58]。

而风险治理是社区治理不可或缺的基本组成部分，无论是在常态治理下，还是在危机应对时，城乡社区都是一个重要的"阵地"。新冠肺炎疫情防控是对我国城乡社区风险治理能力的一次大考，也为丰富社区治理风险提供了充分的实践依据。

2020年3月，习近平总书记赴湖北省武汉市考察疫情防控工作时强调："充分发挥社区在疫情防控中的重要作用，充分发挥基层党组织战斗堡垒作用和党员先锋模范作用，防控力量要向社区下沉，加强社区防控措施的落实，使所有社区成为疫情防控的坚强堡垒。""打赢疫情防控人民战争要紧紧依靠人民。要做好深入细致的群众工作，把群众发动起来，构筑起群防群控的人民防线。"在2020年的抗击新冠肺炎疫情行动中，习近平总书记关于社区疫情防控的一系列重要指示，为疫情防控以及其他社区风险治理提供了方向引领与理论指导[57]。

### 5.5.1 社区风险治理的挑战与要求

#### 5.5.1.1 社区风险治理的挑战

随着城市化建设进程的不断加快和社会管理形式的快速变化，城市社区作为社会网络的基础单元和关键环节，正面临社区人员结构多元、关系复杂、利益诉求多样、资源整合能力偏弱、治理效能难以持续等前所未有的挑战。

1. 社区人口结构多元化挑战

随着我国市场经济的快速发展，城乡二元结构束缚逐渐被打破，大量的农村人口流入城市且数量仍在不断攀升，并且跨省、跨市之间的人口流动也不断增强。据国家卫健委发布的《中国流动人口发展报告2018》统计表明，从1995年开始，我国的流动人口总量持续快速增长，在2014年其规模达到2.53亿人，从2015年开始，流动人口有所下降，但流动人口与城镇人口比重持续维持在50%以上，流动人口仍然保持着较大比重。随着人口流动逐渐成为常态，人户分离的现象越来越普遍，跨地区的人口流动也已经成为人口分布的新常态，传统社区的熟人型人口结构分布将不复存在，人口结构将日趋多元化和复杂化。另外，中国人口整体规模呈现出"四降三升"态势——人口总量保持增长，老年人口增速加快，年均死亡人口规模继续提升，但劳动年龄人口、少儿人口、育龄期女性人口、年均出生人口继续下降，人口结构出现的重大"转变"将对社会经济发展产生深远影响[60]。

人口结构的多元化、复杂化及老龄化必将对城市治理的基层社区提出全新及更高的要求。这些需求表现为：社区居民构成多样化，对社区服务需求的日益复杂化与差异化，低收入群体对基本生活保障的需求和高收入群体对文化需求明显分化，老龄化群体对养老医疗的需求明显加大。因此，社区服务经常出现"众口难调""服务缺失"等局面。社区人口结构的多元化带来的社区精细化治理的问题，也时刻考验着当代基层政府的统筹协调、善治、智治的能力。

**2. 社区服务需求多元化挑战**

"十三五"时期，从顶层设计上看，社区服务的作用日益受到重视，服务设施和体系不断完善。民政部数据显示，截至 2018 年年底，全国共有各类社区服务机构和设施 42.7 万个，比 2015 年年底增长 6.6 万个；社区志愿服务组织（团体）12.9 万个，比 2015 年底增长 3.3 万个。但总体上看，我国城乡社区服务体系建设仍处于起步阶段，社区服务供给与人民群众的需求相比，仍存在一定差距。主要体现在：一是城乡社区服务供需数量和结构不匹配问题突出，社区服务总量缺口较大，服务提供不均衡，社区作为居民主要及基本载体，所提供服务的多样性、多元化有待提高；二是社区服务体系供需矛盾严重，社区自治水平较低，居民获得的服务多为被动接受，社区服务社会、市场化程度不足；三是尚未理顺社区公共服务运行机制，部门利益掣肘明显，各级政府权责不匹配，各项保障制度在社区难以形成合力。这些成为社区服务体系构建和完善过程中的主要阻力[61]。

十九大明确指出，新时代我国社会主要矛盾是人民日益增长的美好生活需要和不平衡不充分的发展之间的矛盾，必须坚持以人民为中心的发展思想，不断促进人的全面发展、全体人民共同富裕。伴随中等收入群体规模不断扩大，城镇化、城乡融合发展的步伐不断加快，人民群众对于提高生活水平和改善生活质量的愿望更加强烈，消费需求也更加多样化。城乡社区是联系服务群众的"最后一公里"，通过社区服务平台，推动多层次的服务供给直接对接居民的服务需求，是满足人民日益增长的美好生活需要的有效途径。

### 5.5.1.2 社区风险治理的要求

改革开放以来，中国社区更加开放与包容、社区人口流动渠道更为畅通与便捷、社区居民价值观念与需求也日益多元化。整体而言，城市社区结构日益复杂与多元化，社会需求也从"传统生存之需"向"安全、和谐、幸福之需"转变，这些发展的新形势对社区风险治理提出了新的要求。

#### 1. 强化底线思维，防范化解社区风险

底线思维，是凡事从最坏处准备，努力争取最好的结果，才能有备无患、遇事不慌，牢牢把握主动权。习近平总书记强调，坚持底线思维，增强忧患意识，提高防控能力，着力防范化解重大风险，保持经济持续健康发展和社会大局稳定。落实好这一要求，防范化解重大风险，既要清醒认识、充分估计，也要统筹兼顾、积极行动，防风险于未萌，化风险于将现。底线思维是一种预判思维，要围绕居民深入细致地梳理社区风险防控工作的"底线"和"短板"。一是加强对居民风险防控知识的普及和指导，提升危机意识和家庭防控能力，与居民保持及时沟通，增强全体居民的责任和风险意识。二是强化风险识别和排查、危害和传播路径精准研判，做实社区风险的预测、预警、预告，宁可备而不用，不可用而无备。三是加强城乡社区工作者对风险的感知能力建设，提高敏锐度，及时收集本地社区信息，便于地方党委、政府对症下药、统一综合施策，及时采取配套措施或政策补救推进社区防控，力争将风险的危害降到最低。"预则立，不预则废"是底线思维运用的最好概括和提炼，只有守住底线，才能顺利推进社区风险防控工作。

#### 2. 前移风险防控关口，有效管控社区风险

目前，我国社区安全风险管理一定程度还是针对各种突发事件的响应式管理，即突发事件的应急管理，管理的对象是具体的"事件"。然而，突发事件的最大特性就是突发性和不确定。这使得政府特别是基层政府、基层社区在此类管理中特别困惑，处于被动的响应式管理状态，面对突发事件防范基本"防不胜防、疲

于应对"，也称之为事中或者事后管理。而根据安全风险管理的相关理论研究，突发事件发生的可能性、强度以及承灾体的脆弱性是可以被预测和评估的，并可以通过风险沟通、风险识别、风险评估、风险化解等一系列的方法和手段，加以风险规避、风险转移以及减轻风险损失。因此，社区风险治理是一种更主动、更积极、更科学、更精细的管理手段，着重强化高风险管理工作的"关口前移"，是从事中及事后应急响应管理模式向事前风险管理模式的重要转变。加强社区风险治理工作就是强调做好日常的风险源识别与隐患排查、应急准备、预警等基础性工作，以提高风险的预警与防范能力。

在本次新冠肺炎疫情防控中，城乡社区在遏制疫情扩散传播中发挥了"关口前移"作用，凸显了社会风险的"源头治理"功效。加强社区风险的科学评估，进行准确的风险识别，以及时做出风险预警。习近平总书记指出，"预防是最经济最有效的健康策略"。要加强对各种风险源的调查研判，提高动态监测与实时预警能力。"找到管好每一个风险环节，决不能留下任何死角和空白。"及时有效地解决矛盾纠纷与各种"苗头性""趋势性"问题。"关口前移"就是要"对各种可能的风险及其原因都要心中有数、对症下药、综合施策，出手及时有力，力争把风险化解在源头"。在常态化风险防控中，要充分发挥社区基层组织的"前哨"作用，强化社区风险管理的"责任意识"。

**3. 共建共享共治，筑牢社区风险防线**

"人民城市人民建，人民城市为人民。"社区风险治理也是如此，社区风险治理既是为人民，也需要人民的支持与参与。人民群众在任何时候都是社区风险治理的主体力量。在常态化社区风险防控中，应主动吸纳社区居民参与社区风险治理过程，提高社区居民的风险知识素养与风险应对能力，营造常态化社区风险治理的良好氛围，积极构建维护人民健康的社区风险治理共同体，实现多元主体联动[64]。

社区风险治理以多元主体联动为前提，实现各主体之间的沟通与协作。在党的集中统一领导下，构建由社区党组织、社区居委会、社区企业、社区物业、社会组织、社区志愿者、社区居民等组成的社区风险治理共同体，形成多元主体联动、功能耦合、分工明确、反应迅速的沟通协作机制，打造一支常态化的社区风险治理队伍，以实现社区风险治理主体的多样性。社区风险治理队伍在"平时"参与社区风险预防管理，在"战时"承担社区风险治理职能，以此快速实现"平战转换"。社区风险治理共同体的重点是组建专业化的社区志愿者队伍，广泛动员社区居民参与，尤其是动员社区中的教师、律师、记者、医生、心理咨询师等有专业背景的居民，让他们在"平时"或"战时"通过社区微信群、抖音等平台，为社区居民提供个人防护、居家锻炼、心理辅导、法律咨询等专业知识和贴心服务。

4. 打造社区安全"大脑"，提升社区风险智治

"十四五"期间，信息化全面推进，大数据、物联网和5G技术的应用成为世界科技发展的主旋律，也必将在社区风险治理中发挥重要作用。社区常态风险信息、重点风险信息、潜在风险信息等管理客体的信息，以及应急案例、应急资源、应急力量的分布等管理主体相关信息，要进行深度融合。

一是统一风险信息相关数据标准。完善风险治理与应急管理相关概念体系，明确风险隐患的分类分级框架，形成风险信息相关数据标准，便于在城市风险治理与应急管理中运用最新的互联网技术和大数据技术，提高社区风险治理的精细化水平。

二是建立风险治理大数据体系。社区相关风险多，信息量巨大，普通的管理办法不能有效地加工和利用相关数据，因而可通过对上报的信息进行技术性编码，设定关键词，组建案例库，采用信息技术手段处理相关数据并形成便捷化、高效化运行的风险隐患数据库，逐步建立城市社区风险治理大数据体系。

三是实现风险治理的智能分析预警和应急管理的智能决策调度。通过物联网、5G技术实现对危险源、风险隐患的实时监测监控，运用风险分析方法、数据挖掘和人工智能方法实现风险信息的智能预警预判断，根据应急预案、应急力量以及应急资源调配模式和算法实现对社区风险的快速识别与智能响应。

社区作为人民群众生活的共同空间，是联系人民最紧密、服务人民最直接、

组织人民最有效、人民感受最直接的载体，是我国实现治理体系与治理能力现代化的中微观基础，也是应对风险的重要防线与桥头堡。必须要加强对社区的治理和建设，积极培育社区社会资本，形成自主自治、互惠信任的良好氛围；主动搭建多元主体协同治理的平台，推动社会治理主体在社区治理的场域中发挥联动作用，以此推动建成韧性社区，增强社区应对风险、抵御灾害的能力，筑牢风险社会的防控之墙。

### 5.5.2　社区多元协同共治

作为社会治理重要组成部分的应急管理，在新发展阶段，如何加快推进应急管理体系和能力现代化，将"坚持社会共治，并把这些重大原则全面贯彻到应急管理的各个方面"，构建全社会共建共治共享的应急管理新格局，是一项迫切而现实的任务[63]。

#### 5.5.2.1　社区风险治理的多元化主体

社区治理[64]是指在政府主导下，由政府、社会组织和社区成员共同参与，通过管理、协商、合作或自治等方式处理社区公共事务或提供社区公共服务的过程。主体的多样性与复杂性决定了社区治理既不是单纯的以政府为主导的治理，也不是单纯的以市场为主导的治理，因此，"最后一公里"在治理上呈现治理主体的多元性、治理内容的复杂多变性特点。社区治理中不同的主体有着不同的利益需求，在社区治理中扮演不同的角色。

1. 党政组织是社区风险治理的核心主导力量

社区治理是政府与市场、政策与环境、基层党组织机构等多种力量融合发展和共同推进的结果，亦是多元主体助力下推动社会环境由无序走向有序的过程。基层党政组织作为参与社区治理的主导力量，以其独有优势在社区治理中发挥着重要作用。

首先，党和政府是社区治理较为特殊的一个主体，扮演着领导者的角色。近年来，社区党建在组织建设层面得到了重视，党的组织在社区层面实现全覆盖，全国各地涌现了不少以党建引领社区治理的好经验和好做法。比如，北京在全市选择100个小区开展党引领社区治理试点工作，坚持党建引领，在社区成立党组织、派党建指导员，着力实现"应建尽建""应派尽派"；天津河东区在深化城市基层党建整体性系统性建设的同时，以党建引领社区治理为切入点，探索构建社区党组织牵头，居委会、业委会、社区社会组织和驻区单位等共同参与的多方联动机制，有效统筹整合各方力量资源，不断满足群众对美好生活的需要[65]。

其次，党政组织把控社区治理的方向，必须坚持正确政治立场，必须以人民为中心，努力实现社区善治，参与制定社区发展建设的行动规划，坚持以正确方向引导社区的持久发展。另外，基层党组织的政治领导作用还集中体现在重大突发事件的指挥领导、行动贯彻以及应急资源整合上，具备合理高效的应急处理能力是基层党组织的发展性要求。

最后，社区是以基层党组织队伍为指导、以居民为主要服务群体、以社区工作者和志愿者为行动力量的多元主体并存的场域。社区中各项事务处理及各类发展规划的制定同样是不同主体相互配合的过程。基层党组织作为社区的领导力量，始终坚持为居民服务的基本立场，以人民群众的问题解决为己任，同人民群众保持密切联系。对群众路线的坚持使得基层党组织更易获得各主体的信任与支持。因此，基层党组织可通过协调分配和组织动员，积极引导各方力量参与社区建设和问题解决。作为组织动员者，基层党组织充分调动社区内外资源助力社区建设和发展，形成良性的社区治理合力，塑造着协作共生的社区治理环境，努力实现社区善治[66]。

**2. 自治组织是社区风险治理的重要组织形式**

社区自治是指社区组织根据社区居民意愿形成集体选择，并依法管理社区事务，包括涉外事务和内部事务。涉外事务主要有国家和地方政策法规与标准的贯彻落实、社区管理与城市管理的对接、社区代表的履职监督等；内部事务包括社区内部管理、服务和教育。目前，在我国社区中存在两个法律意义上的社区自治组织，即居民委员会（在农村为村委会）和业主委员会。

居民委员会是居民自我管理、自我教育、自我服务的基层群众性自治组织，是中国人民民主专政和城市基层政权的重要基础，也是党和政府联系人民群众的桥梁和纽带之一。2010 年 8 月，中共中央办公厅、国务院办公厅印发了《关于加强和改进城市社区居民委员会建设工作的意见》，进一步明确了城市社区居民委会的三项基本职责：依法组织居民开展自治活动、依法协助城市基层人民政府或者其派出机关开展工作及依法依规组织开展有关监督活动。而业主委员会指经业主大会选举产生，并经房地产行政主管部门登记，在物业管理活动中代表和维护全体业主合法权益的组织，从法律性质上讲，它是基于房屋产权形成的，业主在物业范围内自治管理具体事务的群众性组织。业主委员会的设立，改变了过去房管部门统管的局面，建立了业主自治的新模式，提升业主管理社区的主动性，培育和优化了社区的民主自治机制，奠定城市社区自治的组织基础，从根本上加速了中国社区的民主化进程。

为了培养居民参与社区管理的意识，并提高社区的自治空间，应该逐渐规范政府参与社区治理的权限与责任，建立社会组织以及社会工作者的介入环境，为更多社会参与者管理社区创造条件，让社区环境与外界环境接轨，为社区的治理带来新观念与管理方法，更好地为居民提供服务。此外，还需要进一步深化居民的协助作用，让政府人员、社会组织者、居民以及社区人员共同参与治理。政府为社区的管理提供法律保障，让其在治理时有法可依；社会组织者可以为社区的治理提供客观性的意见，从旁观者的角度维护社区治理，让社区变得更加人性化与专业化；居民在参与管理的过程中可以提出实际真正的诉求，弥补社区的不足之处，社区可以更好地采纳居民的合理意见，打造令人满意的良好社区；社区本身的工作人员对社区更加了解，能够有效加强管理中的不足以及问题，给予相应的解决办法。建立完善的群众自治制度，强化社区的自治能力，避免居民出现"表面权利"等不良现象，最大程度地提升社区治理能力[67]。

**3. 居民是社区治理基本力量**

社区居民包括业主居民和租住居民，既是社区治理的主要对象，也是社区治理的主要参与主体，特别是 2017 年 6 月，中共中央国务院发布《关于加强和完善城乡社区治理的意见》，提出要坚持以人民为中心的发展思想，把服务居民、造福居民作为城乡社区治理的出发点和落脚点，坚持依靠居民、依法有序组织社区居民参与社区治理，实现"人人参与、人人尽力、人人共享"的社区生活空间。

世界上许多国家与地区越来越重视社区居民参与社区日常管理活动，并认为这是解决社区矛盾、提升社区幸福感的重要举措。一方面，社区居民参与社区治理有利于形成健康发展的氛围，从政府宏观层面来看，社区居民参与社区治理，突破了原有架构体系的束缚，打破了资源分散、各自为战的困境，缓解了政府资源的压力，很好解决了城市治理"最后一公里"的瓶颈问题；从社区生态微观层面来看，社区居民通过参与社区治理，学会如何通过友好协商来解决在社区生活中的各种公共与私人问题，不仅有利于化解冲突，而且还有利于提升合作能力与民主意识。另一方面，社区居民参与社区治理有利于治理结构的优化，社区居民参与不仅有利于政府完成职能转变，将大量属于社区的职能返还给社区；通过社区居民不断参与社区治理活动，培育了传统非社区制没有的市场空间与服务供给空间，有利于促进多元治理体系长期、多层次的健康发展。

当前，我国城市社区居民参与社区治理中还存在参与率低、参与形式单一、被动参与和参与主体不均匀等问题，处在由不成熟逐渐走向理性的过程，在此过程中还需要党和政府，特别是基层党组织的大力引导与激励。

**4. 物业公司是提升社区风险治理水平的重要参与者**

物业公司是社区治理过程中市场力量的代表，其受群众自治组织业委员的委托为社区居民提供物业相关有偿服务。近年来，随着居民生活水平的不断提高以及社区建设的不断改进，物业公司和物业服务逐渐被大部分尤其是后建社区及居民所接受，并且承担了大量的社区公共服务和商业服务，物业公司在社区治理中承担着越来越重要的作用。

物业公司在参与社会治理中具有精细化和专业化优势，能够更加有效地落实基层政府的各项管理措施,参与到基层公共服务事务中,主要体现在以下两个方面。

一是物业公司具备充足的人力、物力优势。物业公司作为业主和居民的直接服务者,具有高效的管理体系和专业的服务团队。而基层政府和社区普遍存在人手不足、任务繁重等问题,如果能够有效地将物业公司人员纳入社会治理力量池,将会显著地提升基层社区服务力量。

二是物业公司具有丰富的物业服务经验和客户沟通经验。物业管理活动涉及的事项多、主体多,物业服务企业往往通过制定精细严密的服务流程、选聘专业的技能型人才开展工作,在涉及物业的相关服务、矛盾纠纷协调、应急状况处理等方面具有丰富的经验。

在新冠肺炎疫情的防控中,物业服务企业发挥了精细化和专业化优势,开展封闭管理、出入控制、住户排查、公共环境消杀等防疫措施,部分企业还开展物资采买、患者引导转运等工作,向社会展现了物业管理的专业价值和服务功能[68]。

通过物业公司,在加快推进城市社会治理现代化的同时,可实现服务多样化与服务下沉承接的功能。在此背景下,物业公司作为基层社区治理的重要组织,可以更加有效地融入社区治理过程,提高基层社会治理和服务供给能力。物业公司在主动化解物业管理矛盾、破解物业管理难题、提升群众满足感和获得感等方面所能够发挥的作用也将更加显著。

除了上述四类社区多元共治主体外,社区风险治理过程中还存在其他参与主体,如各类非政府组织、非营利组织、协会、社区诊所、志愿者、社区义工或其他提供社区服务的主体等。这些参与主体在不同的社区中,对社区治理的参与程度不同,发挥的效能会有很大差别,在各自的利益追求方面也不相同。

### 5.5.2.2 构建社区多元共治体系

党的十八届三中全会提出推进国家治理体系与治理能力现代化,明确要求加强党委领导,发挥政府主导作用,鼓励和支持社会各方面参与,实现政府治理和社会自我调节、居民自治良性互动。"创新社会治理"成为各地探索和推进治理能力与治理体系现代化的重要内容。党的十九大报告进一步提出了打造共建共治共享的社会治理格局，要求完善党委领导、政府负责、社会协同、公众参与、法治保障的社会治理体制，提高社会治理社会化、法治化、智能化、专业化水平。党的十九届四中全会从坚持和完善中国特色社会主义制度上，提出坚持和完善共建共治共享的社会治理制度，要求完善党委领导、政府负责、民主协商、社会协同、公众参与、法治保障、科技支撑的社会治理体系，建设人人有责、人人尽责、人人享有的社会治理共同体。

近年来，我国社区治理体系的发展特征表现为：经历了由以政府一元为主到社区多元共治、从人治到法治、由全面管理到以服务为中心的发展过程；随着社区治理过程不断推进，我国社区治理的方式也越来越强调多元治理、政府权力下放至社区、公共服务需求导向以及社区风险治理的"公共性"，引导社会不同主体或公众通过参与社会公共事务，激发参与意识，提升社会的自我协调和自治能力，进而培养公民理性负责的参与精神，并形成长效、稳定的参与机制。

在当前形势下，应逐步将传统的政府一元主体主导的行政化管理体系转型升级为开放性、系统化多元共治的社区精细化治理体系。要前瞻性地开创"党建引领、政府主导、市场主体、文化支撑、科技赋能"的社区风险治理与风险防范新格局，实现多元共治的协同效应。

### 1. 要以党建为核心，着重建设引领的机制

在抗击新冠肺炎疫情的战斗中，地方党组织和政府部门通过"组织引领""党员干部对口支援联系"等举措，大量的党员干部下沉到基层社区，帮助织密织牢防控网络，构建起以基层党组织为内核的群防群治体系，最大限度地发挥党组织的纽带作用，协调、整合防控力量，切实做到"五早"（早发现、早报告、早诊断、早隔离、早治疗），从而有效遏制疫情扩散蔓延，确保防控工作整体有序，使社区成为疫情防控的坚强堡垒。因此，社区风险治理的关键在于加强社区党组织建设，充分发挥社区党组织的引领作用。

引领社区风险治理是提升社区党建的有效路径[69]。社区党组织是党的战斗堡垒，是党的工作和战斗力的基础，社区党建的实际效果直接影响着党在人民群众

中的形象，影响着党的执政地位。在全面从严治党的背景下，社区党建取得了一定的成效。但也存在着一些问题，如存在党建与业务工作"两张皮"的现象、缺乏抓党建的有效手段等。党建要提升实质效果，必须下沉到人民群众中去，服务于人民群众的利益，为人民群众办实事。

因此，以党建为核心的社区多元共治的核心是党的领导，党建引领的社区多元共治，实现治理的现代化的关键在于"引领"。推动党的领导力纵向延伸，明确基层党工委书记是党建引领社区治理第一责任人，坚持以上带下、以下促上，形成"区—街—居—网格"有机衔接、有序推进、有效运转的四级联动组织体系、责任体系、制度体系[70]。

**2. 要以政府为主导，着重打造创新的机制**

在本次新冠肺炎疫情防控过程中，国务院快速组建联防联控机制，细分工作组明确职责，分工协作，形成了防控疫情的有效合力。国家层面的联防联控机制也为地方各级政府和基层社区的联防联控工作提供了实践依据和参照。面对宅家居民高度关注疫情动态、各类信息满天飞的复杂舆论局面，主动引导舆论，在每天进行公开、透明、及时的疫情报道的同时，灵活运用正能量宣传、专家讲解等多种方式开展疏解和抚慰，尽最大可能避免"疲劳麻木，自我懈怠，埋怨泄愤，信谣传言"等现象成为一种倾向或态势。

因此，为了提高基层治理效能和基层治理现代化水平，城市基层治理需要进行创新发展与模式转向。城市基础创新发展应朝如下方向发展：一是治理理论由"政府本位"向以"人民为中心"转变；二是在治理基础单元应完成由社区向网格延伸，改进社会治理方式，以网格化管理、社会化服务为方向，健全基层综合服务管理平台；三是治理平台上由部门分割向"一网统管，一网统办"等信息共享方式迈进，构建跨行业、跨部门协同合作，进一步加强数据共享开放，充分发挥大数据的价值，指导社会资源合理调度、精准施策。

**3. 要以市场为手段，发挥其资源配置作用**

现代国家治理的根本之道是政府、市场与社会的"多元共治"。长期以来，我国是"大政府、小社会"，政府承担无限责任，公共服务均由政府直接提供，不仅需要投入大量人力、物力，而且容易造成财政资金的浪费，导致政府职能庞杂，越位与缺位并存，影响了公共资源配置效率，最终费力不讨好。事实上，政府提供公共服务，不等同于由政府完全包办，其核心在保障供给，关键在于形成机制，强化市场和社会的作用，将政府治理与市场治理和社会治理连接起来，通过多元共治提升公共服务的效率、效能和透明度。

市场参与公共事务的治理[71]。在多中心治理理论的视域下，公共事务的治理不仅仅有政府的参与，同样也需要市场的协同参与。现代社会分工协作体系的进步，促进了公共物品生产体系和供给体系的分离。在市场机制下，由于严格地按照供求关系生产公共物品，基本达到了供给与需求之间的平衡。另外，在市场机制下，企业在生产公共物品过程中严格地按照成本—收益分析生产，提高了公共物品的供给效率和效能。这些都使得市场成为公共事务治理主体中不可或缺的重要组成部分。

### 4. 要以文化为支撑，实现可持续融合发展

文化治理作为一种重要的社区风险治理方式，实质是将社会主义先进文化内涵与广泛凝聚的人民精神力量有机结合，以完善社会韧性为根本目标，是国家治理体系和治理能力现代化的深厚支撑。不同于国家行政权力的强制性，文化是一种以人为本、微观柔性的表现形态，日渐成为国家治理的对象和工具，促使国家治理向韧性治理转变[72]。

社区作为联系个体家庭和国家社会的纽带，承担对接微观个体与宏观政策的任务，是国家治理的基本单元和重心所在。社区文化治理，就是将文化置于社区风险治理的大框架中，由政府行政组织、社区党组织、社区自治组织、社区非营利性组织、辖区单位及社区居民等主体，利用文化潜移默化的柔性力量，充分发挥文化的柔性治理功能，修复作为社会生活共同体的社区，使得各主体在社区公共事务中形成平等、信任、互惠、共享的合作型和协同式治理结构，最终实现社区善治。

因此，构建以文化为支撑的社区风险治理是一项长期工程。社区的韧性和可恢复力不仅表现在硬件设施方面，还表现在城市居民的心理韧性，在加速推动社区文化治理进程中，必须同步推进政府治理方式和居民治理观念的转变与更新，调动广大群众参与文化治理的信心和热情，加强其对社区文化、政府理念的心理认同。这样才能满足居民日益增长的社会主体意识和参与社区治理的需求，促进现代治理体系的构建和社区治理能力的提高；才能最大限度地凝聚社会共识，最广泛地打造社区韧性，最终实现国家治理体系和治理能力现代化。

5. 立足于现代科技，构建智慧化治理平台

线上线下协同发展，就可以让尽可能多的社区行动主体参与，协同治理社区，风险预控的有效性也会大大增加。只有将现实社会和数字社会中的数据与信息协同融合，合力形成的社会治理才是一种相对完整的社会治理状态。因此，应积极利用5G、大数据、云计算、物联网、人工智能等新一代信息技术，探索和试验新的治理方法，提供公共信息平台，最大程度地满足社区民生需求。

在智慧化社区工作开展过程中，良好的机制引导和制约社区决策，影响着与社区所有的人、财、物相关的各项活动。在智慧化潮流下，要想创新社区发展，必须完善相应的体制和机制，重新思考智慧化社区线上线下协同的基本准则及相应制度，明确如何协调和创新组织架构、运营系统、技术创新系统，明确在运行过程中各环节内部以及各环节之间如何关联、相互制约等问题。只有在此基础上完成融合延伸，智慧化社区线上线下活动才能协调、有序、高效地运行，才能够促进社会持续、健康、稳定发展。积极搭建和完善线上线下社区居民与社区风险治理的平台，让社区各相关行动主体有充分表达机会，让他们的困难、矛盾、冲突、诉求通过线上线下不同的渠道"汇总上来""解决下去"，使社区达到一种和谐的动态平衡状态，实现通过"智治"达到"善治"的目标。

智慧化社区是一个涉及多方利益主体的复杂系统，这些主体通过彼此的资源共享和战略合作，形成了智慧社区服务系统，它们利用各自的线上线下有利资源、发挥各自优势。因此，如何协调管理不同的参与主体，使智慧社区各个运营管理

环节顺利进行，保证智慧社区的建设及运营状况良好并真正发挥作用，建立智慧化社区的线上线下多主体协同治理机制非常重要[73]。

### 5.5.3 社区风险治理实践

#### 5.5.3.1 超大城市老旧小区风险治理——以上海浦东新区为例

住宅小区是市民群众生活的基本场所，是城市管理的基本单元，也是社会治理的重要领域。加强住宅小区尤其老旧住宅小区运行风险管理，是提升城市管理精细化水平，完善社会治理体系建设的重要内容。

城市的建筑安全是保障城市运行安全的重要内容，是城市管理的重中之重。在国家大力推进城市安全发展，健全城市安全防控机制的战略背景下，上海浦东新区创新地将风险防控应用到老旧小区管控上来，在践行老旧小区综合安全风险识别、评估、管控等过程中，为积极探索"加快建立城市安全风险管控长效机制"，实现新形势下的老旧建筑综合安全风险管控奠定了基础。其风险防控治理思路包括以下四点。

1. 老旧小区治理思想上完成"四个转变"

老旧小区的安全管理深度：从以往的强调房屋安全管理，向更关注城市建筑风险管控发展；为响应中央对城市运营管理的要求，将建筑安全风险管理纳入城市风险管理的最终目标。老旧小区的安全管理方式从由政府包揽，向着政府主导、社会协同、公众参与、法制保障的管理方式进行转变。老旧小区的安全管理的覆盖范围从以往个体、点状（发现问题、处理问题模式），向着条状、区域化以最终在城市全面开展防控的方式进行转变。老旧小区安全风险的防范时机从"事中管、事后救"，向"事前防、过程控"进行转变。

2. 构建发展一个"安全风险管控机制"

遵循统一规划、分步实施的原则，从技术规范、房屋安全管理体系，到建筑安全风险管理的法规文件，健全既有房屋全生命周期安全风险管控技术文件、细则规定、作业指南、政策文件。结合健全完善统筹管理、分级负责、综合协调、社会参与的房屋安全管理体系，同步发展政府、市场、社会多元共治、协同参与的既有建筑综合安全风险管控机制。

**3. 建设完善一个"安全风险管控平台"**

开发建设具有建筑综合安全风险评估、监测预警与辅助决策功能的智慧信息系统，实现建筑全生命周期的安全综合信息收集、汇聚、分析与管理。实现老旧建筑风险防护区施工的工程信息和监测数据在线管理与风险动态分析。建立城市老旧房屋结构安全物联网监测平台，"安全风险管控平台"对接浦东城市运营管理中心，构建合理高效的业务流程管理机制，实现平战结合的风险动态评估、监测和辅助决策，提升协同救援智能化水平，增强城市灾害风险管理和综合救援能力。

**4. 研究一个"建筑安全综合保险"**

试点探索适用于浦东新区整个区域的实际发展需求，一方面为建筑安全保险、房屋保险提供保险保障，另一方面通过委托专业监测机构对房屋安全开展日常动态监测管理服务及专家评价服务的综合保险。建立保险机构在房屋结构安全管理的事中进行风险控制和事后理赔的机制，实现保险内容、费用和房屋结构安全动态风险联动，发挥保险机构的资金保障托底作用。

### 5.5.3.2 超大城市社区公共卫生风险治理——以上海社区新冠疫情防控为例

2020年2月23日，习近平总书记在统筹推进新冠肺炎疫情防控和经济社会发展工作部署会议上强调，社区是疫情联防联控、群防群控的关键防线，要推动防控资源和力量下沉，把社区这道防线守严守牢[75]。为切实落实以社区防控为主的综合防控措施，指导社区科学有序地开展新冠肺炎疫情防控工作，及早发现病例，有效遏制疫情扩散和蔓延，建立应对新冠状肺炎疫情的联防联控工作机制，国家卫生健康委2020年1月24日发布了《关于加强新型冠状病毒感染的肺炎疫情社区防控工作的通知》，进一步强调了社区是实施网格化管理的基础，是传染病防控的第一道防线，要切实落实综合防控措施，做到"早发现、早报告、早隔离、早诊断、早治疗"，有效地遏制疫情的扩散和蔓延。[76]

上海市疫情防控充分发挥"一核多元"的多元协同共治的社区风险治理经验，深化以社区党组织为核心，充分调动社区的多元主体力量参与"群防群控、稳防稳控、智防细控"的工作中，充分激活各方社区参与主体，用党建引领基层社区多元主体，构筑成社区新冠疫情防控的强大动力。其风险防控治理思路包括以下九个要点。

**1. 党群共防**

做好疫情防控，党员冲锋在前。充分发挥先锋模范作用是上海各社区疫情防控的一个显著特征。各居民区党组织充分发挥党建引领作用，积极宣传，发动党员，依靠群众、凝聚群众、组织群众全力投入一线疫情防控工作中。有的居民区在上海首创了居民区党总支向业委会派驻党的工作小组，让其成为连接业委会与居民区、街道党组织的纽带，助力织密小区防控网。有的居（村）委会成立了由党员带头的疫情防控志愿者突击队，分赴各居（村）委会、企业、超市、菜场等一线，充实基层防控力量。

**2. 群防群控**

（1）居民互助，形成社区疫情防控的一道加强防线。

疫情期间，很多小区居民互赠防疫用品，或者利用自己的资源帮助邻居购买防护用品。有些社区居民自发创作了各种顺口溜、打油诗，对防疫工作起到了很好的宣传作用。有些居民利用专业优势，帮助小区设计了"小区外来人员进小区登记表"和"健康状况信息登记表"等小程序，方便外来人员进入小区时进行信息登记和管理主体对信息的调用管理。上海的国际社区，不少外籍志愿者挺身而出，主动担任了"防控疫情告知书"的翻译工作。

（2）居民自发组织看家护院，补充社区疫情防控薄弱环节。

中心城区的老城厢，很多是没有物业的老旧小区，疫情防控期间守门、保洁、消毒等都是难题。紧要关头，小区居民自发组建了"防疫团队"，采取了各种符合老旧小区实际情况的防疫措施。城乡接合部的乡村，租住了大量来沪人员。防控战打响后，有些村居召开"房东会议"，制定针对房东的租借制度和针对外来租客的疫情防控措施,如规定空置房屋一律禁止对外出租,若原租户想返沪后续租,房东必须进行劝阻;若劝阻无果,需前往集中隔离点隔离14天,拿到"安全证"后才可入住等。

(3)居民自觉参与疫情摸排,有效填补社区防线漏洞。

对于掌握到的重要疫情线索,居民踊跃向居委会上报,便于居委会、街道及相关部门第一时间采取防控措施。比如发生在颛桥星河湾小区的"火车票疑云",从居民发现情况到各方配合,仅用了3个小时就水落石出,核实火车票主人,并对其采取了相应的隔离措施,做到了早发现、早汇报、早隔离。

3."三驾马车"共发力

居委会、物业、业委会是社区工作的"三驾马车"。"三驾马车"跑得稳,形成合力,才能推动社区各项工作常态化。疫情防控期间,居委会、业委会、物业"三驾马车"凝成一股强大战"疫"合力,带领广大志愿者和社区居民,为家园筑起了"铜墙铁壁"。

(1)守好小区大门,让广大业主安心。

疫情防控期间,上海的大部分小区都设24小时门岗,实行"出入证"制度,封闭管理居民社区。各居民区物业主动跨前一步,纷纷推出非常时期的管理办法。保安会检查进出小区人员的门卡或者出入证,确认业主身份;外来人员及车辆一律由业主提前报备,并现场电话确认后放行;外来人员必须测体温后才能放行,保安做好记录工作等。

(2)破解家门口的"快递围城"。

疫情防控期间,上海住宅小区加强防控,限制快递小哥、外卖小哥随意进出。很多小区通过多方治理,共同破解"快递围城"难题。居委干部、物业工作人员、城管执法队员、快递公司、小区群众群策群力,因地制宜制定了各种行之有效的办法。如把快递寄存箱从小区内迁至小区外,既方便快递小哥正常投递,也隔绝双方直接接触的交叉感染风险;或者在小区入口开辟独立空间,专门用于停放快递车辆和装卸快递包裹等。

（3）确保居民区环境安全。

小区楼道、电梯、地下停车库、儿童乐园、快递柜、垃圾箱房等公共区域，每天都进行常规的打扫和至少两次的消毒工作，确保小区居民的环境安全。

（4）重点人群的精细管理。

春节后迎来返程高峰，在外来人员管理方面，上海市下了很大功夫，其中"五步工作法"比较有代表性。第一步核实信息，包括从哪里来、家里几口人、乘坐什么交通工具、什么时候到沪等。第二步消毒，只要到了上海、进了小区，第一时间由专业消毒人员对其经过的公共区域，包括电梯、电梯间、楼道间、家门口进行消毒，24小时都有人做这项工作。第三步上门告知，居委会、派出所、社区卫生服务中心一起上门，让其填写健康登记表、签署《居家隔离观察承诺书》。同时送上必备防控物资，如口罩、体温计、消毒液、垃圾袋，以及部分方便储存的食品。第四步垃圾集中收运，每天定时有人上门收集垃圾进行消毒，然后专人专桶专车送到指定地点。第五步做好日常联系保障，每天两次联系隔离人，确保无异常。同时，居委会工作人员及时跟进解决生活上的问题，代其采办生活物资。对于"出尔反尔"的隔离观察对象，有些社区采取在其家门上粘贴"小红条"的措施，如果出现"小红条"被擅自撕毁的情况，经核实后，防控办将采取相应的强制措施。

**4. 下沉力量显优势**

"社区是疫情联防联控的第一线，各级干部下去了，基层就会感到踏实，工作就会更加有力。"当时上海市委书记李强要求，各级干部要多到基层和现场走一走、看一看，发现问题、及时解决，发现漏洞、及时补上。要做实做细分片包干，因地制宜、因情施策、精准施策，使每个社区都成为疫情防控的坚强堡垒。

在上海各区，来自区级机关、事业单位以及各街镇的党员干部，到了社区、到了一线、到了群众最需要的地方。他们在深入了解、理解社区的同时，也用自己的专业技能和敬业精神为社区贡献力量，紧张有序地开展社区疫情防控全覆盖及居委相关工作，协助社区原有力量，切实践行"不走形式，不走过场"。

### 5. 技防 + 智防齐应用

全市 16 个区 6 000 多个居（村）委会、1.3 万多个居民小区，都在利用信息化智能化手段，采取精细化、人性化管理，织密疫情防控网络，做好疫情防控。

### 6. "一网通办"显身手

2020 年 1 月 30 日，上海"一网通办"向广大市民发出倡议书，在疫情防控期间，如有相关办事需求，尽量网上办、掌上办，避免线下办、集中办，"一网通办"提供多渠道服务，让数据多"跑路"，避免集中到线下大厅办理。原本是提高政府办事效率、便民惠民的"一网通办"，在尽量"宅在家"的防疫特殊时期发挥了独特价值，真正做到了"实战中管用、基层干部爱用、群众感到受用"。

### 7. 口罩预购智能化

对于上海市民普遍关心的口罩预购事项，很多街道利用"一网通办"的"随申办市民云"App 鼓励居民在线完成口罩预约。另外，有些街镇采用了"线上线下"预约登记模式进行口罩预购，"线上"通过扫描微信小程序、二维码等方式，居（村）委会统一到药店采购后送货到居民家里。有些社区借助运作成熟的智能化治理系统，快速推出"口罩线上预约登记"等功能，充分发挥了"不见面""很精准""组织化""很方便""易管理""实时化"等优势。

### 8. 挂图作战，分色管理

很多社区推行了"房态图"动态管理，针对不同小区情况，分类开展防疫管控工作，运用红、橙、黄、绿、蓝、灰、黑七色进行标注，基本做到了人员清、家庭清、时间清、进度清和措施清。没有出过上海的居民是绿色，外地非重点地区返沪的居民是黄色，重点地区返沪为橙红色，并标注解除隔离的时间，一到时间就会变成绿色，地图信息保持动态更新。

### 9. 信息化、高科技手段提高效率

疫情防控期间，很多街道利用信息化平台、各种应用小程序、无人机等高科技信息化手段提高防疫工作效率。如有些社区的治理综合信息系统平台，综合了"社区风险治理信息系统、以房管人综合数据库、智慧社区应用管理系统、网格

视频监控系统"等数据，实现了居民区重点人员的精准排查和靶向监控；有些街道开发的"疫情防控信息填报系统"小程序，既方便，又高效安全。黄浦区瑞金二路街道更是用无人机在轨交站点出口处，对出站人员进行宣传喊话和防疫宣传，既保证了效果，又扩大了范围，还降低了人员交叉感染的概率。

## 5.6　本章小结

城市风险自身的复杂性决定了管理的难度，不恰当的干预还可能引发新的风险。研究城市风险管理，必须明确"谁"是城市风险的界定者、监测者、约束者和控制者。

这一问题在不同的场景、不同的区域、不同的国家有不同答案，但从共性上来说，必然包含庞杂的多个主体。从长期防控各种自然灾害、事故灾难的实践中，我们可以肯定只有多个主体的协同发力，才可能有效应对城市风险。

本章根据我国的实践，重点从政府层面介绍了城市风险管理主体的历史沿革和现状，并探索性地提出"金字塔"型结构的多元治理框架。

当然，多元共治治理结构的形成是一个漫长的过程，还要在文化、机制、技术等多种因素的共同促进下，逐步探索形成。为了不断分析总结提炼最新的实践成果，本书选取了不同层面、不同主体参与、能反映风险多元共治的三个实践案例，从中可以更好地理解风险多元共治的价值，积累成功经验。

## 参考文献

[1]　秦绪坤，周玲，宿洁，等.我国城市综合风险管理体系建设的发展脉络及路径探索研究[J].安全，2020，41(3):23-28.

[2]　JAMES N R.Governance without government: order and change in world politics[M]. Cambridge: Cambridge University Press，1992.

[3]　孙淑生，刘晓康.基于全寿命周期的物流园区项目风险分析与管理[J].物流技术，

2009(12):70-71+159.

[4] 周玲，朱琴，宿洁．公共部门与风险治理 [M]．北京：北京大学出版社，2012.

[5] 秦永恒．谈谈美国企业的风险管理 [J]．外国经济与管理，1991(7):46.

[6] 潘裕文．海关风险管理 [M]．北京：中国海关出版社，2010.

[7] 钟开斌．国际化大都市风险管理：挑战与经验 [J]．中国应急管理，2011(4):14-19.

[8] 中华人民共和国国务院新闻办公室．抗击新冠肺炎疫情的中国行动 [M]．北京：人民出版社，2020.

[9] 高小平，刘一弘．应急管理部成立：背景、特点与导向 [J]．行政法学研究，2018(5):29-38.

[10] 王宏伟．从协调组织到政府部门 中国应急管理制度之变 [N]．新京报，2019-09-22.

[11] 雷尚清．应急管理中的党政结构 [J]．南京社会科学，2017(7):90-96+127.

[12] 王郅强，张晓君．改革开放 40 年以来中国应急管理变迁——以"间断—均衡"理论为视角 [J]．华南理工大学学报（社会科学版），2018，20(6):70-79.

[13] 刘小冰．非常法治的理论建构及其宪政意义 [J]．金陵法律评论，2008(2):15-30.

[14] 刘一弘，高小平 .70 年的综合化创新历程 [J]．吉林劳动保护，2019(10):6-8.

[15] 王璇．政府职能转变下中央与地方危机管理协作的新模式——以雅安地震救援为例 [J]．安徽行政学院学报，2014，5(4):76-79.

[16] 华建敏．我国应急管理工作的几个问题 [J]．中国应急管理，2007(12):5-9.

[17] 高小平，刘一弘．中国应急管理制度创新：国家治理现代化视角 [M]．北京：中国人民大学出版社，2020.

[18] 戚建刚．《突发事件应对法》对我国行政应急管理体制之创新 [J]．中国行政管理，2007(12):12-15.

[19] 孙永晨，赵蕊．关于构建山东交通运输互联互通应急管理体系的几点思考 [J]．山东交通科技，2019(6):6-8.

[20] 李岳德，张禹．《突发事件应对法》立法的若干问题 [J]．行政法学研究，2007(4):69-75.

[21] 王宏伟．构建京津冀跨界危机常态治理网络 [J]．社会治理，2018(5):60-67.

[22] 昝军，刘毅．国内外应急管理机构发展现状及趋势研究 [J]．科技资讯，2019，17(34):186-187.

[23] 中华人民共和国中央人民政府．国务院发布《国家突发公共事件总体应急预案》[EB/OL](2006-01-08)[2021-06-22] http://www.gov.cn/jrzg/2006-01/08/content_150878.htm.

[24] 中华人民共和国中央人民政府．国务院关于全面加强应急工作的意见 [EB/OL](2006-06-15)[2021-06-22] http://www.gov.cn/gongbao/content/2006/

content_352222.htm.

[25] 邱需恩 . 构建科学的应急管理体系 [J]. 行政管理改革，2011(6):51-54.

[26] 金凤华 . 从吉林德惠特大火灾事故泛论律师参与深层次社会应急管理建设之滥觞 [J]. 中国市场，2013(37):59-62.

[27] 朱正威 . 中国应急管理 70 年：从防灾减灾到韧性治理 [J]. 国家治理，2019(36): 18-23.

[28] 丁颖，王妍 . 多中心治理理论视角下重大突发性公共事件治理网络框架研究 [J]. 南京 工业大学学报（社会科学版），2011，10(3):47-53.

[29] 宋英华 . 突发事件应急管理导论 [M]. 北京：中国经济出版社，2009.

[30] 金太军，沈承诚 . 论灾后重建中多元治理主体间的互动协作关系 [J]. 青海社会科学，2010(3):104-108.

[31] 中国政协新闻网 . 芦山地震：灾后重建模式中的市场机制力量 [EB/OL]（2013-05-14）[2021-06-22] http://www.cppcc.people.com.cn/n/2013/0514/c34948-21467598.html.

[32] 顾林生 . 日本大城市防灾应急管理体系及其政府能力建设——以东京的城市危机管理 体系为例 [J]. 城市与减灾，2004(6):4-9.

[33] 赵星山 . 政府事故灾难危机治理研究 [D]. 郑州：郑州大学，2013.

[34] 马梦砚 . 地方政府处置公共突发事件应采取的主要措施 [J]. 实事求是，2010(2): 21-22.

[35] 李欣 . 浅析突发公共卫生事件的应急管理 [J]. 农村经济与科技，2021，32(5): 289-291.

[36] 颜利晓 . 突发公共卫生事件中政府应急管理探究 [J]. 现代商贸工业，2021，42(19):95-96.

[37] 胡秋玲，陶振 . 突发事件应急指挥体制的分类、演进与调适 [J/OL]. 四川行政学院学报，2021(03):26-40.

[38] 金太军，赵军锋 . 群体性事件发生机理的生态分析 [J]. 山东大学学报（哲学社会科学版），2011(05):82-87.

[39] 金太军，沈承诚 . 从群体性事件到群体性行动——认知理念转换与治理路径重塑 [J]. 国家行政学院学报，2012(1):23-28.

[40] 沈承诚 . 生态政治化进程中的生存博弈 [J]. 社会科学，2010(5):3-12+187.

[41] 姚虎 . 社会治理与社会稳定的长效互动研究：利益均衡场域 [D]. 苏州：苏州大学，2016.

[42] 孙静 . 群体性事件的情感社会学分析 [D]. 上海：华东理工大学，2013.

[43] 赵园园 . 群体性事件治理的法治之维 [J]. 山西师大学报（社会科学版），2016，

43(6):71-76.

[44] 金太军，沈承诚. 长效社会稳定、政治话语权均衡及型构路径 [J]. 社会科学，2014(9):74-79.

[45] 沈承诚. 生态政治化进程中的生存博弈 [D]. 苏州：苏州大学，2013.

[46] 金太军，赵军锋. 风险社会的治理之道：重大突发公共事件的政府协调治理 [M]. 北京：北京大学出版社，2018.

[47] 钟世红. 地方政府间联席会议制度研究 [D]. 济南：山东大学，2016.

[48] 刘东辉. 行政联席会议制度刍论 [J]. 人民论坛，2012(35):34-35.

[49] 陈光. 论区域立法联席会议机制 [J]. 学习与探索，2011(2):116-119.

[50] 彭庆军. 建立武陵山区跨省际教育联席会议制度的思考 [J]. 民族论坛，2013(2):44-46.

[51] 马汶青. 区域城市群应急联动机制建设探析 [D]. 广州：广州大学，2012.

[52] 浙江应急管理. 长三角一体化应急管理协同发展深入推进 [EB/OL].(2020-10-14)[2021-06-22]. https://www.mem.gov.cn/xw/gdyj/202010/t20201014_369996.shtml.

[53] 澎湃新闻. 首届长三角国际应急减灾和救援博览会明年举办，规划六大展区 [EB/OL].(2020-10-12)[2021-06-22]. http://m.thepaper.cn/uc.jsp?contid=9528896.

[54] 魏玖长，卢良栋. 跨区域突发事件应急合作与协调机制研究——以长三角区域为例 [J]. 中国社会公共安全研究报告，2017(1):59-72.

[55] 邹积亮，朱伟. 国外防灾减灾能力建设经验及启示 [J]. 中国应急管理，2015(11):68-70.

[56] 中共中央 国务院关于加强和完善城乡社区治理的意见 [J]. 中华人民共和国国务院公报，2017(18):6-11.

[57] 谢坚钢，李琪. 以人民城市重要理念为指导推进新时代城市建设和治理现代化——学习贯彻习近平总书记考察上海杨浦滨江讲话精神 [J]. 党政论坛，2020(7):4-6.

[58] 吴新叶，付凯丰. "人民城市人民建、人民城市为人民"的时代意涵 [J]. 党政论坛，2020(10):4-7.

[59] 社区战"疫"，习近平这样部署 [J]. 中国民政，2020(9):11-12.

[60] 杨舸. 我国"十四五"时期的人口变动及重大"转变"[J]. 北京工业大学学报（社会科学版），2021，21(1):17-29.

[61] 李晓琳，刘轩. 加快完善社区服务体系的思路与举措 [J]. 宏观经济管理，2020(8):36-41.

[62] 张登国. 社区风险防控须加强韧性治理 [N]. 学习时报，2021-02-22(3).

[63] 张广泉，付瑞平. 打造共建共治共享的应急新格局——写在 2021 年全国"两会"前 [J].

中国应急管理，2021(2):18-29.

[64] 陈光，方媛.论社区治理参与主体的利益追求与规制 [J].武汉科技大学学报（社会科学版），2013，15(5):541-547.

[65] 宋贵伦.以社区党建引领社区治理 [N].经济日报，2020-03-31(11).

[66] 程逸芸.基层党组织参与社区治理的重要作用与演进 [J].陕西广播电视大学学报，2021，23(1):24-27+64.

[67] 王宽."三社联动"机制参与社区治理分析 [J].产业与科技论坛，2021，20(3):239-240.

[68] 巫庆敏.物业管理在社会治理新格局中的作用 [C]// 中国物业管理协会.2020 年中国物业管理协会课题研究成果.中国物业管理协会，2020:104.

[69] 黄丽沙.党建引领社区治理的路径探析与启示——以绵阳市 Y 社区"三治四共一服务"模式为例 [J].品位·经典，2021(6):83-87+92.

[70] 汪碧刚.构建"一核多元、融合共治"社区治理体系 [J].中国民政，2020(14):42-43.

[71] 李平原.浅析奥斯特罗姆多中心治理理论的适用性及其局限性——基于政府、市场与社会多元共治的视角 [J].学习论坛，2014，30(5): 50-53.

[72] 赵定东，万鸯鸯.以文化人：文化建设何以推进社区治理能力的现代化转型——基于杭州市下城区武林街道的实践分析 [J].学习论坛，2021(2):88-95.

[73] 王素侠.智慧化趋势下社区多维协同治理研究 [M].合肥：合肥工业大学出版社.2019:70-71.

[74] 习近平.在统筹推进新冠肺炎疫情防控和经济社会发展工作部署会议上的讲话 [N].人民日报，2020-02-24(2).

[75] 关于加强新型冠状病毒感染的肺炎疫情社区防控工作的通知 [J].中华人民共和国国家卫生健康委员会公报，2020(1):7-10.

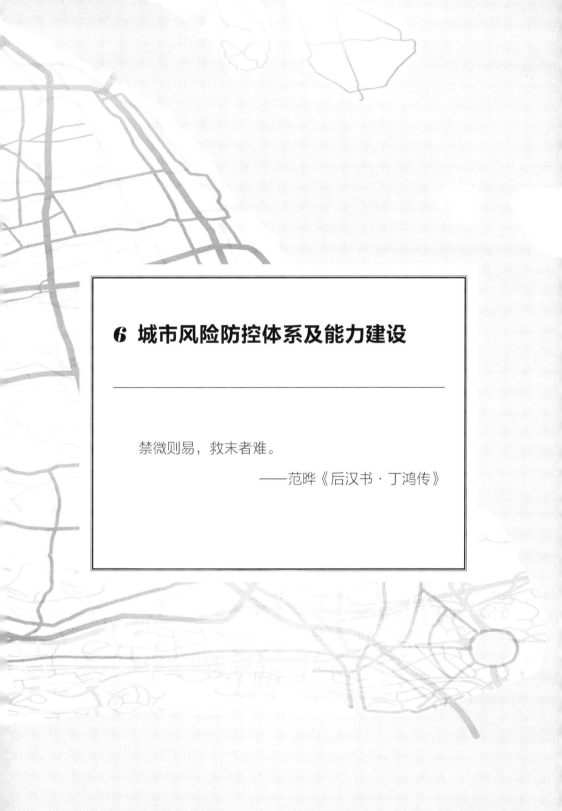

# 6 城市风险防控体系及能力建设

禁微则易，救末者难。

——范晔《后汉书·丁鸿传》

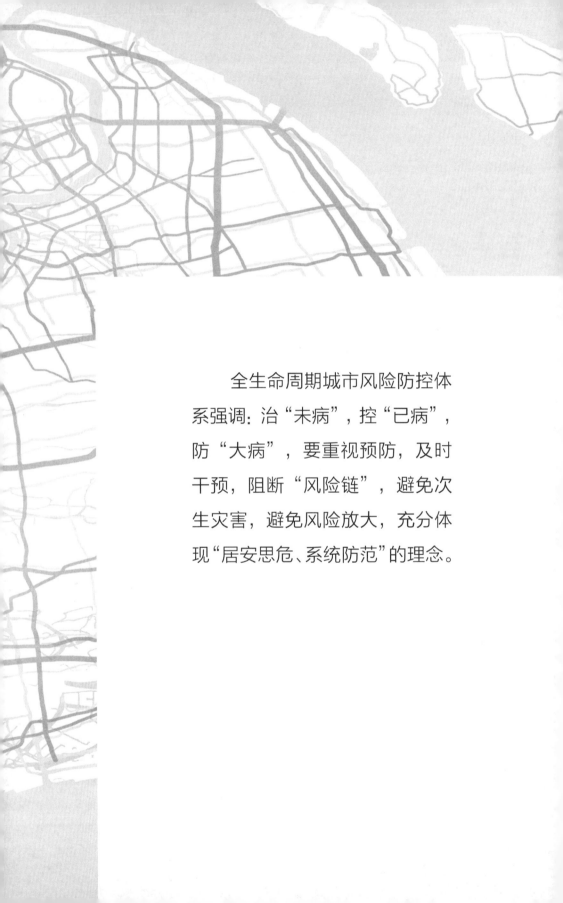

全生命周期城市风险防控体系强调：治"未病"，控"已病"，防"大病"，要重视预防，及时干预，阻断"风险链"，避免次生灾害，避免风险放大，充分体现"居安思危、系统防范"的理念。

城市风险管理是一个全新的领域，管理理念、管理方法、管理工具一直处于快速迭代中。我国城市发展过程中的各类典型风险，与世界上其他国家城市面临的风险有相似之处，但也有不少是我国在快速城市化进程中难以回避的阶段性风险，是中国城市运行情境下的管理难点。

本章在明确当前我国城市风险治理典型问题的基础之上，围绕城市风险防控体系与能力建设，结合城市数字化转型、安全韧性城市、多元共治治理要求等城市发展契机，提出了基于全生命周期的城市风险防控，结合上一章"金字塔"型多元共治城市风险防控机制，重点围绕城市风险防控体系建设，给出了实用性较强的"事前科学防、事中有效控、事后及时救"全生命周期防控体系及相关城市风险防控技术。这一体系是基于城市风险的特点，强调治"未病"，控"已病"，防"大病"，要重视预防，及时干预，阻断"风险链"，避免次生灾害，避免风险放大，充分体现"居安思危、系统防范"的理念。

## 6.1 我国城市风险现状及挑战

我国城市发展快速，但伴随的安全挑战前所未有，城市风险管理的复杂性不仅在于管理对象的复杂，还在于其管理过程本身也充满不确定性因素，如果不能有效处理这些管理难点，则可能造成新的风险，这正是城市风险管理挑战所在。

### 6.1.1 快速城市化摊薄风险防控力量

快速化的城市发展带来了管理挑战，"摊薄"了城市风险管控力量。

一方面，城市快速发展导致城市风险量大面广；另一方面，新事物、新技术、新风险层出不穷，城市风险防控往往面临的是"老问题还没有完全解决、新问题已到面前"的局面。

风险的辨识分析、评估控制、监测预警等相关工作具备一定的专业性，各类主体的风险管理能力不能满足城市风险管理的要求。例如，在实践中常存在"一人生病，大家吃药"的粗放式检查模式，即一旦某地发生事故，其他区域无论是否具有产业相似性、环境相似性、发展相似性等，都采取粗放式、流于形式、缺乏针对性的检查。从短期看，这是不得已而为之，但从长期看，该行为却是弊大于利的。其原因主要为：粗放式管理一是容易导致基层工作把握不住重心，只能全盘照抄，照本宣科的"规范动作"多，符合实际的"自选动作"少，久而久之，容易引发形式主义；二是容易导致城市对新风险的敏感性不足。新业态、新模式是城市经济发展的必然，也必将带来新风险。

### 6.1.2　"黑天鹅、灰犀牛、大白象"风险环生

2019 年 1 月 21 日，省部级主要领导干部坚持底线思维着力防范化解重大风险专题研讨班在中央党校开班。习总书记在开班式上发表重要讲话。他强调，既要高度警惕"黑天鹅"事件，也要防范"灰犀牛"事件；既要有防范风险的先手，也要有应对和化解风险挑战的高招；既要打好防范和抵御风险的有准备之战，也要打好化险为夷、转危为机的战略主动战。这是总书记从国家总体安全观的角度提出对风险防范的明确要求，这一要求在城市安全风险治理领域同样适用。

**1. 城市发展要警惕"黑天鹅"**

"黑天鹅"是指小概率大影响的事件，[1] 此类事件往往处于认知盲区。常以是否符合一个阶段人们的常识为判断标准，它提醒城市管理者要警醒生活中的常见现象。这一类型的风险在城市风险"图谱"中，由于超出人们常识往往让人印象深刻。比如，美国纽约"9·11"恐怖袭击事件、2008 年中国南方雨雪冰冻灾害、中国天津港"8·12"特别重大火灾爆炸事故、全球新型冠状病毒肺炎疫情等。一旦城市管理者遇到这类问题，由于认识不到，或思考不多、学习不够、准备不足，则在应急处置过程中，往往仓促应对。

在实践中，一是要把教训作为教材。人类的经济发展、社会发展、城市发展是有规律的，发展中藏匿的风险和安全问题并不是"羚羊挂角"无迹可寻。一些

发达国家和地区遇到的风险问题，发展中国家或地区也有可能会遇到，只有吸取别人的教训，才能更好地避开事故事件。特别是"黑天鹅"事件，大多还没有形成成熟的应对办法，因此要格外注重对各类案例的学习，及时从世界各地的各类教训中分析原因，制定应对办法。

例如，踩踏事故往往都是由"局部人数密度过高＋突发事件"导致的。2013年 10 月印度寺庙发生踩踏事故，造成至少 115 人丧生。该突发事件是一些朝拜者企图插队，故意散布谣言称一辆拖拉机撞破桥栏杆、掉进河里，引起桥上信徒恐慌，进而导致骚乱，发生踩踏事故[2]。分析该事件可知，对重大活动，应注意人员的集聚、影响人员走向的物理设施以及如何确保正确的引导信息传递到个体等问题。

二是要加强学习，拓展认知边界。城市发展中永远有新的不确定性，对这种不确定性，要始终不断探索。例如，对于各种新技术、新模式、新业态，要处理好发展与安全的关系，要从"一盘棋"的角度、"两个大局"的维度出发，坚决防范各种结构性、系统性、区域性风险，如互联网金融风险、人工智能伦理风险等。

**2. 城市运行要防范"灰犀牛"**

大概率大影响的事故或事件被比喻为"灰犀牛"[3]，这是在城市风险"图谱"中的典型风险。从管理角度看，这个"大概率大影响"要和属地管理结合起来，与属地的规划发展、行业特点、城市状况结合起来。比如，在化工企业较多的地方，危化品的泄露、火灾爆炸事故就属于"灰犀牛"；旅游城市中各类旅游景点、城市综合体、交通枢纽等发生的大客流风险就是"灰犀牛"；城市大规模建设期，工程事故的塔吊倒塌就属于"灰犀牛"；高层建筑较多的城市，高层建筑火灾就属于"灰犀牛"；排水系统较弱的城市，遇到十年一遇的降雨量就能引发城市内涝，那么遇到五十年一遇的"黑天鹅"式降雨，就一定会面对"城市看海"的"灰犀牛"。

### 3. 城市治理要管好"大白象"

　　"大白象"式风险是同济大学城市风险管理研究院根据城市风险的特征提炼的，指由于城市生命体的复杂性导致的大而不易察觉的潜在风险。其量大面广，多为长期积累所至，一旦爆发，控制难度大，需要巨大的投入和冒一定的风险才能解决。

　　这类风险背后有独特的行为特征和逻辑。"大白象"式风险中包含大量"导致风险失去控制的有意忽视态度和行为"，即回避态度。这种行为主要由系统的复杂性导致。

　　（1）时间维度上看，安全效益具备较强的滞后性[4]：投入大，短期回报少，长期回报不确定性因素多。

　　（2）从安全效益量化的角度看：投入大，而效益展示度不大，从而选择对其忽视不见。

　　（3）"公共地悲剧"①问题，不符合局部利益、部门利益：部门"隧道"视野②、任期效应、考核短视等多重因素博弈。

　　（4）由多种因素造成处理难度大，采取回避态度：避而不谈或泛泛而谈，议而不决、决而不实，以文件对文件；或宁可事后救援出成绩，也不要事前投入出效益，寄希望于不要发生在自己身上，具有"走马换将""击鼓传花"的特点，最终往

---

　　① 亦译"公地悲剧"，是研究个人利益与公共利益在资源分配上的冲突的理论模型。1968年美国哈丁（Garrett Hardin，1915—2003）在《公共地的悲剧》一文中提出，有限的公共资源注定因自由的利用和不受限制的要求而受到过度使用。每一个个体都企图扩大自身可使用的资源，而将资源耗损的代价转嫁给所有可使用资源的人们，从而引发公共地的悲剧。即具有一定程度的非竞争性而又无法排他的产品将会消耗殆尽。公共地的悲剧会引起无形资产和有形资产的流失。[5]

　　② 常指日常管理中，各部门因为利益、考核机制设计等原因只关注本部门职责范围之内的工作。

往是问题越积越多、越积越大。

其本质是对城市生命体延续、关联、共生等特征理解不透，对城市的规模、密度、事故灾害的危害认识不深。简单来说，对风险"眼盲""心盲"。

在城市管理中，"大白象"式风险十分常见。例如，部分建筑因为当时的施工手段限制、管理方法局限导致的质量隐患，在使用几十年后，集中性地出现了"质量报复"问题，但这种问题管理成本高，责权难以界定；城市地下输气输油管道管理复杂，大多建于不同时期，关联设施不仅有地下的还有地面的，其中的问题也容易被回避；危化品的生产、运输、存储、经营、使用、废弃等，多部门各管一段而隐藏的问题；地下空间违规住人的问题；等等。这些问题在时间尺度上看是历史遗留矛盾或前任留下的棘手问题，在空间范畴上大多分布广，在管理职能上涉及管理部门多、责权不清晰，都是典型的"大白象"式的城市风险。

因此，"大白象"的核心行为表征就是不主动干预、回避。在新冠肺炎疫情中，由于控制"疫情传播"需要付出极大的代价，部分西方国家将疫情与政治、经济问题混为一谈，从而寻找各种理由对"疫情传播"这头"大白象"不予应对，其后果就是病毒"黑天鹅"转变为疫情"灰犀牛"，进而又牵动金融、经济、就业、全球供应链的"黑天鹅"，引发出更多的问题和不确定性。

### 6.1.3　城市数字化转型面临风险管理新挑战

信息化是国家协同治理能力发展的大方向，在这个数据为王的信息时代，信息化是精细化的基本保证。当前我国处于数字化转型的关键时期，不同城市数字化运用水平存在差异，对全面数字化工具的使用还处于探索期，对可能出现的新技术风险预判不足。

特别是城市风险总是在立体的时空中不断地量变和突变，但现实中管理行为往往是对象式、单点式的。以"单点式"的方法应对"立体式"的对象，很难达到预期效果。"一网统管""城市大脑"以及城运中心等就是要将信息"统"起来，从系统的角度发现风险从而降低风险。目前这一领域还需加强研究、探索和实践。

### 6.1.4 基层风险治理能力待加强

当前基层治理组织体系尚不健全，职能较为分散，社区自治能力不足，县、乡镇的风险管理能力较弱。在党组织领导的自治、法治、德治相结合的基层治理体系中，城市风险防控推进力度不足，与基层网格化管理结合不够紧密。"人、技、财、物"等管理资源要素还有待进一步向基层下沉。此外，风险的多样性导致基层收到大量的安全监管责任单位的文件和通告，"上面千条线、底下一根针"给基层工作带来挑战。

在新冠肺炎疫情应对中，上海内外交通正常，复工复产有序开展。在这个有2000多万常住人口的超大城市，疫情没有扩散，基层工作功不可没。党群共防，党员冲锋在前；力量"下沉"，充分发挥先锋模范作用；居委会、物业、业委会这"三驾马车"共同行动、群防群治，第一时间采取的守好小区大门、设24小时门岗、实行"出入证"制度等措施均发挥了巨大作用。破解家门口的"快递围城"、居民自觉参与疫情摸排、重点人群精细管理、技防智防齐应用等保障了疫情防控的最终胜利。如何将这种短期成果转化为长期治理能力，需及时总结、提炼、固化、推广。

### 6.1.5 风险防控综合性有待提升

目前，一些领域或地方对城市风险治理规律认识把握不够，存在碎片治理、被动治理等问题，往往"头疼医头、脚痛医脚"，忙于当"救火队长"，不善于采用创新治理方式破解难题，共建、共治、共享推进力度不够大，多方主体参与风险治理的内生动力不足、制度安排不够完善、作用发挥不够充分，没有真正形成强大合力。

对于这种情况，要充分发挥社会各方主体的积极性、主动性和创造性，横向构建起共治同心圆，纵向打造好善治指挥链，建设人人有责、人人尽责、人人享有的风险治理共同体[6]。

（1）要强化党委领导。党的领导是中国特色社会主义制度的最大优势，是城市治理始终沿着正确方向前进的根本保证。党委要切实履行保一方平安的政治责任,发挥好总揽全局、协调各方作用,把风险治理列入党委重要议程,加强组织领导,及时研究解决重大问题。要发挥基层党组织战斗堡垒作用,把党的领导落实到风险治理的最前沿和各方面。

(2)要强化政府主导。政府要当好风险治理规则制定者、风险治理服务提供者、风险治理秩序维护者、共建共治共享促进者。要加强城市风险治理战略、法律、政策、规划、制度、标准的制定和实施,构建指挥高效、反应灵敏、行动有力的应急管理体系,运用法治方式和现代科技加强源头管理、动态管理和应急处置。鼓励支持社会主体参与城市风险治理,实现政府管理和社会自我调节、居民自治良性互动。

(3)要加大社会协同。要重视社会力量和群团组织的作用,对社会组织依法加强管理、提升服务,完善激励、惩戒和退出等制度机制。要改革制约社会组织发展的体制机制,建立政社分开、权责明确、自治善治的社会组织制度。要健全促进市场主体履行社会责任的激励约束机制,鼓励企业利用技术、资源、数据、人才优势参与城市风险治理与应急管理[7]。

(4)要动员群众参与。要在社区层面不断坚持和完善基层群众自治制度,实行群众自我管理、自我服务、自我教育、自我监督,强化民主制度化、规范化、程序化,丰富民主协商的形式和载体。要完善党员干部联系群众制度,拓宽社会工作者和志愿者参与基层社区风险治理的渠道,创新组织化管理和联络动员的制度机制。

### 6.1.6　传媒变革时代舆情风险日益复杂

随着信息化时代带来的信息传播加速,城区运行安全保障工作面临的社会关注度不断加大,人人传媒的时代已经到来,老办法解决不了新问题。

一方面,社会对提升风险防控效能、提高事故灾难应急处置能力的要求和期望更高;另一方面,社交媒体不设门槛,自媒体数量众多,"搏流量"驱动下,各种虚假信息、误导性信息冲击政府公信力。在突发事件应对中,各类虚假信息往往会扰乱社会秩序，阻碍事件处理、事故救援等正常展开，甚至引发新的风险。

面对这种局面，一方面要对各类违法信息从严整治、从快处理、从重问责。有关部门要切实承担起自媒体管理的主体责任，建立健全信息审核管控、监测检查、应急处置、考核评价及责任追究制度。对那些僭越法律红线、撕裂道德底线的造谣者，对那些借助谣言进行蛊惑煽动、抬高自身名气的人，依法从速予以严惩[8]。另一方面，要重视媒体在危难面前的特殊作用。根据《中华人民共和国突发事件应对法》，媒体的法定责任可以概括为参与监测与预警、处置与救援。在媒体这一法定责任履行的同时，还要发挥好其服务功能与人文关怀的作用。

近年来，我国大力促进媒体融合。在县级融媒体发展方面，各级政府坚持移动化、智能化、服务化的建设原则，积极开展县级融媒体中心建设工作。2019年，我国在全国范围内系统性地展开县级融媒体中心的建设。融媒体中心整合报纸、广播、电视、网站等各类媒体资源，强化服务与宣传核心职能，在突发事件处置中担当起权威信息发布的重要作用。此外，在线政务平台也承担起发布信息的职能。中国互联网络信息中心（China Internet Network Information Center，CNNIC）发布的第45次《中国互联网络发展状况统计报告》称，截至2020年3月，我国在线政务服务用户规模达6.94亿。在新冠肺炎疫情防控期间，国家及各地区一体化政务服务平台提供疫情信息服务，协助推进精准防疫，应用成效越来越大。

## 6.2　基于全生命周期的城市风险防控体系

城市发展具有一定的周期性，按照风险的特征，风险本身也具备一个产生、演化的过程。正是这一过程，赋予了城市风险的可管理性，可以在风险演化的不同阶段采取相应的管理措施防控风险。本书提出基于全生命周期的城市风险防控体系。

### 6.2.1　全生命周期理论的相关发展

全生命周期的概念最早源于生物学研究领域，是指生物体的形态或功能在生命演化进程中所经历的一连串阶段或变化，本质上是指一个生物体从出生成长到衰老直至死亡所经历的各个阶段和整个过程。当今，生命周期的概念应用很广泛，众多学者将事物的发展比作生物体生命周期现象，特别是在政治、经济、环境、技术、社会学界等诸多领域经常出现生命周期的描述。企业、行业、园区、城市、区域、国家等都有从兴起、成长、兴旺、衰落直至死亡的历程，都有其自身特定的生命周期，只是存在规模、空间及时间上的区别[9]。

随着全生命周期理论被引入经济学和管理学领域，专家学者相继提出了产品全生命周期、企业全生命周期和产业全生命周期的概念，全生命周期理论不断得到发展和完善。

全生命周期管理，也称为全周期管理、产品全生命周期管理等，是一种先进的管理理念和管理方式，旨在通过将产品的生命周期细分为导入、成长、成熟、衰退等若干阶段，并在每一阶段实施跟踪介入，以全过程保证产品质量。全生命周期管理注重从系统要素、结构功能、运行机制、过程结果等层面进行全生命周期统筹和全过程整合，以确保整个管理体系从前期预警研判、中期应对执行到后期复盘总结，各个环节均能运转高效、系统有序、协同配合[10]。

伴随理论和实践的发展，全生命周期管理逐步从产品管理向各领域管理拓展。如刘向伟等[11]、王亚鞯等[12]指出，要围绕危化品的生产、存储、运输、使用、废弃等环节加快构建"大数据＋网格化＋全链条"监管体系；詹圣泽[13]围绕中国特色的大科学工程管理，将大科学工程生命周期划分为顶层设计、预先研究、项目评审、实施管理、项目验收、成果转化和项目后评价七个阶段。此外，全生命周期管理还涉及电力、建筑、城市生命线、国防交通物资储备等领域。

直接以城市风险防控为对象的研究中，王凡荣[14]指出，要从城市发展的历史维度、风险治理的理论维度和城市治理的实践维度去理解、设计和执行特大城市风险治理的全生命周期管理。王健[15]认为，城市风险在系统治理上，要立足长远，主动消除各种潜在风险隐患；在协同治理上，要坚持"一主多元"的治理结构；在动态治理上，要建立健全风险预警与应急响应机制；在精准治理上，要实现治理资源的有效下沉；在创新治理上，要有效利用现代科技手段；在治理循环上，要加强事后反思与总结。董立人等[16]指出，城市风险全生命周期管理是包含顶层设计、规划设计、施工调试、运行维护、预警预案、评估补短等环节的系统性管理过程。要建立科学化、程序化、制度化、法治化、信息化、智慧化的全生命周期管理体制和机制，以使整个城市风险防控过程凸显整体性、非线性、系统性、协同性和联动性等。

### 6.2.2　基于全生命周期的城市风险防控体系构成

超大城市往往是国内大循环的中心节点、国内国际双循环的战略链接，这决定了其必将面临更多复杂而不确定的挑战。超大城市重大风险的周期性、多样性、放大性、叠加性及复杂性等特征在四个防控阶段均有体现，如图6-1所示。

"预防"就是要做好城市风险的辨识、分析和评价活动，采取工程或管理的措施降低其演变为事故的可能性和后果严重度，实现风险的控制性预防。"准备"，

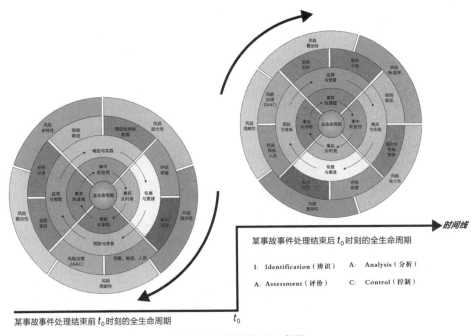

图6-1　防控体系示意图

基于全生命周期的城市风险防控体系由"预防与准备、监测与预警、响应与实施、恢复与重建"四个阶段构成，对应"事前、事中（含事发）、事后"环节。

即要做好预案准备、应急物资准备和人员准备。对于生产和经营层面的预案，要提升其初期事故有效控制的针对性和可操作性；对于其他层面的预案，要注重预警信息规范、应急命令准确、救援种类全面、救援技术先进、应急物资保障可靠和应急人员专业。

"监测"，即要做好城市风险重点领域和关键节点的风险参数监控。通过实时动态的参数结合各类事故（事件）的形成机理，做到事故（事件）的"预测"。"预警"包含"研判"和"分级"。"研判"是指根据"预测"的结果，研究事故（事件）是否真的会发生以及判断事故（事件）发生的后果严重程度。"分级"是根据"研判"的结果，决定是否"预警"以及对谁"预警"。其外在表现就是是否启动"预案"和启动哪个层面的"预案"。

"响应"包含"级别"和"联动"。"级"是层级，"别"是类别。主动预警或接警后应对存在着响应层级和类别的问题，也就是决定在多大范围内处突。处突必然存在"联动"，"养兵千日、重在平时"，这个"兵"就是"联动能力"，重在平时就是要联训联演联控，提升实战能力。"实施"包含"预防性控制"和"救援"。"预防性控制"主要针对自然灾害灾难事件。比如，"台风"登陆是有大概时间的，可以提前采取一些"预防性控制"，包括加固设施、人员撤离等。"救援"一是要最大化减轻事故（事件）后果，二是防止衍生事故的发生。

"恢复"包含"评估"和"调查"。"评估"一是评估事故（事件）的后果严重度，二是评估受灾体会不会形成新的事故；"调查"一是调查为什么会发生，二是调查后果为什么这么严重，三是调查整个风险管理环节还需要改进的地方，同步完善预案。"重建"包含"教训"和"韧性"。"教训"主要指针对"调查"

的结果进行警示，避免同样的事故（事件）发生；"韧性"主要指重建的功能体要比原有的受灾体更加具备抵御风险的能力。

重建结束后，"全生命周期"完成了一次循环和改进，城市风险防控效能实现一次跃升。

### 6.2.3　城市风险防控可持续发展的关键

全生命周期管理理念强调全环节、全过程的控制，体系评估是体系运行的关键环节之一。一是"评估"是全生命周期中极为重要的环节，是实现"全生命周期"管控目标的关键；二是"评估"一定要围绕管控对象在全生命周期各阶段的特点开展，才能实现全过程的管控目标。

#### 6.2.3.1　为什么要评估

从学理角度上讲，要以评估为手段去简化复杂的反馈控制关系。城市是一个由人、物、基础设施等要素构成的复杂系统，且与外部环境存在复杂的"耦合"关系。城市系统自形成以来就持续遭受自然、人为等灾害冲击。由于城市自身结构与环境变化等因素的交互作用，使城市风险的形成与演化日益呈现出鲜明的复杂系统特征。城市自身的脆弱性及韧性这一双重因素及其相互作用关系决定了城市系统的风险防控能级。这些因素相互作用，呈现出复杂的反馈控制关系[17]。这种复杂的反馈控制关系也存在于城市风险防控的工作中。风险防范机理表明，只要斩断风险演变为事故或事件的路径，就能防范化解风险。不加强城市风险防控工作的效能评估，就很难化解城市风险系统性、结构性的问题。

从现实角度上讲，要以评估为手段去提升城市系统适应能力。城市风险适应性治理体系是基于"脆弱性—韧性"综合维度推进城市风险治理、应急管理理论与实践工作。通过降低脆弱性、提升韧性等途径提升城市系统对外部环境变化的适应能力，建设适应性城市是实施、推进这项工作的根本思路。"适应"是防范、化解城市风险的根本对策，是通过调整自然和人类系统以应对风险的动态过程，是城市规划、建设与发展"趋利避害"的重要手段。与一般的工程技术系统不同，城市风险防控的不同利益主体对风险因素及其相关议题有着不同的认知。另外，由于风险影响因素的外部性、影响范围的广泛性、影响时间的长期性，必然涉及不同行业、部门、区域的风险化解与分配问题。

### 6.2.3.2　如何理解评估

防范化解城市重大风险是在当今世界格局之变、发展阶段之变的内外环境下提出的重要目标之一。风险是城市的伴随物，城市风险在城市规划中肇始，在城市建设中成型，在城市运行中藏匿，在城市发展中演变，要准确把握"事前科学防、事中有效控、事后及时救"的工作重点，就必须构建以评估为关键环节的城市全生命周期风险防控体系。

在新冠肺炎疫情防控初期，要做到"早发现、早报告、早隔离、早治疗"就需要在监测、预警、响应、实施等环节采取相应的措施，关键在于一个"早"字。然而，没有足够的宣传怎能实现"早发现"？没有非常态之下的非常之法怎能实现"早报告"？没有足够的病房怎能实现"早隔离"？没有足够的医疗资源怎能实现"早治疗"[18]？新冠肺炎疫情暴露出我们在"预防、准备"这两项功能上的短板。同时，新冠病毒的高传染性加速了"病毒黑天鹅"向"疫情灰犀牛"的进化，进而冲击已有的应急资源和防疫体系。医疗设施、防护物质、医护人员等防疫要素的不足与防疫抗疫过程中的其他环节相叠加，形成新的风险，产生新的危机，这一切都来源于没有建立常态化的评估机制。

做好评估工作是"一盘棋"思想的内涵之一。虽然风险载体与应对之道千变万化，但"挈衣之领，提网之纲"，坚持"一盘棋"的思想[19]，强化联防联动，必须要做好重大风险全过程动态评估工作。重大风险全过程动态评估是指围绕事前、事中、事后，针对重大风险在流变突变过程中表现出来的各类特征进行分析和预判，从而进行科学决策和精准施策的重要工具。应急响应"牵一发而动全身"，重大风险的动态评估就是这"一发"的核心组成，其重要性不言而喻[20]。做好评估工作是"以风险为中心"思想的延伸。《突发事件应对法》强调了"预防为主、预防与应急相结合"的原则。"预防与应急相结合"不是简单的物理相加，也不是单纯的风险信息共享,而是城市风险治理工作的创新性再造、管理流程的系统性重构。"预防为主"就是要以"风险为中心"做好各类事故或事件的预防工作,不让风险演变为事故或事件;"预防与应急相结合"就是要依据风险所带来的最大后果,统筹相应的应急准备,如人员、装备、物资、程序等。而评估工作正是应急准备的指引,是预防与应急产生化学融合的催化剂。做好评估工作是法律的要求,是精细化管理的内容。《突发事件应对法》提出了"建立重大突发事件风险评估体系,对可能发生的突发事件进行综合性评估,减少重大突发事件的发生,最大限度地减轻重大突发事件的影响"[21]。不进行系统的风险分析与评估工作,就不知道如何科学防范风险演化为事故或事件,就不知道如何斩断事故或事件形成路径从而落实全面的隐患排查工作。因此,要在城市风险治理的千头万绪中理顺思路、把控重点、精准施策就离不开城市风险的评估工作。

### 6.2.3.3 如何开展评估

构建基于评估的全生命周期风险防控体系,重点要解决两个问题:一是城市重大风险的评估技术与要求;二是"事前科学防、事中有效控、事后及时救"三阶段中的治理能力评估,评估对象主要是"制度吸纳力、制度整合力、制度执行力"的"合力"。

#### 1. 城市重大风险的评估技术与要求

城市重大风险的评估技术与要求有三个层面,一是城市重大风险的定位,二是评估能力的建设核心,三是做好三个能力评估。

一般而言,城市重大风险就是风险一旦演变为事故或事件,会给城市带来巨大的财产损失、人身伤亡、环境破坏和社会影响。"重大"本质上是一种"评价"的结果。而"评价"必然会受到评价主体的主观意识和评价客体的实时特征的影响。因此,定位城市重大风险一定要确定"评价标准"。评价标准有两个内涵,一是"准星",二是"量尺"。当前要以"统筹发展与安全"为"准星",要以"全面建成小康社会、开启全面建设社会主义现代化国家新征程"为"量尺"。"准星"是固定的,需要从上到下快速高度统一,这就要求我们要自觉地增强"四个意识",

坚定"四个自信"，做到"两个维护"；而"量尺"是相对变化的，要结合单个区域的文化底蕴、地理环境、产业结构、行业特征、发展定位去设计、确定和执行。风险来自城市发展的各项活动中，重大风险的确定不能脱离城市有机体活动特征。

重大风险动态评估能力建设是一项系统工程。评估的技术要点会涉及可能性和后果、演变能力、应急应对能力、控制成本和产出效果、准确性和直观性等；评估的内涵层面会涉及政治意识、全局观念、科研攻关、储备供应、社会秩序、舆论引导、经济监测、国际变化等。但无论这个系统多么复杂，有两个核心是无法避免的：一是"做正确的事"，二是"正确地做事"。前者是指"效能"，后者是指"效率"。针对某一类别的风险，其"做正确的事"是相对固定的、共性的，就好比是象棋中的"马走日"；而"正确地做事"是变动的、个性的，就好比是象棋中的"马二进一、马二进三或马二进四"。在重大风险动态评估能力的建设过程中，政府的主要职能就是要让"做正确的事"和"正确地做事"实现精准高效地融合。融合的精准高效就是破除形式主义、官僚主义、本位主义，杜绝不敢担当、作风漂浮、推诿扯皮等现象，始终坚持实事求是。

当前要掌握主动性，推动智慧化，就必须要做好三个能力评估。一是"条"上的风险治理能力评估。在我国，"条"上风险治理的发展历史是超过"块"上的安全管理历程的。评估的重点是各类风险分级分类和隐患排查的能力，如化工、轨道交通、工程施工等。二是"块"上的应急执行能力评估。在"全灾种、大应急"的背景下，评估的重点是人员、装备、物资、响应速度和执行程序等，即应急命令发出后，是否安排正确的人员、配齐正确的装备、配足正确的物资，且这些是否在正确的时间出现在正确的地点上。三是"条块结合"的风险治理能力评估。在"以风险为中心、预防为主"的背景下，评估的重点是应急准备工作是否是以风险为指引，实现"预防与应急的结合"。

2. "制度吸纳力、制度整合力、制度执行力"的"合力"评估

"制度吸纳力"是"合力"的"上游"，主要是指社会不同阶层、不同人群对安全的诉求是不一样的，同一项政策制度不可能满足不同阶层的需求[22]，但适

应群体越多，这些群体会自觉地而非被强制地认同并效力这个制度，这样的制度就是强大的、有能力的。"制度吸纳力"至少要处理三个关系：一是安全制度的导向与基层民众安全需求的关系，这里主要是满足民众的民生能力；二是安全制度的导向与企业安全管理需求的关系，这里主要是指提升企业安全管理的效率；三是安全制度的导向与政府安全监管需求的关系，这里主要是提升监管效率。

"制度整合力"是"合力"的"中游"，风险治理的维度关系有很多，问题在于，如何将这些维度关系整合起来并实现有效治理。如何把多层次、多维度的专业化制度有效地组织起来，就是对治理体系或治理能力的严峻挑战，其中单靠强制力是达不到目的的，而需要一种有效的政体形式把各种权力关系整合起来[23]。也就是说，制度整合力依赖于政体形式。我国的政体形式就是民主集中制。民主集中制不单体现在国家（社会关系）、中央（地方关系）、政治（经济关系）上，也体现在人民代表大会制度的组织方式上。经过多年改革，中国的方方面面都体现出民主集中制的特点，城市风险治理也不应该例外。

"制度执行力"是"合力"的"下游"，包含三方面的内容：一是权威性，权威性直接表现在决策力上，是否敢于担当、敢于负责；二是各管理主体，特别是各级政府部门的执行力，中国公务人员的民本主义思想是很强烈的，这是中国人的基本色，至于公务员的专业化程度可以通过学习、培训等相关机制来提升；三是社会主体之间的合作能力，疫情防控期间，广大市民非常配合相关部门的管理，这些是一些西方国家所不具备的。


### 6.2.4　基于全生命周期的城市风险防控体系的探索与实践

防控体系要能体现防控对象的特点。一般的风险防控对象有城市发展、城市运行安全监控、城市火灾、危险化学品、特种设备、自然灾害、市政工程、城市交通、城市生命线等。以"城市发展"为对象，统筹城市发展与城市安全，不能长期"头疼医头，脚痛治脚"，要构建"事前科学防、事中有效控、事后及时救"的全生命周期防控体系。

### 6.2.4.1 事前科学防

要实现"事前科学防"，关键要树立"居安思危、系统防范"的理念。除了不可避免的自然灾害外，无论是传统的城市风险，还是新技术、新业态、新模式带来的不确定性风险，都可以主动地、科学地去预防事故、控制风险，将其降低到城市与经济发展可以接受的程度[23]。

"事前科学防"的起点可以追溯到城市的规划和建设环节。要强化风险预先分析能力，推进源头治理的落地。

在规划布局上，要加强城市规划安全风险的前期分析，完善城市规划的安全准入标准；要坚持空间规划以安全为前提，优化产业布局，减少高危行业企业。要提升对风险的敏感性，积极消除管理盲区，及时更新各类标准，强化抵御事故风险、保障安全运行的能力。

在城市重大工程建设上，要在设计阶段、建设阶段做好各类风险的危险预先性分析，判断事故发生的途径及其危害性。对于一些固有的危险源要加强技术措施降低其危害性；对于无法降低危害性的，要考虑专项的防控管理措施，降低其演变为事故的可能性。

在工作对象上，要从以"事件为中心"转变为以"风险为中心"；在工作方向上，要从习惯于"亡羊补牢"转变为"未雨绸缪"；在工作内容上，要从单纯"事后应急"转向"事前、事中防控"；在工作机制上，要从行政单方主导转变为更多发挥市场作用、鼓励社会参与；在工作环境上，要从被动危机公关转向主动引导公众。

### 6.2.4.2 事中有效控

"事中有效控"即要围绕城市的运行和发展，聚焦"人、机、环、管"四个要素，创建"多元共治、精细防控、多重保障"三个机制。从实践中可以发现，"事中有效控"就是在事发的第一时间要及时发现，研判协调不同主体积极参与，通过精细化管理手段加强过程管理，及时发现隐患，及时处置，避免事态扩大。

**1. "党建引领、政府主导、市场主体、社会参与"的多元共治机制**

多元共治机制是协调不同主体参与城市风险防控的基础性机制。

（1）党建引领。以党建为引领，聚焦工作重点，突出精准发力，发挥基层党组织在共治、自治中的组织领导作用，实现党建"一颗子"激活城市安全风险治理的"一盘棋"。

（2）政府主导。以政府为核心，着重解决创新机制。主要包含了城市风险管理的统筹规划，搭建交流平台，建立对话机制，领导和协调相关社会组织，引导舆情，推进城市风险防控专业队伍建设，鼓励发展城市风险管理领域的相关产业。

（3）市场主体。以市场手段作为行政手段的补充，充分发挥市场在资源配置方面的优势。以市场为载体，着重解决专业问题。

（4）社会参与。以社会为对象，实现风险治理社会化。包括鼓励各类组织发挥主观能动性，动员基层社区和市民群众充分参与，完善风险治理模式，解决社会思想认识问题，进一步推广和完善社区风险管理模式，真正实现风险管理社会化[19]。

**2. 城市"风险认知、应急研判、基层赋权"的精细防控机制**

（1）要拓宽风险认知渠道，完善突发事件风险发现机制，摆脱单一的传统行政手段[24]。要搭好"舞台"，建好制度，强化宣贯，调动群众。

（2）要建立应急研判机制。在专业性较强的领域里，要做好决策支撑的冗余设计，充分吸收专家意见，形成集体建议，为科学决策提供依据，最大化地规避决策风险。

（3）要加强基层赋权，完善基层风险预警机制。风险防范要"打小打早"，要充分发挥基层"接地气"的特点，让基层管理敢于承担起风险预警的责任，强化治"未病"能力，不要怕"大惊小怪"的诟病。

**3. "制度安排、科技创新、保险媒介、协同发展"的多重保障机制**

（1）要加强制度安排。要针对城市风险典型特征，遵照城市风险防范的科学规律，形成一套具备"柔性""包容性"特点的制度体系，培育"管理个性"、培育"自选动作"。同时，要明确指导思想、工作原则，界定工作范围，做到权责一致，优化考核方法，形成长效机制。

（2）要强化科技创新。以需求为导向，优化整合各类科技资源，加大先进适用装备的配备力度，围绕预防与准备、监测与预警、响应与实施、恢复与重建，做好"互联网＋"新模式，补齐"城市风险关联性分析"短板[24]，丰富"全周期模式"的内涵。例如，在新冠肺炎疫情防控中，各类科技崭露头角，大数据排查、智能体温检测、物流"黑科技"、快速分离病毒毒株、疫苗研发等科技手段，成为抗击疫情和转化为治理效能的重要力量。

（3）要重视保险媒介。要充分利用好"保险"这个介于政府与社会之间的高效平台，规范相关管理环节的"让渡"机制，引导专业服务机构多元、有序地发展，改变长期以来"政府兜底"的局面，将更多的"人、技、财、物"投入到城市安全治理体系与治理能力现代化建设的活动中。例如，在新冠肺炎疫情防控中，多家保险公司不仅为抗击疫情捐款捐物，还积极发挥金融服务优势，推出针对疫情的保险产品或者创新服务方案：中国太平保险集团向武汉地区抗疫医护人员捐助两款专项保险保障，同时推出十项措施支持企业复工复产；海南在全国率先推出复工复产企业疫情防控综合保险，重点针对保障企业因政府疫情防控要求进行封闭或隔离所导致的员工工资、隔离费用及产品损失等方面的支出，建立了专项的保险险种，形成了"政府＋企业"的投保机制。

（4）要做好协同发展。协同好政府、市场、社会这三个辨识度最高的主体。政府解决机制问题，要努力实现"精细地管"；市场解决技术问题，要努力支撑"高效地做"；社会解决认识和行动问题，要努力开创"共建、共治、共享"。

### 6.2.4.3  事后及时救

"事后及时救"即要统筹应急资源，建立快速反应、有效应对的应急机制，确保事故事件发生后，最大化地降低事故损失，最大化地消除事件影响，要系统化实施恢复和重建。

这其中要解决"预警决策、应急保障"两个关键问题。

在风险预警与应急决策上，建好风险管控平台，充分利用大数据、云计算、人工智能、物联网、区块链等新兴技术，围绕"风险感知参数化、数据挖掘知识化、人机结合智慧化"实现风险适时预警、应急决断科学，并将这一平台融入政务服务"一网通办"和城市运行"一网统管"中[23]。

在应急保障问题上，要实现"战斗员、枪支、弹药"三者的有效结合。应急活动中，人员就是"战斗员"，装备就是"枪支"，物资就是"弹药"，三者的结合就是应急战斗力的保证。要注意解决应急物流保障这个"卡脖子"的问题，实现事故事件的高效应急应对[23]。

总体看要以最快速度落实应急救灾队伍，应急救灾设备物资，配备专家队伍；及时救人，避免次生灾害，处理善后事宜，组织调查，开展生产生活恢复工作，总结经验教训、举一反三。

## 6.3  数字化转型背景下的城市风险防控能力建设

20世纪90年代中期，互联网的迅速兴起曾经引发著名经济学家乔治·吉尔德的担忧，他说："城市就像'工业时代遗留下来的行李'。"意指臃肿的城市设施可能会拖累科技的发展。但事实是，城市没有因为科技的更新和迭代而消亡。信息化时代建立了信息城市的建设目标，到互联网时代建立了无线城市的建设目标，到数字化时代明确了数字城市和智慧城市的理念。正如安东尼·汤森在2014年出版的《智慧城市》中写道："数字变革并没有使城市消失，事实上，世界各地的城市都在繁荣发展，因为新技术让它们成为更具价值且更高效的面对面聚会的场所。"今天的中国同样也证实了安东尼的判断[25]。据不完全统计，目前中国有超过500个城市宣布了智慧城市建设计划。而在全球，已经启动或在建的智慧城市超过了1000个[26]。数字化正以不可逆转的趋势改变人类社会，已然成为推动经济社会发展的核心驱动力，全面重塑城市治理模式和生活方式[27]。

### 6.3.1  城市数字化转型的内涵

数字化转型并不是一个全新话题，2021年1月《关于全面推进上海城市数字化转型的意见》发布，其意义在于，强调整体性转变、全方位赋能，是从"城市生命体、有机体"全局出发，把握超大城市发展规律和运行特征，加快构筑数据新要素体系、数字新技术体系和城市数字新底座，充分释放数字化蕴含的巨大能量，以数字维度全方位赋能城市迭代进化、加速城市创新。

不可否认的是，城市在经历了"数字城市—智能城市—智慧城市—新型智慧城市"这一发展历程和政府数字化转型、经济数字化转型等单个领域数字化转型之后，我们对数字化转型的认知已变得越来越清晰。无论是城市数字化转型，还是新型智慧城市建设，都不是一蹴而就的转变，而是一个迭代渐进的过程。这其中，不仅有技术的加载，还有思维的转变、体制的改革以及商业模式的完善[28]。

关于城市数字化转型，首先需要解决的问题就是内涵界定。表 6-1 摘录了从不同角度提出的关于城市数字化转型观点，为全面、系统地理解和认识城市数字化转型提供了借鉴。

**表 6-1　城市数字化转型观点示例**

| 来源 | 观点 |
| --- | --- |
| 浙江省 | 数字化改革是运用数字化技术、数字化思维、数字化认知对省域治理的体制机制、组织架构、方式流程、手段工具进行全方位系统性重塑，是高效构建治理新平台、新机制、新模式的过程[29] |
| 《关于全面推进上海城市数字化转型的意见》 | 城市数字化转型是指坚持整体性转变，推动经济、生活、治理全面数字化转型；坚持全方位赋能，构建数据驱动的数字城市基本框架；坚持革命性重塑，引导全社会共建、共治、共享数字城市；创新工作推进机制，科学有序全面推进城市数字化转型[30] |
| 国家信息化专家咨询委员会 | "十四五"信息化发展主线是数字化转型，数字化转型要抓住数据驱动核心的要素[31]，而且这个数据要素除了数据以外，还包括连接、算法或者分析，把这三个方面加起来，就是数据要案，要抓住这个核心要素来推动信息化 |
| 国家信息中心 | 数字化转型的模型，称之为数字化转型的"天龙八部"，从技术的角度来讲有四个"化"：数字化、网络化、数据化和智能化，从应用的角度来讲也有四个"化"：平台化、生态化、个性化和共享化[32] |

续表

| 来源 | 观点 |
|------|------|
| 复旦大学国际关系与公共事务学院 | 城市数字化转型不是为了数字化而数字化，也不是为了转而转，要以人为出发点和落脚点，要让技术和城市"为人而转"，而不是让城市和人"围着技术转"或"被技术转"[33] |
| 现代数字城市研究院 | 城市数字化转型是指以需求牵引和机制驱动并举，发挥数字化在经济社会发展中的基础性、渗透性、全面性、引领性特点，推动各个领域全场景、多角度、全链条的流程再造和规则重构，形成共建、共治、共享的全新运行生态，加速管理手段、模式、理念变革，实现经济社会的全方位赋能 |
| 同济大学城市风险管理研究院 | 城市数字化转型是一项系统工程。需按照系统化思维，从城市整体性、全周期角度予以把握，实现从整体规划、系统设计、安全能力、项目建设、服务运营的全过程覆盖，做到围绕城市发展中面临的治理能力、民生服务、产业转型等痛点、难点[25]，以数据为基点，形成持续发展模式实现能力与需求升级同步，做到传统技术驱动的"城市已有"向信息技术驱动的"城市所需"的转变 |

综合看，城市数字化转型涉及五个层面。从城市新认识层面上看，城市是有机体、生命体和智能体，城市的数字化转型只是为了更好地协助城市的自生长、自成长和自修复。从转型涉及面上看，城市数字化转型是一个由多系统、多技术、多领域、多应用、多终端组成的超复杂巨工程，包含了城市经济发展、民主法治、社会治理、文化发展、生态建设等内容。从全生命周期角度看，城市数字化转型是城市规划、建设、运维、服务的一体化打造。要加强顶层规划设计，有计划、有步骤地推进转型建设，明确数据共享规范和安全标准，避免出现新的"数据孤岛"和"行业壁垒"。从建设主体上看，多元共建、共治、共享是根本要求。政府、市场、企业、资本、研究机构、普通市民应成为规划者、建设者、使用者、运维者、享受者以及建议者。从技术要求上看，是现实世界与虚拟世界的映射，是物理世界与数字世界的结合。在相关网络安全技术标准没有验证之前，数字化转型建设要慎之又慎。

### 6.3.2 城市数字化转型的理论发展阶段

数据是数字化转型的关键驱动要素，基于数据在解决问题能力表现出的发展状态和特征，城市数字化转型大致可以分为四个阶段：元件级阶段、流程级阶段、网络级阶段和生态级阶段。四个阶段在获取、开发和利用数据方面逐步呈现"点—线—面—体"的发展特征。

在元件级阶段，城市治理的某单个职能范围内开展了信息（数字）技术应用，提升相关单项业务的运行规范性和效率。该阶段的管理模式是职能驱动型，能够基于单一职能范围内或相关单项业务数据开展辅助管理决策。在流程级阶段，管理模式是流程驱动型，业务链上数据共享程度高，业务要素集成优化性强，业务链上不存在数据"孤岛"，管理决策层已经认识到了数据的重要价值，跨部门合作常态化，城市治理的关键业务均实现了数字化基础，业务的全生命周期管控是城市治理的重点。在网络级阶段，行业"壁垒"被完全打破，业务和业务之间直接融合成治理模块，管理模式是模块驱动型，治理体系下的全要素、全过程实现互联互通和动态优化，城市治理系统的集成度达到高峰，数据、技术、流程和组织的智能协同、动态优化和互动创新具备较好的成熟度，形成了智能型城市的基础。在生态级阶段，城市治理问题的发现渠道大部分来自数据的异动，城市个性化服务的需求被得到满足，智慧型城市得到发展，管理模式为数据驱动型，"数字生态系统"中的不同主体具有相对统一的核心价值观和组织理念，数字孪生城市成为常态，绿色和可持续发展成为主流。

### 6.3.3 数字城市的风险防控能力的中国实践

城市数字化转型无疑是风险治理水平提升的重要窗口期[35]。它绝不是某一个或几个领域的"单兵突进"，而将是一种整体性的转变。管理主体的行为方式、组织方式会因为技术的改变而改变，技术动能会逐渐转变为机制、制度势能，城市风险管理的所有参与者将形成连接更加紧密的城市风险治理的责任共同体。

### 6.3.3.1 "数据化观"：数据将"未病"可视化

"数据化观"可以更清晰识别潜在风险，是精细化管理的前提。要坚持问题为导向，强化综合能力。比如，围绕城市的油气管道、桥梁隧道、大型建筑等重大风险源，加强关键参数及状态监测能力，形成风险数据化[34]。要为城市制定一份基于详细数据的、打破"科室限制"的、关于城市的"全科"体检报告。城市"体检"是城市发展的不可或缺环节，而城市安全"体检"是其中的重中之重。2020年6月10日发布的城市运行安全状态评估蓝皮书——《上海城市运行安全发展报告》（2016—2018）是国内第一份以城市安全为对象、以实际工作为引导、以翔实数据为支撑的超大型城市运行安全发展报告。报告重点围绕危险化学品、消防火灾、设施运行、特种设备、城市建设、自然灾害这六个方面，诊断城市"呼吸"（排水防涝）是否顺畅、城市"骨骼"（房屋建筑）是否强劲、城市"动脉"（轨道交通）是否有力，对城市进行"专科体检"。过去城市安全的"底板"是不清楚的，城市精细化就是要把它摸清楚，仅仅摸清楚还不够，还要打破数据壁垒，才能准确认识城市生命体的"健康水平"，及时化解、防范那些不易察觉的"大白象"式的潜在风险。比如，上海通过"神经元"系统的建设，水陆空全方位地部署了近百万个智能终端和感知设备；合肥对51座桥梁、2 000多公里管网布设8万多套前端感知设备……这些都是为了让我们能更加了解城市，及时发现"未病"。

### 6.3.3.2 "信息化管"：监控"未病"，控好"已病"

"信息化管"要坚持以需求为导向，形成长效机制。利用好这些数据将是一个更长期的研究过程，各种数据模型还需要经过长期的实践检验。要用好"一网统管"城市运行平台，落实城市风险地图，同步做好隐患排查、登记、评估、报告、监控、治理、销账的闭环全周期管理，强化风险关联性分析，落实风险防范的导向能力[35]。

比如，超大城市的"群租"问题一直是城市的"牛皮癣"，以往只能通过市民举报、物业巡查等方式发现。目前，上海已经形成了一整套的主动治理模式，整治方式由传统人工撒网巡查、接受群众举报的被动发现方式转变为数据智能识别、精准联合整治的模式。该模式集成了水、电、气、实有人口、外卖活跃账户等9类数据信息，建立三种算法模型，包括外卖订单用户账号数监测模型、实有人口和房型关联比对模型、用水用电用气与小区同一户型比对模型，智能监管群租，形成工单，推送相应街镇分中心，协调城管、社区、物业共同上门核查整治。该模式既能为基层减负，又为基层赋能。

在自然灾害领域，由于上海市的重点自然灾害形式表现为台风，因此针对高层建筑、大型综合体、城市生命线等重要部位，上海市积极推进"气象＋"的风险防范模式，强化气象对重点行业的服务功能，全面细化城市气象风险点、线、面、链的动态监管能力[35]，让城市生命体在"可穿戴"装备的监测下，科学地"增强体能"。

### 6.3.3.3 "智能化防"：防好大病

"智能化防"是要从数据到智能，要坚持以应用为导向，强化技防能力，提升预警技术。重点要用好物联网、互联网、大数据、云计算、5G等新型信息技术。比如，对大客流实时监控，借助智能算法，适时提出限流预警，确保不出现大客流"对冲"的现象，有力地杜绝了踩踏风险[34]；利用可燃气体泄漏监测系统，及时发现是否存在燃气管网泄漏的情况；利用大桥结构应力感应系统，及时判断桥梁是否存在承重超载的情况，针对险情，发出"秒级预警"并推送到相关专业部门进行及时处理；等等。

如上海对建筑工地施工安全的监管，依托工地远程视频监管系统，通过图像自动识别，实时抓拍未戴安全帽、车辆未冲洗等9个重点管理要素，智能综合分析，形成工单，做到两个推送：一是直接推送工地管理人员，工地管理人员收到信息后第一时间快速整改、消除隐患；二是同步推送建设工程质量监督站，便于他们及时优化监管措施、调配监管资源、实现精准监管[36]。

在危化品安全监管方面，上海运用智能化手段对浦东区3 700多家危化品企业，特别是83家重点危化品企业加强风险智能化监管。智能化手段主要有以下三种：一是运用物联感知重点对有毒有害气体、温湿度、高低液位三个方面参数进行监测和自动报警；二是运用视频对防火区吸烟、拨打手机、车辆超速行驶等9个要素进行自动抓取，并自动识别和推送；三是运用大数据分析对各类信息智能研判，形成态势图表，分析企业安全生产措施落实情况。

### 6.3.3.4 "智慧化统"：系统能级的跨越

"智慧化统"是数据能力的再升级，指向风险防控决策能力的优化。要强化大数据分析能力，从数据上发现系统性、结构性的问题[34]。比如，通过对产业供应链的国有化程度分析，就能够增强在国际贸易问题上处理突发事件的能力。

在城市安全生产、防灾减灾等风险防控上，要将"数据化观、信息化管、智能化防"统筹管理起来，要强调基础信息汇聚、现场信息获取、事故链演变态势分析的能力，落实"数据＋经验"的双驱动决策机制等[35]。比如，疫情防控期间要对一个社区或者街道进行封闭管理，那么这个社区或街道里每天需要消费多少物资？这些物资谁来供应、谁来分配？哪些人员可能需要得到特别的帮助？谁来帮助这些人？这些问题必须要统筹管理才能解决。

"智慧化统"的一个核心就是"智慧化决策"。影响决策者决策的因素很多，和传统的决策模式相比，数字化、信息化能将相关的决策因素聚集、分析、推演，从而保障更高的"决策智慧"。

以下以成都市建设城市安全"大脑"为例进行说明。成都市通过汇聚数据、打造场景、建立模型，建设城市安全"大脑"，激活高效能治理的"智能引擎"。成都市依靠城市安全和应急管理应用平台，搭建统一的数据中台，制定安全数据"成都标准"：一方面，汇集1.3亿条基础数据，建立开放共享的城市安全数据资源池，加快实现系统共联、平台共用、数据共享；另一方面，搭建统一的业务中台，建立灾害和灾害链模型，开展全灾种、全要素、全流程大数据分析应用，洞察城市安全运行态势。

### 6.3.3.5 "现代化救"：高效快速反应

"现代化救"是指强化应急装备技术支撑和关键技术研发，做好应急资源保障，提升救援实战能力，落实"全灾种、大应急"的要求[34]，还要利用更丰富的技术实现更敏捷的反应和高效的资源保障。如针对水域、高层建筑、轨道交通、化工、大跨度建筑等城市重大风险，系统打造专业攻坚力量，建立专项演练的评估机制，不断提高现场人员的应急处置能力水平。积极鼓励引导街道、社区、企业、单位等基层应急力量和社会救援组织承担一定的初期抢险救灾职能。积极推行社会应急装备物资、大型工程器械联储联动机制，通过购买服务等形式构建物资快速保障体系。要研究落实关键应急抢险装备、材料和关键抢险人员的动态配置，该建的队伍一定要建，该配的装备配得起就配、配不起就租，以多种形式实现应急物资与器械的联储联动，最大程度地创造应急阶段所需的交通、水源、电力、通信等外部条件。

### 6.3.4　国内外相关国家 / 城市数字化转型案例

#### 6.3.4.1　新加坡：智慧国 2025 计划

新加坡是全球首个提出"智慧国"蓝图的国家，在 2006 年与 2014 年，新加坡政府前后分别启动了"智能国家 2015"计划和"智慧国家 2025"计划，并成立国家层面工作组（智慧国家和数字政府办公室，SNDGO）统筹实施"智慧国家 2025"计划。这些计划的实施使新加坡在 2019IMD 智慧城市指数①排名中荣居首位，在 2018—2019 年度的世界智慧城市政府报告排名中位居第二位 [37]。

为了实现智慧国家计划，智慧国家和数字政府工作组（SNDGG）提出智慧国家总体框架为两个基础、三大支柱、六类方案，在三大支柱领域配套发布了《数字政府蓝图》《数字经济行动框架》《数字社会就绪蓝图》《国家人工智能计划》等，体现了其整体转型的理念。

#### 6.3.4.2　英国：数字战略

英国是欧洲数字经济的领头羊，是欧洲数字之都，政府数据开放水平排名全

---

① "2019IMD 智慧城市指数"由 IMD 世界竞争力中心 (IMD World Competitiveness Center) 和新加坡科技设计大学 (Singapore University of Technology and Design) 合作发布。IMD 世界竞争力中心是欧洲第一、全球第三的欧洲商学院——瑞士洛桑国际管理发展学院 (IMD) 下设的研究中心，旨在研究全球最具竞争力的经济体。

球第一位。在 2009 年国际金融危机和 2017 年脱欧未决之际，分别发布《数字英国》
和《英国数字战略》两大国家战略；又分别在 2018 年和 2020 年发布《数字宪章》
和《国家数据战略》，英国已经把数字化作为应对不确定性、重塑国家竞争力的
重要举措。表 6-2 为英国数字化战略政策文件集，这些共同构成了英国的数字战
略体系[38]。

表 6-2　英国数字化战略政策文件

| 序号 | 时间 | 名称 | 发布机构 |
|---|---|---|---|
| 1 | 2009 年 6 月 | 数字英国 | 商业创新和技能部 (B1S) 数字文化媒体和体育部 (DCMS) |
| 2 | 2010 年 4 月 | 2010 数字经济法 | 英国议会 |
| 3 | 2012 年 11 月 | 政府数字战略 | 内阁办公室 |
| 4 | 2013 年 6 月 | 信息经济战略 | 英国政府 |
| 5 | 2013 年 12 月 | 政府助力数字化路径 | 内阁办公室 政府数字服务机构 |
| 6 | 2014 年 4 月 | 政府数字包容战略 | 内阁办公室 政府数字服务机构 |
| 7 | 2015 年 2 月 | 数字经济战略 (2015—2018) | 创新英国 (Innovate,UK) |
| 8 | 2017 年 2 月 | 政府转型战略 (2017—2020) | 内阁办公室 政府数字服务机构 |
| 9 | 2017 年 3 月 | 英国数字战略 | 数字文化媒体和体育部 (DCMS) |
| 10 | 2017 年 4 月 | 2017 数字经济法 | 王室 |
| 11 | 2017 年 10 月 | 数字技能合作伙伴 | 数字文化媒体和体育部 (DCMS) |
| 12 | 2018 年 1 月 | 数字宪章 | 数字文化媒体和体育部 (DCMIS) |
| 13 | 2018 年 1 月 | DFID 数字战略 2018—2020 年：在数字世界中保持发展 | 国际发展部 (DFID) |
| 14 | 2020 年 9 月 | 国家数据战略 | 数字文化媒体和体育部 (DCMS) |

《英国数字战略》主要对英国打造世界领先的数字经济和全面推进数字转型作出了周密的部署，重点实施连接战略、数字技能与包容战略、数字经济战略、数字转型战略、网络空间战略、数字政府战略和数据经济战略七大子战略，每个战略之下包含一揽子举措和推进方案[39]。

### 6.3.4.3　日本：超智能社会

日本在 2016 年发布的《第五期科学技术基本计划（2016—2020）》中第一次提出"超智能社会——社会 5.0"概念，将其定义为继狩猎社会（社会 1.0）、农业社会（社会 2.0）、工业社会（社会 3.0）、信息社会（社会 4.0）之后的新社会形态。该计划指出，"社会 5.0"具备以下三个核心要素：一是虚拟空间和物理空间高度融合的社会系统；二是实现超越年龄、性别、地区、语言等差异，为多样化和潜在的社会需求提供必要的物质和服务；三是让所有人都能享受到舒适且充满活力的高质量生活，构建一个以人为本、适应经济发展并有效解决社会问题的新型社会[40]。

2018 年，日本政府公布了《未来投资战略 2018——迈向社会 5.0 和数据驱动型社会的变革》，该报告指出，未来日本将对生活和生产、能源和经济、行政和基础设施、社区和中小企业等四大领域的 12 个方面重点展开智能化建设，其中针对日本社会所面临的发展困境，在科技发展、医疗卫生、物流运输、农业水产以及防灾减灾等方面给出了较为清晰的未来发展蓝图[41]。

### 6.3.4.4　上海：国际数字之都

2010 年，上海正式提出"创建面向未来的智慧城市"战略，智慧城市建设序幕由此拉开。2020 年 10 月，上海从 350 个国际城市中脱颖而出，成为首个获得"世界智慧城市大奖"的中国城市。11 月，在上海市第十一届委员会第十次全体会议上首次提出要"全面推进城市数字化转型"，并正式对外发布《关于全面推进上海城市数字化转型的意见》（以下简称《上海数字化转型意见》）。"数字上海意见"提出把数字化转型作为上海"十四五"经济社会发展主攻方向之一，主动顺应和掌握数字化时代带来的新趋势新机遇，科学遵循城市运行和发展规律，持续深化上海各领域数字化发展的先发优势，从"城市是生命体、有机体"的全局出发，统筹推进城市经济、生活、治理全面数字化转型。《上海数字化转型意见》提出，要率先探索新经验，用数字化方式创造性解决超大城市治理和发展难题；率先应用新技术，用数字化场景牵引技术创新和广阔市场空间；率先转换新动能，用数据要素配置链接全球资源、大力激发社会创造力和市场潜力，全面提升城市治理能力和治理水平现代化，创造人民城市数字化美好生活体验，打造城市高质量发展的强劲引擎，为加快建设具有世界影响力的社会主义现代化国际大都市奠定扎实基础。《上海数字化转型意见》明确要坚持整体性转变，推动"经济、生活、治理"全面数字化转型；坚持全方位赋能，构建数据驱动的数字城市基本框架；坚持革命性重塑，引导全社会共建共治共享数字城市；创新工作推进机制，科学有序全面推进城市数字化转型。

2021 年 10 月，《上海市全面推进城市数字化转型"十四五"规划》发布，明确了主要目标和重点工作，"十四五"要初步实现生产生活全局转变，数据要素全域赋能，理念规则全面重塑的城市数字化转型局面，国际数字之都建设形成基本框架，为 2035 年建成具有世界影响力的国际数字之都奠定坚实基础。提出要形成面向未来的数字城市底座支撑，构建高端引领的数字经济创新体系，打造融合普惠的数字生活应用场景，强化精细高效的数字治理综合能力。

### 6.3.4.5　深圳：全球新型智慧城市标杆和"数字中国"城市典范

深圳信息化一直走在全国前列，已连续 2 年获得全国重点城市网上政务服务能力评估第一名、全国数字政府发展指数第一名，连续 3 年获得全国智慧城市发展水平评估第一名[42]。2021 年 1 月 5 日，深圳市人民政府发布《关于加快智慧城市和数字政府建设的若干意见》（以下简称《深圳智慧城市意见》），提出将聚焦"优政、兴业、惠民"，建设主动、精准、智能的整体数字政府，发展数据要素资源依法自由流动的蓬勃数字经济，提供安全可信、平等普惠的数字市民服务，打造"数字政府、数字经济和数字市民"三位一体的数字深圳，到 2025 年，成为具有深度学习能力的鹏城智能体，成为全球新型智慧城市标杆和"数字中国"城市典范[43]。《深圳智慧城市意见》主要有以下四个特点：一是突出新基建，强化新型基础设施作为总支撑；二是突出依法治数，发挥数据要素核心驱动引擎作用；三是突出开放用数，推动新模式新业态创新发展；四是突出区域协同和国际合作，提升全球影响力。此外，还创新提出"数字市民"计划，构建"数字市民"认证、管理和应用体系，推动"数字市民"可跨城办理业务、跨域使用数据[44]。

### 6.3.4.6 杭州：数智杭州·宜居天堂

2020 年 12 月，《中共杭州市委关于制定杭州市国民经济和社会发展第十四个五年规划和 2035 年远景目标的建议》出台，提出紧紧围绕"数智杭州·宜居天堂"的发展导向，以数字化网链推动产业链供应链优化升级，以数字化生产提高全要素生产率，以数字化消费激发重量级新需求，以数字化融合打造跨界成长全场景，推动数字化转型全方位先行实践，率先建成"整体智治示范区"和数字变革策源地，推动数字变革走在前列。具体如下：一是坚持数字赋能产业变革，推进产业基础高级化、产业链现代化。争创数字经济国家示范城市，成为全球视觉 AI 产业中心、全国云计算之城和中国区块链之都、国际金融科技中心，奋力打造"全国数字经济第一城"。二是坚持以数字化改革牵引各领域改革，充分激发体制机制活力。加快建设新型智慧城市，以城市大脑建设撬动各领域改革，奋力打造"全国数字治理第一城"；营造国际一流营商环境，深化"最多跑一次"改革；探索培育数据要素市场，鼓励数据资源合规交易、有序流通、高效利用等。

## 6.4 本章小结

本章聚焦城市风险防控体系与能力建设，其中大量成果来自城市管理实践，提出了基于全生命周期的城市风险防控体系。特别是针对近年来世界各国城市普遍面对的数字化转型、智慧城市建设，及时总结了大量已经在实践中运用的方法，并前瞻性地提出大量行之有效的管理方法。应该看到，数字化转型会带来城市风险管理的变革，但也可能会催生新的风险，这将是不可忽视的新挑战，需要高度关注。

# 参考文献

[1] 纳西姆·尼古拉斯·塔勒布.黑天鹅 [M].北京：中信出版集团，2019.

[2] 印度寺庙踩踏事故致 91 人死上百人伤 由垮桥谣言引发 [EB/OL].观察者网.发布时间：2013-10-14 06:14:51.https://www.guancha.cn/Neighbors/2013_10_14_178254. shtml.

[3] 米歇尔·渥克.灰犀牛 [M].北京：中信出版集团，2017.

[4] 孙建平.努力构建"超低风险型"超大城市 [N].联合时报，2020-06-19(4).

[5] 谈敏，丛树海.大辞海·经济卷 [M].上海：上海辞书出版社，2015.

[6] 陈一新.着眼把重大矛盾风险化解在市域 打造社会治理的"前线指挥部"[EB/OL].中国长安网.发布时间:2020-10-22 07:39.http://www.chinapeace.gov.cn/chinapeace/c100007/2020-10/22/content_12406293.shtml.

[7] 陈一新.推进市域社会治理现代化要发挥 政治、法治、德治、自治、智治"五治"作用 [EB/OL].枣庄网警巡查执法.[2019-07-27 07:39].https://baijiahao.baidu.com/s?id=1640166178056176431&wfr=spider&for=pc.

[8] 木可.自媒体管控亟待加强 [N].青海日报，2018-11-26(9).

[9] 黄和平.生命周期管理研究述评 [J].生态学报，2017，37(13):4587-4598.

[10] 常保国，赵健."全周期管理"的科学内涵与实现路径 [EB/OL].中国青年报.发布时间:2020-09-04 19:15.https://baijiahao.baidu.com/s?id=1676901771551354892&wfr=spider&for=pc

[11] 刘向伟，徐文标.打造危化品全生命周期监管的宁波模式 [J].宁波经济（财经视点），2020(12):41-42.

[12] 王亚韡，梁勇，麻东慧，等.加强高风险化学品全生命周期风险管控，促进环境友好型替代品研发 [J].中国科学院院刊，2020，35(11):1351-1357.

[13] 詹圣泽.中国特色大科学工程全生命周期管理模式构建研究 [J].行政与法，2019(11):37-47.

[14] 王凡荣.特大城市治理"全周期管理"的三个维度 [J].党政论坛，2020(12):43-45.

[15] 王健.树立"全周期管理"意识 探索超大城市社会风险治理的新路径 [J].理论与现代化，2020(5):121-128.

[16] 董立人，李作鹏.以全周期管理思维推进城市治理 [J].中国应急管理，2020(6):40-41.

[17] 郭雪松，赵慧增.构建城市风险适应性治理体系 [DB/OL].中国社会科学网.发布时间：2019-05-08 09:33.http://www.cssn.cn/skjj/skjj_jjgl/skjj_xmcg/201905/

t20190508_4875630.shtml.

[18] 孙建平 . 让"一颗子弹"激活应急管理"全盘棋"[EB/OL]. 光明网 . 发布时间 :2020-02-11 09:44.https://www.gmw.cn/xueshu/2020-02/11/content_33543366.htm.

[19] 孙建平 . 除了"黑天鹅""灰犀牛" 别忽视了"大白象"[J]. 水上消防，2020(2):16-20.

[20] 孙建平 . 强化重大风险全过程动态评估 [J]. 中国应急管理，2020(2):29-31.

[21] 方廷勇，章涛林，徐军，等 . 我国政府应对突发公共事件的高效应急管理机制 [J]. 中国公共安全 ( 学术版 )，2008(Z1):77-82.

[22] 肖凌之 . 充分发挥疫情防控的强大政治优势 [J]. 实践 ( 思想理论版 )，2020(3):56.

[23] 孙建平 . 探索人民城市风险防范防控新路径 [N]. 联合时报，2020-11-24(3).

[24] 人民城市⑧ | 防控城市风险：文化、技术与管理 [EB/OL]. 文汇网 . 发布时间 :2020-07-03 16:40:50.http://wenhui.whb.cn/third/baidu/202007/03/358605.html.

[25] 科技正能量 . 中国系统：数字城市"新秀"的老成之道 [EB/OL]. 搜狐网 . 发布时间 :2021-02-26 18:07.https://www.sohu.com/a/452857418_116326.

[26] 人民网 . 华为探索智慧城市建设之路——打造城市智能生命体，共创城市美好生活 [EB/OL]. 搜狐网 . 发布时间 :2020-10-21 06:31.https://www.sohu.com/a/426140210_114731.

[27] 贺亚玲 . 长沙市数据资源管理局召开新春见面会 部署了这些重点工作 [EB/OL]. 星辰在线 . 发布时间 :2021-02-18 19:17.http://news.changsha.cn/xctt/html/110187/20210218/101606.shtml.

[28] 蒋艳琼，罗艳琴 . "十四五"城市数字化转型路径与策略思考 [EB/OL]. 国脉电子政务网 . 发布时间 :2021-02-05 18:50.http://www.echinagov.com/viewpoint/290875.htm.

[29] 睿思一刻·浙江："十四五"时期，看浙江如何"把控全局"[EB/OL]. 新华网 . 发布时间 :2021-01-06 16:57:48.http://www.zj.xinhuanet.com/2021/01/06/c_1126952637.htm.

[30] 权威发布！关于全面推进上海城市数字化转型的意见公布 [EB/OL]. 新民晚报 . 发布时间 :2021-01-04 19:30.https://baijiahao.baidu.com/s?id=1687955814486681031&wfr=spider&for=pc.

[31] 数通畅联 . 云时代的集成平台 [EB/OL].CSDN 技术社区 . 发布时间 :2020-12-25 15:46:41.https://blog.csdn.net/aeaiesb/article/details/111679743.

[32] 中国信息化百人会 . 张新红："十四五"时期智能技术与智慧城市发展三个基本判断 [EB/OL]. 搜狐网 . 发布时间 :2021-01-13 18:05.https://www.sohu.com/

a/444404809_470089.

[33] 思想者 | 郑磊：城市数字化转型，转什么、怎么转、为谁而转？ [EB/OL]. 上观新闻 . 发布时间 :2021-01-10 06:31.https://export.shobserver.com/baijiahao/html/329367.html.

[34] 思想者 | 孙建平：城市风险治理迎来重要窗口期，数字化转型将带来什么？ [EB/OL]. 上观新闻 . 发布时间 :2020-12-13 06:31.https://new.qq.com/rain/a/20201213A01H1300.

[35] 孙建平 . 让城市更安全 社会更安定 市民更安心 [J]. 先锋，2021(2):39-41.

[36] 全国党媒信息公共平台 . 大江东 | 城市之治的上海探索："一网通办""一网通管" [EB/OL]. 搜狐网 . 发布时间 :2020-05-27 19:04.https://www.sohu.com/a/398081900_565998.

[37] 曾娅 . 新加坡"智慧国计划"实施三年见成效 [N]. 人民邮电，2009-06-24(5).

[38] THE RT HON KAREN BRADLEY MP，明欣，安小米 . 英国数字战略 [J]. 办公自动化，2017，22(7):7-8+35.

[39] 林梦瑶，李重照，黄璜 . 英国数字政府：战略、工具与治理结构 [J]. 电子政务，2019(8):91-102.

[40] 王达，胡林元 . 日本超智能社会建设与实现可持续发展研究 [J]. 今日科苑，2019(10):16-21.

[41] 刘佳 .《未来投资战略 2018：向"社会 5.0""数据驱动型社会"变革（节选）》翻译实践报告 [D]. 大连 : 辽宁师范大学，2020.

[42] 肖晗 . 深圳新目标:2025 年建成全球新型智慧城市标杆和"数字中国"城市典范 [EB/OL]. 读创网 . 发布时间 :2021-01-05 17:35.https://new.qq.com/rain/a/20210105A0BVTO00.

[43] 深圳市政务服务数据管理局 . 深圳市人民政府关于加快智慧城市和数字政府建设的若干意见 [EB/OL]. 深府 [2020]89 号 . 发布时间 :2021-01-05.http://www.sz.gov.cn/szzsj/gkmlpt/content/8/8394/post_8394031.html#19244.

[44] 深圳将实施"数字市民"计划，推动可跨城办理业务、使用数据 [EB/OL]. 南方都市报 . 发布时间 :2021-01-20 00:03:38.https://www.163.com/dy/article/G0OAE3IJ05129QAF.html.

# 7 城市风险防控关键流程与技术

居安思危，思则有备，有备无患。

——《左传》

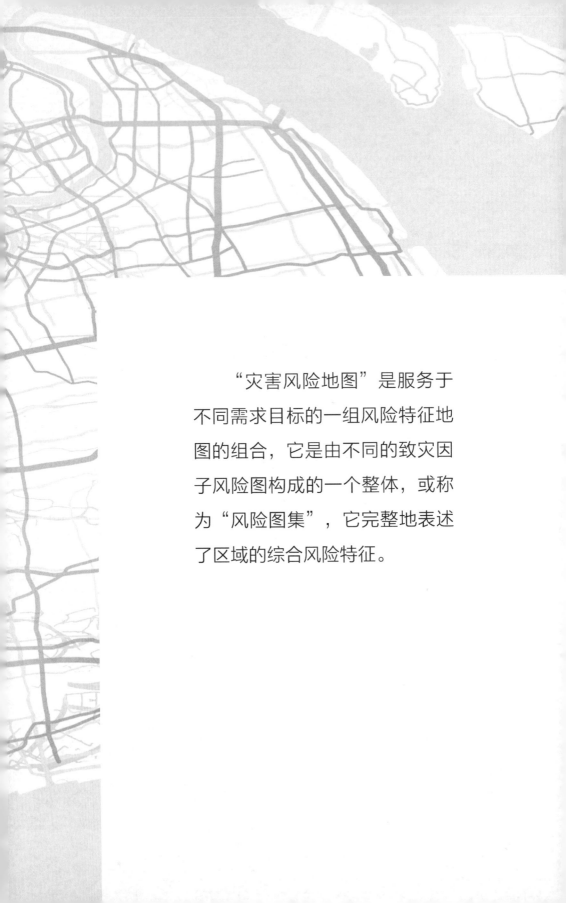

　　"灾害风险地图"是服务于不同需求目标的一组风险特征地图的组合，它是由不同的致灾因子风险图构成的一个整体，或称为"风险图集"，它完整地表述了区域的综合风险特征。

本章介绍了城市风险管理的通用性关键流程与技术。城市风险防控首先需要明确防控方向、确定防控思路。具体的防控流程包含城市风险的识别、分析、评估、监测与预警。值得一提的是，保险作为一种风险"转移"手段和防控分担机制，是现代城市，特别是超大城市风险防控的关键一环和有效方法。

通用性流程和技术如何在复杂的城市系统中灵活运用，形成清晰的城市风险管理路径，同济大学城市风险管理研究院基于多年城市管理实践将其概括为"五个一"，即：一份安全风险管理指导意见，一幅已标识源头、类别和等级的风险地图，一本安全工作操作手册，一个包括管理、处置、预警等功能的综合应急平台，一张明确保障对象和范围的保险清单。

## 7.1  城市风险防控导向

从动态上看，随着科学技术和政治文明的进步，城市的发展面临前所未有的机遇，但城市社会的急速转型将产生前所未有的危机。

现代社会中，由于人和制度所造成的增量风险，如利益冲突、组织缺陷与责任风险等显著增加。从计划和约束状态下获得（追求）极大发展与自由的人、社会和市场，会因为风险出口的缺失（包括制度、机制、能力和方法上的缺失）或缺少风险转移的渠道，而面临着背负更大、更多风险的可能性[1]。

### 7.1.1  风险控制的方向

社会学家普遍认为，人类已经进入了"风险社会"。这不是特指一种全新社会形式的出现，而是重在强调与传统社会"相对稳定"的状态相比较，现代城市面临更严峻的风险挑战。

风险包含了两层含义，一是风险发生的概率，二是风险事件导致的损失。因此风险控制可从两方面入手：风险管理者采取各种措施和方法，消灭或减少风险事件发生的可能性；或者减少风险事件发生时造成的损失。风险控制的目的正如其定义一样，采取措施降低风险事件发生的概率或减少风险事件可能带来的损失。

### 7.1.2　风险控制的思路

风险控制强调降低风险的可能性和后果，而风险控制思路是决策者对风险的一种决策行为，其目的往往是优选出效益最大而成本最小的决策。

风险控制如果出现方向性错误将会导致新的风险或者更多的损失。比如，"9·11"恐怖袭击事件后，美国政府加强了国内安全警备，关闭了国内领空，直接导致商业活动的即时运输中断，克莱斯勒被迫关闭间歇性生产车间，福特在2001年第四季度减产13%，进而引发社会就业矛盾和社会救济金的增长。2001年，口蹄疫（Foot and Mouth Disease）在英国暴发，英国政府宰杀了上百万只牲畜，关闭农场，虽然给予养殖场过亿英镑的补偿，但并没有消除人们对政府控制疫情能力的怀疑，人们认为政府并没有做好应对大型疾病的准备，从而导致依靠旅游业而不是农业的农村所遭受的损失远大于口蹄疫疫情所带来的损失，疾病所带来的混乱远不如政策措施所带来的混乱。

一般而言，常见的风险控制思路有忽视风险、降低可能性、减缓后果、风险转移、应急准备、接受风险、改变策略等。

表7-1以"穿过一条繁忙的马路，主要风险就是被车撞到"的虚拟案例为例来解释风险控制思路。

其中，忽视风险和接受风险的区别在于：一旦接受风险以后，可以采用更加灵活的战略来从中受益。比如，1990年，法国矿泉水公司佩里埃负责全美国销售瓶装水市场份额的80%，在接到美国瓶装水里含有苯物质的报告后，公司宣称这是一起单独事件，召回了该批次的瓶装水，然而接下来在欧洲也发现了同样的含苯水，公司被指责道德缺失，消费者有可能已经喝了几个月的含致癌物质的水，当公司意识到严重性时为时已晚，在召回了2亿法郎的瓶装水后，其市场份额下降，股票跌到最低，最终该公司被雀巢收购，这是一起典型的忽视风险的决策。

而 2000 年，美国强生泰诺去疼片被发现含有不符合医药品安全条件的物质，强生公司立刻警告消费者不要再服用任何泰诺产品，并召回市场上所有的泰诺产品，公司几乎在当时就恢复了品牌信誉，这是接受"召回风险"后采用的灵活策略从而受益的案例。

表 7-1  风险控制思路

| 风险控制思路 | 表述 |
| --- | --- |
| 忽视风险 | 闭上眼睛过马路 |
| 降低可能性 | 车少的时候过马路 |
| 减缓后果 | 穿上防撞服 |
| 风险转移 | 叫别人代替你过马路 |
| 应急准备 | 叫一辆救护车 |
| 接受风险 | 接受可能被撞，变得更加灵活 |
| 改变策略 | 禁止使用该道路通行；不过马路了 |

## 7.2  城市风险识别与分析

风险识别是指用感知、判断或归类的方式对城市现实的和潜在的风险进行长久的、动态的鉴别过程。风险转变为事故事件需要一定的条件，存在着一定的演变机理，风险分析即是对各演变条件和演变机理进行判定的过程。城市风险识别和分析的方法很多，如表 7-2 所示。鉴于风险的多样性，这些方法往往具备一定的应用局限。现实的风险识别与分析过程往往是多种方法的综合运用。

表 7-2  城市风险识别与分析方法

| 序号 | 名称 | 运用要点 |
| --- | --- | --- |
| 1 | 核查表法 | 系统不太复杂的情况下使用 |
| 2 | 专家调查法（头脑风暴法、德尔菲法） | 集思广益、便于形成集体智慧 |
| 3 | 鱼刺图法 | 要求有较好的归纳能力 |

续表

| 序号 | 名称 | 运用要点 |
|---|---|---|
| 4 | 故障模式及影响分析 | 对系统的功能逻辑分析能力要求较高 |
| 5 | 预先危险性分析 | 找到主要危险源 |
| 6 | 危险与可操作性分析 | 建立有意义的偏差 |
| 7 | 事件树分析 | 按时序逻辑，从原因到结果 |
| 8 | 事故树分析 | 按事件逻辑，从结果到原因 |

### 7.2.1　定性分析方法

1. 核查表法（check list）

核查表法是管理中用于记录和整理数据的常用工具。用于风险识别时，就是将以往类似项目中经常出现的风险事件列于一张汇总表上，供识别人员检查和核对，以判别某项目是否存在以往历史项目风险事件清单中所列的或类似的风险。目前此类方法已在工程项目的风险识别中得到大量采用。

核查表法是一种定性分析方法。核查表是基于以前类比项目信息及其他相关信息编制的风险识别核对图表，适用于有类似或相关经验的项目。核查表一般按照风险来源排列，很容易操作。利用核查表进行风险识别的主要优点是快而简单，缺点是受到项目可比性的限制。一般根据项目环境、产品或技术资料、团队成员的技能或缺陷等风险要素，把经历过的风险事件及来源列成一张核查表，内容包括：以前项目成功或失败的原因；项目范围、成本、质量、进度、采购与合同、人力资源与沟通等情况；项目产品或服务说明书；项目管理成员技能；项目可用资源；等等。项目经理对照核查表，对本项目的潜在风险进行联想相对来说简单易行。

风险核查表对项目风险管理人员识别风险起到了开阔思路、启发联想、抛砖引玉的作用。核查表主要依赖于专家的知识和经验，但是核查表不能揭示风险源之间重要的相互依赖关系；对识别相对重要的风险的指导力不够；对隐含的二级、三级风险识别不力；表格和问卷设计不周全则可能遗漏关键的风险，对单个风险源的描述不够充分。因此，在项目不太复杂的情况下，才能选用核查表法。

2. 专家调查法

由于城市的复杂性，要想对其风险有一个完整、准确而又富有效率的识别，必须依靠相关领域的专家，利用其深厚的专业理论知识和丰富的实践经验，找出在城市发展过程中的各种潜在风险并分析风险的成因、预测风险的后果，此即为专家调查法。专家调查法是一种定性分析方法，普遍适用，尤其是针对采用新技术、无先例可循的项目，简单易行，能较全面地分析风险因素。

专家调查法的优点是在缺乏足够统计数据和原始资料的情况下，可以做出较为准确的估计，对于城市安全管理来说比较适用；缺点是其结果的科学性受到专家数量及人数的限制。目前，专家调查法有几十种之多，头脑风暴法和德尔菲法是两类典型的专家调查法。

头脑风暴法能够刺激创造性、产生新思想、充分发挥集体智慧。该方法通过专家之间的信息交流，产生智力碰撞，引起"思维共振"，形成宏观的智能结构，从而找出全局性的风险因素。其优点是专家们能够集思广益，发散思维，将隐藏较深的、不易察觉的风险源及风险事件识别出来；缺点是集体意见易受权威人士左右，形成"羊群效应"。

德尔菲法由美国著名咨询机构兰德公司于20世纪50年代初创。在应用此法时，风险管理人员应首先将城市风险调查方案、风险调查内容、风险调查项目等做成风险调查表，然后采用匿名的方式将调查表函寄给有关专家（一般20~50名），将他们的意见予以综合、整理、归纳，形成新的风险调查表，然后将新的风险调查表再一次反馈给有关专家。经过多次这样的反复，最后得到一个比较一致的且可靠度较高的集体意见。

德尔菲法具有匿名性和反馈性。这样专家们在回答风险调查表时不必考虑其他人的意见，不受权威的诱导，能够比较真实地表达自己的看法，从而能将自己的专业优势真正发挥出来，达到风险调查的目的。反馈性是指风险调查的组织者将新一轮的风险调查表送交有关专家时，其实已经将其他专家的看法、观点、思考的角度等内容反馈于该专家。这样该专家就可以充分利用他人的智慧来弥补自己的不足，激发自己的创造性，在一个更高水平的平台上进行又一轮的风险分析。

### 3. 鱼刺图法

鱼刺图，也叫鱼骨图，是由日本管理大师石川馨先生所发展出来的，故又名石川图。鱼骨图是一种透过现象看本质的分析方法，也可以称之为"因果图"。

鱼刺图法认为，问题的特性总是受到一些因素的影响，通过头脑风暴找出这些因素，并将它们与特性值一起，按相互关联性整理成层次分明、条理清楚的图形，这样便于风险管理者把控住主要因素，从而提升改进效能。图 7-1 为无锡高架桥侧翻事故鱼刺图法示意。

### 4. 故障模式及影响分析

故障模式及影响分析（Failure Mode and Effects Analysis，FMEA）是在产品设计过程中，通过对产品各组成单元潜在的各种故障模式及其对产品功能的影响进行分析，提出可能采取的预防改进措施，以提高产品可靠性为目的的一种设计分析方法。它是一种预防性技术，是事先的行为，其作用是检验产品设计的可靠性，从而提高产品的可靠性和安全性。

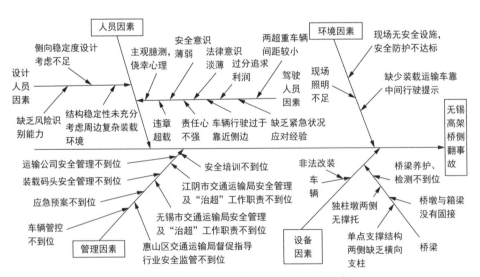

图 7-1　无锡高架桥侧翻事故鱼刺图法示意

FMEA 技术相对比较成熟。早在 20 世纪 60 年代美国航天局（NASA）就将 FMEA 成功应用在航天计划上，70 年代美国汽车工业受到日本强大的竞争冲击，不得不通过导入国防与航天领域应用的可靠度工程技术以提高产品质量与可靠度来积极应对汽车工业的竞争，经过一段时间的推广，80 年代许多汽车公司已逐渐认同该项技术的成效，并开始发展、建立内部适用的技术手册。

5. 预先危险性分析

预先危险性分析（Preliminary Hazard Analysis，PHA）是安全评价的一种方法，也称初始危险分析，是在每项生产活动之前，特别是在设计的开始阶段，对系统存在危险类别、出现条件、事故后果等进行概略的分析，尽可能评价出潜在的危险性。

PHA 的主要目的是大体识别出与系统有关的主要危险，鉴别产生危险的原因，预测事故出现对人体及系统产生的影响，判定已识别的危险性等级，并提出消除或控制危险性的措施。

PHA 的主要步骤如下：危害辨识（通过经验判断、技术诊断等方法，查找系统中存在的危险、有害因素）；确定可能事故类型（根据过去的经验教训，分析危险、有害因素对系统的影响，分析事故的可能类型）；针对已确定的危险及有害因素，制定预先危险性分析表；确定危险、有害因素的危害等级，按危害等级排定次序，以便按计划处理；制定预防事故发生的安全对策措施。

PHA 是进行危险分析的先导，是一种宏观概略定性分析方法。适用于固有系统中采取新的方法，接触新的物料、设备和设施的危险性评价。一般在项目的发展初期使用。在项目发展初期使用 PHA 具有以下优点：方法简单易行、经济、有效；能为项目开发组分析和设计提供指南；能识别可能的危险，用很少的时间和费用就可以实现改进。当只希望进行粗略的危险和潜在事故情况分析时，也可以用 PHA 对已建成的装置进行分析。

6. 危险与可操作性分析

危险与可操作性分析（Hazard and Operability Study，HAZOP）是英国帝国

化学工业公司（ICI）蒙德分部于20世纪60年代发展起来的以引导词（guide words）为核心的系统危险分析方法，较多运用于化工领域。该方法关键在于建立有意义的偏差，并以偏差为对象，分析偏差产生的原因、后果、系统的防控对策等。

HAZOP是一种形式结构化的方法，可以全面、系统地研究系统中的每一个元件，其中重要的参数偏离了指定的设计条件所导致的危险和可操作性问题。主要通过研究工艺管线和仪表图、带控制点的工艺流程图（P&ID）或工厂的仿真模型来确定，重点分析由管路和每一个设备操作所引发潜在事故的影响，应选择相关的参数，如流量、温度、压力和时间，然后检查每一个参数偏离设计条件的影响。采用经过挑选的关键词表，如"大于""小于""部分"等来描述每一个潜在的偏离。最终应识别出所有的故障原因，得出安全措施。所做的评估结论包括非正常原因、不利后果和所要求的安全措施。

### 7.2.2 定量分析方法

#### 1. 事件树分析[2]

事件树分析（Event Tree Analysis，ETA）是安全系统工程中常用的一种归纳推理分析方法，起源于决策树分析（Decision Tree Analysis，DTA），是一种按事故发展的时间顺序由初始事件开始推论可能后果的方法。这种方法将系统可能发生的某种事故与导致事故发生的各种原因之间的逻辑关系用树形图表示，通过对事件树的定性与定量分析，找出事故发生的主要原因，为确定安全对策提供可靠依据，以达到猜测与预防事故发生的目的。事件树分析法已从航空航天、核产业领域进入一般电力、化工、机械、交通等领域，它可以进行故障诊断、分析系统的薄弱环节，指导系统的安全运行，实现系统的优化设计等。

ETA可以事前预测事故及不安全因素，估计事故的可能后果，寻求最经济的预防手段和方法。事后用ETA分析事故原因，十分方便明确。ETA的分析资料既可作为直观的安全教育资料，也有助于推测类似事故的预防对策。积累了大量事故资料后，可采用计算机模拟，使ETA对事故的预测更为有效。在安全管理上用

ETA 对重大问题进行决策，具有其他方法所不具备的优势。

**2. 事故树分析** [2]

事故树分析（Fault Tree Analysis，FTA）是系统安全分析方法中应用最广泛的一种。该方法首先由美国贝尔电话研究所于 1961 年为研究民兵式导弹发射控制系统时提出，主要用于系统风险的分析。1974 年，美国原子能委员会运用 FTA 对核电站事故进行了风险评价，并发表了著名的《拉姆逊报告》，该报告大规模有效地应用了事故树分析法。此后 FTA 在社会各界引起了极大的反响，受到了广泛的重视，迅速在许多国家和企业应用和推广。事故树是由一些节点及它们之间的连线组成，每个节点表示某一具体故障，而连线则表示故障之间的关系。编制故障树通常采用演绎分析法，把不希望发生且需要研究的事件作为顶上事件放在第一层，找出造成顶上事件发生的所有直接事件，列为第二层，再找出第二层各事件发生的所有直接原因列为第三层，如此层层向下，直至最基本的原因事件为止。

事故树分析法是一种定量分析方法，一般用于技术性强、较为复杂的项目，用演绎推理的方式查找风险因素，层次分明、结构严谨，但是由于方法本身的复杂性，对使用者的要求也较高。该方法从结果出发，分析导致事故发生的风险因素的最小割集，并可以计算这些风险事件对顶上事件发生的重要度，根据最小割集和割集重要度分析事故原因，采取有效的应对措施，进而预防事故。

# 7.3　城市风险评估

识别和分析了城市风险之后，就要开展城市风险评估，城市风险评估的主要目的是为了突出城市风险防控的重点。

## 7.3.1　典型风险评估方法

典型的风险评估方法包括层次分析法、模糊综合评价法、专家评审法以及贝叶斯网络评估法等。

## 1. 层次分析法 [3]

层次分析法是一种定性和定量相结合的系统化、层次化的分析方法。它是将半定性、半定量问题转化为定量问题的一种行之有效的方法，可以使人们的思维过程层次化。通过逐层比较多种关联因素来为分析、决策、预测或控制事物的发展提供定量依据，特别适用于那些难以完全用定量进行分析的复杂问题。层次分析法通过将复杂问题划分为若干个组成因素，并按支配关系将组成因素构建成有序的递阶层次结构，根据定性问题定量化的思维对同一层次因素之间两两比较，形成决策矩阵确定各因素的相对重要性，再对决策矩阵进行综合比较判断，从而得出各因素的相对重要性。

## 2. 模糊综合评价法

模糊综合评价法是将模糊数学方法与实践经验结合起来对多指标的性状进行全面评估的一种方法。模糊综合评价法有利于将一些边界不清、不易定量的因素定量化，采用模糊关系合成的原理，对评判事物隶属度等级状况进行综合评判。在风险评估实践中，有许多事件的风险程度是不可能精确描述的，如风险水平高、技术先进、资金充足中的"高""先进""充足"均属于边界不清晰的概念，即为模糊概念。诸如此类既难以有物质上的确切含义又难以用数据准确地表达出来的概念与事件，就属于模糊事件。当影响事物因素较多又有很强的不确定性和模糊性时，采用此方法进行量化分析具有明显的优越性。

## 3. 专家评审法

专家评审法是一种定性描述定量化方法，它首先根据评价对象的具体要求选定若干个评价项目，再根据评价项目制定评价标准，聘请若干代表性专家凭借自己的经验按此评价标准给出各项目的评价分值，然后求和得到最终结果。专家评审法的特点如下：简便，根据具体评价对象，确定恰当的评价项目，并制订评价等级和标准；直观性强，每个等级标准用打分的形式体现；计算方法简单，且选择余地比较大。

#### 4. 贝叶斯网络评估法

贝叶斯网络（Bayesian Network，BN），又称信度网络（Belief Networks），是基于概率推理的图形化网络，能直观地表示一个因果关系，可将复杂的变量关系表示为一个网络结构，通过网络模型反映问题领域中变量的依赖关系，是目前不确定知识表达和推理领域最有效的理论模型之一。贝叶斯网络是一种表示变量间概率分布及关系的有向无环图（Directed Acyclic Graph，DAG）模型。在此网络中，每个节点代表随机变量，节点间的有向边（由父节点指向其后代子节点）代表了节点间的依赖关系，每个节点都对应一个条件概率表（Conditional Probability Table，CPT），表示该变量与父节点之间的关系强度，没有父节点的用先验概率进行信息表达。贝叶斯网络的推理实质上是通过联合概率分布公式，在给定的结构和已知证据下，计算某一事件发生的后验概率 $P(X|E)$。由于贝叶斯网络已经有很成熟的算法，用于计算节点的联合概率分布和在各种证据下的条件概率分布，因而在构建了系统的贝叶斯网络之后，就可以很方便地进行概率安全评估。

### 7.3.2 城市风险等级划分

自20世纪90年代开始，一些发达国家和组织陆续制定了各自的风险管理标准，如澳大利亚/新西兰在1995年颁布了全球第一部国家级风险管理标准《风险管理标准》（AS/NZS4360：1995），并于2004年进行了修订。这些标准和规范对风险影响程度、风险可能性的等级划分标准、风险等级的确定方法与划分标准，以及风险的接受准则都做出了相应规定。部分国外风险等级划分标准如表7-3所示。

**表7-3　国外风险等级划分标准与接受准则汇总表**

| 时间 | 发布者 | 标准名称 | 编号 | 标准内容 |
|------|--------|----------|------|----------|
| 2000 | 英国 | 项目管理第三部分：与项目风险相关的经营管理指南 | BS 6079-3:2000. Project Management Guide to the management of business related project risk | 风险等级划分为低、中、高三个等级 |

| 时间 | 发布者 | 标准名称 | 编号 | 标准内容 |
|------|--------|---------|------|---------|
| 2002 | 国际隧道协会（ITA） | 隧道风险管理指南 | Guide lines for tunnelling risk management: international tunnelling association, working group NO.2 | 风险等级划分为不可接受、不愿接受的、可接受的、可忽略的四个等级 |
| 2004 | 澳大利亚/新西兰 | 风险管理标准（修订） | AS/NZS4360:2004 | 风险等级划分为非常高、高、中、低四个等级 |
| 2004 | 澳大利亚 | 职业健康安全风险管理手册 | HB 205—2004 | 风险等级划分为非常高、高、中、低四个等级 |

还有多种针对行业的风险等级划分方式。例如我国于 2012 年 1 月 1 日实施了《城市轨道交通地下工程建设风险管理规范》（GB 50652—2011），该规范参照了国际风险管理标准流程，包括风险界定、风险辨识、风险估计、风险评价和风险控制等过程。2014 年 6 月，《大中型水电工程建设风险管理规范》（GB／T 50927—2013）开始实施，对风险事故的损失、可能性，风险等级的划分方法与标准，及风险的接受准则都做出了相应的规定。相关内容如表 7-4 所示。

总体来看，风险等级划分大多分为四级或五级。还有公众较熟知的"红、橙、黄、蓝"分色预警通常是按照灾害的严重性和紧急程度进行划分。《中华人民共和国突发事件应对法》中规定，可以预警的自然灾害、事故灾难和公共卫生事件的预警级别，按照突发事件发生的紧急程度、发展势态和可能造成的危害程度分为一级、二级、三级和四级，分别用红色、橙色、黄色和蓝色标示，一级为最高级别。这种划分方式简洁、明晰，在很多行业被广泛运用。

例如，2004 年中国气象局发布了《突发气象灾害预警信号发布试行办法》，2007 年中国气象局又发布了《气象灾害预警信号发布与传播办法》，规定预警信号的级别依据气象灾害可能造成的危害程度、紧急程度和发展态势一般划分为四级：IV级（一般）、III级（较重）、II级（严重）、I级（特别严重），依次用蓝色、黄色、橙色和红色表示，同时以中英文标识①。

**表 7-4 国内相关标准中风险等级划分示例**

| 时间 | 标准名称 | 标准内容 |
|---|---|---|
| 2012 年 1 月 | 《城市轨道交通地下工程建设风险管理规范》（GB 50652—2011） | 风险等级划分为 I~IV 四级，其中 I 级最大、IV 级最小 |
| 2013 年 4 月 | 《建筑工程施工质量安全风险管理规范》（DB31/T 688—2013） | 风险等级划分为 5 级风险（最高）、4 级风险（较高）、3 级风险（一般）、2 级风险（较低）和 1 级风险（最低）五个等级 |
| 2014 年 6 月 | 《大中型水电工程建设风险管理规范》（GB/T 50927—2013） | 风险等级划分为 I~IV 四级，其中 I 级最大、IV 级最小 |

### 7.3.3 城市风险评估种类

城市公共安全风险包罗万象，决定了其评估会面临很多复杂的难题。要有效摆脱困境，就应筑牢城市公共安全风险评估的"地基"；实行"开放透明"评估，将一元主导的行政化评估转型升级为多元化评估；完善评估体系，提高风险评估的科学性；动态化精准化追踪风险，切实做到"应评尽评"；建立健全评估结果应用机制，避免评估报告"束之高阁"。一些城市对风险评估进行了积极实践并取得了一定经验。本节将从专项风险评估、大型公共活动风险评估、重大事项风险评估和城市公共安全风险评估等几个方面展开介绍。

**1. 专项风险评估**

一些城市早在 20 世纪 90 年代就组织专业团队或第三方机构对城市安全进行专项风险评估（如火灾风险），近年来主要集中在社区和安全生产两个领域。

---

① 来源：中国气象局 http://www.cma.gov.cn/2011zwxx/2011zflfg/2011zgfxwj/201208/t20120803_180761.html

1）社区安全风险评估

2009—2011 年，上海市民政局探索建立上海市社区综合风险评估模型，包括社区风险评估模型的开发以及社区风险地图的绘制两部分。社区风险评估模型的开发主要包括社区脆弱性评估、社区致灾因子评估以及社区减灾能力评价三部分。社区风险地图包括五类内容：危险源、重要区域、脆弱性区域、安全场所以及应对措施。

2）安全生产领域风险评估

天津港"8·12"爆炸事故后，2015 年 11 月天津滨海新区启动城市安全风险评估，2016 年 8 月完成全区城市安全风险评估，形成滨海新区《城市安全风险评估报告》《城市安全风险电子地图》以及多套方案。广州市安全生产监督管理局历时 1 年时间于 2016 年 6 月完成《广州城市安全风险评估》（以下简称《评估》），对城市级别安全生产全领域开展的风险评估工作。《评估》将广州市的城市安全单元分解为工业风险单元、城市人员密集场所单元、城市公共设施单元等三类风险单元；对 34 种风险源进行了风险评估和分级，辨识出各种风险源中的一级特别高风险单元和二级高风险单元，并绘制了广州市城市安全风险地图。2017 年 8 月，天津市安全生产监督管理局发布的《天津市城市安全风险评估工作指导意见》指出：到 2017 年年底，全市各区分别完成辖区内城市安全风险辨识和评估分级，建立区级城市安全风险清单和风险数据库，明确落实每一处安全风险的安全管理和监管责任，上报区域城市安全风险评估报告和安全风险"一张图"；到 2018 年，完成全市城市整体性安全风险评估，形成全市城市安全风险评估报告和城市整体性安全风险"一张图"。

**2. 大型公共活动风险评估**

2008 年北京奥运会首次引入了风险评估，形成了 73 份风险评估报告。北京奥组会依据这些风险评估报告，构成了多层次、全方位的"五个一"（一个根本、一个原则、一个机制、一个保障、一个关键）的奥运风险管理体系。

2010 年上海世博会的风险评估也卓有成效，评估分为自然灾害、事故灾害、公共卫生、社会安全和新闻管理五大类，每一大类都内含若干小类。专业管理部门根据自身的职责范围，开展专项的风险识别和评估。例如，上海气象局完成了《上海世博会气象灾害风险初始评估报告》《上海世博会恶劣天气风险评估报告》《世博轴阳光谷气象灾害安全评估报告》《上海世博会开幕式恶劣天气风险评估报告》等风险评估报告，为相关部门及时整改提供依据。

2011年第26届世界大学生夏季运动会在深圳市举办。按照统一部署，深圳市各区、各部门和单位针对辖区和工作领域范围内各类风险进行全面排查、分析评估，深圳市气象部门全面开展气象灾害风险评估。大运会主赛区龙岗赛区委员会组织专门的科研学术机构对赛区内各类风险和重大危险源（点）进行了全面调查和深入分析，对可能发生的30种风险进行评估，完成了《龙岗赛区突发事件风险评估报告》；医疗卫生指挥部形成《大运会突发公共卫生事件风险评估技术报告》；其他专项指挥部和赛区均开展了风险分析和评估工作，为总指挥部的决策提供了有力支持。

**3. 重大事项风险评估**

重大事项风险评估是指与人民群众利益密切相关的重大工程建设项目、与社会公共秩序相关的重大活动等重大事项在制定出台、组织实施或审批审核前，对可能影响社会稳定的因素开展系统的调查，科学的预测、分析和评估，制定风险应对策略和预案，从而有效规避、预防、控制重大事项实施过程中可能产生的社会稳定风险，落实防范、化解和处置措施，更好地确保重大事项顺利实施。

四川省遂宁市2005年在全国率先探索建立重大工程建设项目稳定风险评估制度。2007年4月，中央维护稳定工作领导小组决定在全国推广遂宁经验。随后，很多城市把重大事项社会稳定风险评估制度建设引入维稳工作中，在组织领导体制、评估内容和流程等方面具有不同的特色，形成了不同特点的评估模式[4]。2011年颁布的《中华人民共和国国民经济和社会发展"十二五"规划纲要》明确提出"建立重大工程项目建设和重大政策制定的社会稳定风险评估机制"，党的十八大报告和十八届三中全会的《决定》明确指出要"建立健全重大决策社会稳定风险评估"。从实践来看，各地积极推进制度建设，规范评估程序，明确责任主体、评估内容、评估程序、考核与责任 [5]。

**4. 城市公共安全风险评估**

城市公共安全风险评估是人们对可能遇到的各种风险进行识别和评价，并在此基础上综合利用法律、行政、经济、技术、教育与工程手段，通过全过程的风险管理，提升政府和社会安全管理、应急管理和防灾减灾的能力，以有效地预防、回应、减轻各种风险，从而保障公共利益以及人民的生命、财产安全，实现社会的正常运转和可持续发展。城市公共安全风险评估对象一般包括自然灾害、事故灾害、公共安全和社会安全类风险因素。

例如，2012 年 10 月，深圳启动全市公共安全评估工作。深圳市应急办组织四家专业机构，对全市自然灾害、公共卫生、事故灾难、社会安全等公共安全领域进行评估，形成了各类别评估报告、城市公共安全白皮书等。对识别出的每一项风险，综合分析风险发生的可能性和后果严重性，对照风险矩阵图，评定风险等级，确定风险大小。风险发生的可能性，由低到高分为低等级、中等级、高等级和极高等级四个等级。2017 年，深圳市安全管理委员会又牵头开展了城市安全风险评估，重点聚焦城市工业危险源、人员密集场所、公共设施和其他需要关注的城市危险源，以各区政府为主体进行危险源辨识、评估、分级，落实风险管控措施，形成 10 个区域安全风险评估报告及风险分布电子地图。

## 7.4  城市风险监测

2021 年 9 月，国务院安委会办公室印发了《城市安全风险综合监测预警平台建设指南（试行）》的通知，这是"科技兴安"的具体体现，标志着城市风险监测工作跃升到一个新的台阶。

### 7.4.1　城市风险监测目的

城市风险监测的目的在于采取某种方法和手段及早识别城市风险、避免风险事件的发生、积极消除风险事件的消极后果以及充分吸取风险管理中的经验与教训。

城市离不开水、电、气、路，它们无限交织，为城市运转提供源源不断的资源。随着城市的发展以及大数据、人工智能等新技术的应用，城市逐渐形成了一张巨大的无形之网——数据。数据资源成为城市最重要的资源，城市风险监测能有效获取并运用这些数据以实现城市的风险管理和智慧决策，不断检查、监督、严格观察或确定城市建设、运营中某个参数或指标的动态变化情况，以核对策略和措施的实际效果是否与预见的相同；寻找机会改善和细化风险规避计划，获取反馈信息，以便将来的对策更符合实际。

### 7.4.2　城市风险监测的应用

当前城市安全新旧风险交织叠加，安全风险防范压力加大，城市安全形势复杂严峻。城市风险监测有利于构建全面统筹领导、统一监测调度、联动响应处置的工作体系。加强城市突出风险监测，将有利于提升城市安全风险辨识、防范、化解水平。

城市风险监测可应用于城市风险管理框架、风险管理过程、风险或控制措施。利用丰富的城市数据资源，对城市进行全局的即时分析，有效调配公共资源，不断完善社会治理，推动城市可持续发展。通过城市地理、气象信息等自然和经济、社会、文化、人口和其他人文和社会信息挖掘，为城市建设和运营提供强大的决策支持，以加强科学性和前瞻性的城市风险管理。

### 7.4.3　典型风险监测技术

随着科学技术的进步，涌现出一批符合城市安全需要的风险监测技术，比如无人机技术、物联网技术、智慧交通系统、智慧物流技术、传感器技术等。

### 1. 无人机技术

无人机（Unmanned Aerial Vehicle，UAV），以其质量轻、成本低、机动性强等特点受到广泛关注，被大量投入到民用领域，比如人群监测、水环境监测、大气环境监测和生态环境监测等。

在人群监测方面，目前我国公共区域的监控系统大多是基于可见光的，但是基于可见光的人群异常行为监测受环境影响较大。对于突发的群体性活动，微小型无人机以其响应快速和机动性强的优点，能实时跟踪事件的发展态势，有助于指挥中心实施不间断指挥处理。加装嵌入式图像处理器后，无人机还能够实时地对监控区域进行人群异常行为监测，并对异常行为进行报警，以便安防人员能够及时有效地采取应对措施。比如北京市交管部门积极探索打造的"无人机 + 交警"的空地协同执勤新模式中，无人机巡逻可以有效扩大巡控范围，快速发现交通事故和车辆拥堵前兆，为正确研判道路交通状况提供准确详实数据。

在水环境监测方面，由于内陆水体环境复杂、水域面积相对小且污染类型多样，对数据精度要求较高，因此可利用无人机环境遥感技术从宏观上观测水质状况，航拍制作分辨率为 0.1m 的实景图像数据进行监测，并实时追踪和监测突发环境污染事件的发展。2011 年，国家海洋局在江苏省开展无人机遥感监视监测试点，通过虚拟现实、地理信息系统、遥感等技术手段的集成应用，构建连云港地区建设海域三维立体监管平台。

在大气环境监测方面，无人机技术主要用于环境应急和简单的大气环境指标监测，其中可监测的指标主要包括臭氧、粒子浓度、温度、湿度、$NO_2$ 和压力等，如中国科学院大气物理研究所设计了两种型号微型无人机，搭载了改进的臭氧传感器和粒子（数浓度或质量浓度）探测仪以及温度湿度传感器进行了探空试验，飞行测量数据合理可信，无人机平台、记载传感器和地面系统都达到了设计指标。

在生态环境监测方面，主要体现在灾害监测、森林资源调查等。通过无人机利用数码相机或光谱类设备（如红外摄影机、红外扫描仪、微波辐射计等）获取遥感影像，通过数据拼接与处理，实现宏观环境监测或大范围监测指标的提取。比如在 2018 年金沙江滑坡事件和 2021 年河南特大洪涝灾害的抢险救灾过程中，无人机测绘发挥了重要作用。在救援人员无法抵达的灾情现场，通过无人机测绘实时回传现场数据，快速生成全景图，通过三维建模，还原受灾情况，为前方指挥部救灾部署提供精准分析，同时协助现场侦察和人员救援。

**2. 物联网技术**

目前比较公认的物联网定义是：通过一些传感器比如红外感应器、激光扫描器等，遵循设定好的协议，把所有的物品都连接到互联网，进行信息的交换和通信，来实现物品智能化识别、环境监控、物品跟踪和定位以及信息管理的一种网络。在城市风险监测中，物联网技术广泛应用于塔吊安全监测、城市供水系统漏损控制以及用于分析的设备健康状况监测等。

例如，塔吊安全监测系统分为三层结构：第一层是由风速、倾角、载重等传感器构成的感知层，用于采集塔吊运行时的风速及自身倾角、载重等物理信息；第二层是由 ZigBee 网络、主控模块和 GPRS 网络构成的网络层，用于实现数据在 ZigBee 网络和 GPRS 网络下的无线传输；第三层是由远程监测中心构成的应用层，用于显示塔吊的实时状态信息。

管网的漏损是城市供水系统中比较普遍的现象。影响漏损的因素很多，主要因素有供水管网水压过大、管道材料的老化等。管网漏损控制是城市供水系统管理中的技术难题，结合先进的物联网技术，设计基于物联网和云计算的城市供水管网漏损控制系统，可以克服监测系统数据监测与处理能力的不足，为供水管网漏损监控的科学决策管理提供有益的技术支撑。

针对工业制造行业对智能管理的需求，以工业物联网技术、大数据技术和机器学习技术三者相结合来解决工业设备健康状况检测和预测。针对工厂中的打孔机设备（摇臂钻床），可用物联网技术来解决工业设备数据采集，用大数据技术来解决海量工业数据的存储问题，用机器学习技术来判断和预测工业设备的运行和健康状态。

### 3. 智慧交通系统

智慧交通是在交通领域中充分运用物联网、云计算、人工智能、自动控制、移动互联网等现代电子信息技术面向交通运输的服务系统。

例如，上海通过高架桥梁安全运行大数据管理平台打造会"说话"的城市高架。作为城市高架的典型结构，很多城市的高架在超重车、集装箱卡车的高频作用下，出现了不同程度的损伤，甚至出现了影响结构安全及使用性能的病征。为此，在高架部分路段安装传感器，着重监测高架通行车辆的载重和身份信息，以及城市高架装配式结构的整体受力性能，监控高架结构寿命，进行风险预测，为安全事故应急处置以及城市高架的养护维修提供量化、科学、直观的参考。智慧交通还包含大量终端信息采集装置，以智慧交通系统的智慧型行车记录仪为例，其每隔数十秒甚至数秒向监测中心发出信息，主要包括交通信息、市政设施现状等，此外交通违法现象也可一路记录，比如违规变道、违规停车、抛物等，都能采集上传。出租车在全市各个路段开行，智能型行车记录仪安装在车上，监控范围可以涉及全市各个角落，做到全覆盖记录。有的行车记录仪还有报警功能，比如一旦发现马路上某个路段的窨井盖缺损，会在监测中心的显示器上有所显示，工作人员立刻获取信息并作出相应处理。

### 4. 智慧物流技术

对物联网海量感知信息的加工处理，是智慧物流进行智慧决策的前提。基于物联网的智慧物流面对的是形式多样、信息关系异常复杂的各类数据，多元化的数据采集、感知技术，为智慧物流提供了基本的技术支撑。随着物联网的发展，泛在网络将成为信息通信网络的基础设施，在与其他网络融合的基础上，提供给智慧物流可靠的数据传输技术，为人们准确地提供各类信息。

## 7.5   城市风险预警

### 7.5.1   城市风险指数

指数理论在我国各行业领域的应用已经比较成熟，较常用的有居民消费价格指数、空气质量指数、股票指数等。

例如，世界银行曾开展多灾种城市风险指数研究，研发了多灾种城市风险指数模型，并在自然灾害频发的亚洲地区选取了菲律宾马尼拉、泰国曼谷和中国宁波三个城市进行试点，形成了多灾种城市风险测定方法研究报告——《抵御灾害城市：多灾种城市风险指数》。与单一、重大的自然灾害相比，频发、多重的自然灾害累积的死亡率、发病率和造成的财产损失可能更大。

世界银行研究的多灾种城市风险指数，通过标准度量来计算城市风险，测定城市自然灾害造成多种风险的方法，为政府应对当前城市面临的多重风险，以及气候变化带来的未来风险提供有价值的决策支持。

多灾种城市风险指数由都市要素、灾害指数、脆弱性指数、灾害暴露指数和风险指数五个模块构成[6]。都市要素包括人口要素、资本存量要素、基础设施要素以及建筑要素等。灾害指数是包括地震、海啸、火山爆发、山体滑坡、地面沉降、台风、严重雷暴、龙卷风、季风、极端气温、干旱、野火和风暴潮等13种类型灾害的指数，可以根据灾害强度和发生频率等参数进行计算。脆弱性指数是评估都市在自然灾害下的脆弱性，主要包含了社会、经济、金融、物质损害程度与城市预防、承受、缓解、恢复等方面的参数。灾害暴露指数是每个都市要素对应自然灾害风险的暴露情况，一般通过都市要素和灾害指数计算得出。风险指数是单个都市要素的最大风险分析结果，主要根据都市要素、灾害指数和脆弱性指数综合计算形成。

### 7.5.2   城市风险地图

风险地图[7]是按照一定的数学基础，用特定的图示符号和颜色，将空间范围内因行为主体对客观事物认识的不确定性而导致的结果的概率进行表达的过程，即利用地图表达环境中的风险信息。利用风险地图进行城市灾害应急管理是风险地图应用的重要领域。

"灾害风险地图"是服务于不同需求目标的一组风险特征地图的组合，它是由不同的致灾因子风险图构成的一个整体，或称为"风险图集"，它完整地表述了区域的综合风险特征。

由于灾害风险地图信息的多样性与复杂性，以及人们在运用风险地图进行应用决策时及其决策过程中的各个阶段对风险信息的需求是具有差异的，用一幅图来表述所有的风险信息是不可能的。

风险地图在应急管理中具有多方面的重要作用。通过现代地理信息技术的支持，在计算机环境中利用风险建模和预测模拟灾害的发生和发展过程，研究自然及人为灾变现象和周围环境的相互作用机制，探索灾害系统的一些本质规律，为灾害的预测预报提供依据[7]。数字风险地图还可以支持数字地球技术对灾害进行综合分析，对灾害造成的损失和灾害发展的态势，以及灾害对生态环境和社会经济发展造成的影响进行科学地评估。利用风险地图有助于应急管理部门的决策者迅速获知险情发生的地点和程度，制定科学合理的抢险救灾措施和人员物资撤离方案，最大可能地避免或减少人员伤亡和人民生命财产损失，针对发生灾害区域自然环境特点和社会经济状况，制定和实施科学合理的灾后重建规划，为灾区人民恢复生活与生产提供服务。

例如，深圳市开展公共安全风险评估，对全市城市风险点、危险源进行评估，绘制"红、橙、黄、蓝"由高到低的安全风险分级电子地图，如图 7-2 所示；通过风险电子地图的展示和查询，综合管控全市风险现状，全面降低城市安全风险。

图 7-2　城市风险地图示意图

### 7.5.3　城市风险预警体系

风险预警就是在预警系统理论的基础上，通过监测预警指标值，设定预警阈值，从而预警风险，提前预防以减少损失。从本质上讲，风险预警是建立在风险界定、风险辨识、风险估计、风险评价的基础上，再结合预警系统理论，而形成的风险防控模式。

风险预警首先有一定的信息基础，才能进行信息分析、转化和归纳，在预警过程中，还必须对信息不断进行更新，以满足预警系统的需求；预警最终输出结果是预报和建议信息，预警信息是对原始信息进行处理、转化后得到的有用信息，是一种高密集度的警示信息[8]。风险预警的根本目的是预控，通过反馈控制将过程结果与预期结果的差异进行比较，优化控制措施，支持风险决策。

近年来，我国加快在气象、洪涝、地震、地质等灾害监测站网建设，着力提高灾害预测预警预报能力，目前已初步形成了灾害遥感监测业务体系、气象预报预警体系、水文监测预警预报体系、地震监测预警体系、地质灾害监测系统等。此外，分布在全国各地的基层灾害信息员、群测群防监测员在灾害监测方面也发挥着重要作用[9]。因此，城市风险预警体系的建设应借鉴灾害预测预警的成功经验，借助大数据、地理信息系统（Geographic Information System，GIS）、物联网、人工智能等新兴技术。应用大数据，形成数字化模型与城市规划、运营和安全管理的联动；应用云计算、云技术，依靠云端的信息分析、数据挖掘、风险预警等技术，支撑现代化城市的管理和运行；应用数字化平台，开展数字化平台的建设和功能整合，统一标准体系建设，实现数据库统一存储，构建城市管理的一体化平台；应用移动互联网，加强移动互联网技术与城市管理的结合，开辟微信、微博等多媒体渠道，接受群众对城市管理的监督[10]。

### 7.5.4　城市风险预警系统

城市风险预警系统是根据研究对象的特点，通过收集相关的资料信息，监控风险因素的变动趋势，并评价各种风险状态偏离预警线的强弱程度，向决策层发出预警信号并提前采取预控对策的系统，包括风险识别、风险评价、风险预警和风险控制等子系统。

一般而言，风险预警流程如图 7-3 所示。

成都市开发的安全生产监测预警系统[11]，主要包括以下四个子系统。

一是重大危险源监控系统。该系统于 2013 年建成，通过前端感知设备对全市重大危险源和高危企业进行全时段实时动态监测预警。

二是隐患排查治理动态监管系统。该系统于 2015 年建成运行，目前纳入系统管理的企业 4.1

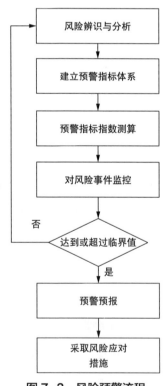

**图 7-3　风险预警流程**

万家，辨识风险源 3.1 万项，促进企业隐患排查自查自报自改闭环管理。

三是应急救援辅助决策系统。该系统于 2017 年建成，通过构建预案库、案例库等，"一图式"展现全市安全生产应急专家、机构、队伍、物资、装备等应急资源力量，初步具备先期研判、辅助决策和事后评估等功能。

四是城市公共安全感知系统。该系统先后开发"两客一危"运输车辆安全管理、电梯公共服务、地铁建设运营风险监控、建筑起重机械安全管理、交通运行协调、建筑垃圾处置监管等信息化系统，以及寺庙教堂监控系统等，这一套系统有力地促进了"源头治理与过程管控"并重的实现。

## 7.6 城市风险与保险

保险作为一种风险应对方法、契约经济关系以及保障机制，是市场经济条件下风险管理的基本手段，是金融体系和社会保障体系的重要支柱。《中华人民共和国保险法》（以下简称《保险法》）中对保险给出明确定义：保险是指投保人根据合同约定，向保险人支付保险费，保险人对于合同约定的可能发生的事故因其发生所造成的财产损失承担赔偿保险金责任，或者被保险人死亡、伤残、疾病，或者达到合同约定的年龄、期限等条件时承担给付保险金责任的商业保险行为。从经济角度来看，保险是分摊意外事故损失的一种财务安排；从法律角度来看，保险是一种合同行为，是一方同意补偿另一方损失的一种合同安排；从社会角度来看，保险是社会经济保障制度的重要组成部分，是社会生产和社会生活"精巧的稳定器"[12]。

### 7.6.1 保险的功能与原则

1. 保险的功能

现代保险主要有三大功能：经济补偿功能、资金融通功能和社会管理功能，三者构成一个有机联系的整体。经济补偿功能是基本的功能，也是保险区别于其他行业的最鲜明的特征；资金融通功能是在经济补偿功能的基础上发展起来的，是保险金融属性的具体体现，也是实现社会管理功能的重要手段；社会管理功能是保险业发展到一定程度并深入到社会生活诸多层面之后产生的一项重要功能，它只有在经济补偿功能和资金融通功能基础上发挥作用。保险的三大功能之间既相互独立，又相互联系、相互作用，形成了一个统一、开放的现代保险功能体系[13]。

**2. 保险的原则**

保险并不消除风险，而是共同分担风险。保险原则是在保险发展的过程中逐渐形成并被人们公认的基本原则，一般包含保险利益原则、近因原则、损失补偿原则和最大诚信原则等几个原则[14]。

1）保险利益原则

根据《保险法》规定："人身保险的投保人在保险合同订立时，对被保险人应当具有保险利益。财产保险的被保险人在保险事故发生时，对保险标的应当具有保险利益。"保险利益原则是保险合同得以成立的前提。保险利益是指被保险人对保险标的具有的法律上承认的利益。这种利益源于一种合法的利害关系，即预期的风险事故对财产或资产造成的损害能够使被保险人遭受经济损失。

2）近因原则

近因是指造成承保损失起决定性、有效性的原因。近因原则是指在风险与保险标的损失关系中，如果近因属于被保风险，保险人应负赔偿责任；近因属于除外风险或未保风险，则保险人不负赔偿责任。对于单一原因造成的损失，单一原因即为近因；对于多种原因造成的损失，持续地起决定或有效作用的原因为近因。如果该近因属于保险责任范围内，保险人就应当承担保险责任。长期以来，它是保险实务中处理赔案所遵循的重要原则之一。

3）损失补偿原则

损失补偿原则是财产保险的核心原则。它是指在财产保险中，当保险事故发生导致被保险人经济损失时，保险公司给予被保险人经济损失赔偿，使其恢复到遭受保险事故前的经济状况。损失补偿原则包括两层含义：一是有损失、有补偿；

二是损失多少、补偿多少。在实施损失补偿原则时应该注意，保险公司的赔偿金额以实际损失为限、以保险金额为限、以保险利益为限，三者中又以低者为限。

损失补偿原则的另一种情形体现在责任保险上。责任保险是以被保险人的名义对被保险人应依法承担的赔偿责任承担赔付的义务。但是，在责任保险中，被保险人实际赔付其依法应承担的赔偿责任并不是其获得保险赔偿的前提条件。保险公司通常会将赔款直接支付给索赔方。保险公司以被保险人的名义进行赔付，而不是在被保险人实际履行赔付之后对其补偿。这种做法在很大程度上方便了被保险人。

4) 最大诚信原则

最大诚信是指当事人真诚地向对方充分而准确地告知有关保险的所有重要事实，要求当事人不允许存在任何虚伪、欺瞒和隐瞒的行为。最大诚信原则是指保险合同当事人订立合同及合同有效期内，应依法向对方提供足以影响对方做出订约与履约决定的全部实质性重要事实，同时绝对信守合同订立的约定与承诺。

保险合同的当事人应当以高度诚信态度来订立和履行保险合同。这是因为保险合同具有明显的信息不对称性：一方面，投保人可能利用自己更了解保险标的危险情况，影响保险人的风险估算；另一方面，保险人也可能利用自己的专业知识优势，在缔约中给被保险人不公平的对待，损害其合法权益。诚信原则在保险合同中表现为告知义务和说明义务。

## 7.6.2　我国城市保险现状分析

目前，我国保险覆盖率与国际先进水平相比仍有差距，保险在我国城市风险管理仍有巨大发展空间，将持续发挥更强有力的作用。以下从城市保险存在的问题、城市保险的重点和城市保险的未来趋势三方面对我国城市保险现状进行分析。

### 1. 城市保险存在的问题

城市保险主要存在政府发挥商业保险在城市风险管理中的作用不足、公众公共安全保险保障意识薄弱以及保险产品险种保障不完备等问题。

商业保险在城市风险管理中的作用不足主要体现在相关政策法规不完善，如公众火灾责任保险已提上强制保险的日程，但《中华人民共和国消防法》及一些地方法规停滞在提倡推动的阶段，推进缓慢。政府系统推动不够主要体现在系统发挥保险防御城市各类风险的功能作用力度不够，一些重要的保险保障覆盖面窄。

公众公共安全保险保障意识薄弱主要表现在缺乏宣传培训教育，政府机关、企事业单位、院校、社区包括保险行业缺乏系统性的公共安全常识及保险保障知识的宣传普及教育，缺乏对各类自然灾害和社会生产生活易发事故预防的培训和应急救援演练。相当一部分公众仍然存在传统的安全保障观念，对城市公共安全系统性风险认识不足，对保险保障特别是发生频率较低的公共安全风险保险保障，存在或阶段性存在较强的侥幸心理。

保险产品险种保障不完备主要体现在以下两方面。一方面，保障内容单一，在大多数领域诸如生产安全、社区安全方面通常仅有企业财产、家庭财产损失保险等险种，主要用于各种原因发生的火灾保障；自然灾害、交通安全方面通常仅设有财产损失和人身意外伤害等险种；食品安全、健康疫情安全主要配置人身意外伤害保险。另一方面，保障险种专业技术性不足，尽管近年来进行了积极探索，如安全生产方面针对高新技术企业创新开发了比较系统的科技保险，但在城市风险管理的大部分领域，实施专业技术较强、针对安全问题发生源的专项特种保险较少，这方面存有广阔的开发应用科学专业的深度防范风险的空间。

### 2. 城市保险的重点

城市保险的重点在于做好包含保险保障在内的城市公共安全总体规划、风险研究以及相关政策支持工作。

在城市公共安全总体规划中，要全覆盖系统地引入保险保障，必须在总体规划中明确保险保障的重要地位，在各项具体措施中配套保险项目。要充分发挥保险在重点领域的突出作用，制定城市公共安全总体规划应划分重点易发风险领域。要科学发挥保险保障效能，运用现代城市管理方式加强组织协调，制定各项应急预案应对措施，为充分发挥保险保障效能提供良好的运作机制。

积极开展包含保险保障在内的城市公共安全风险研究。设立专门研究机构，确立专项研究方向，建立专业的研究基地，在理论研究基础上加强城市公共安全风险的预防实践活动，结合宣传教育培训建立包含保险保障的模拟训练基地，不断促进政府及全体市民关于城市公共安全的理性思考，不断提升社会各层面的自觉责任。

要给予包含保险保障在内的城市公共安全政策支持。政策支持包括法规支持、行政支持和财政支持。如上海市政府在 2010 年静安区高层住宅大火事故和 2015 年外滩踩踏事件发生后痛定思痛，配套出资大力推行社区综合保险和公共安全责任保险。

**3. 城市保险的未来趋势**

城市保险的未来趋势包括对保险产品和模式的优化创新、强化风险管理职能、将保险行业与政府职能更紧密结合从而发挥保险在城市公共安全风险管理的重要作用。

保险产品及其运行模式是与社会政治经济生活的发展同步的，未来将不断推出更多配备城市风险的保险产品，包括指数保险等，比如通过期货市场的对冲风险机制来更好地提供风险转移的新工具。保险的风险转移工具目前相对单一，主要是通过再保险的方式，今后可以探索多途径、多方式的风险转移手段。

以往保险行业更多地是将客户的服务工作集中在快速合理的理赔服务上。通过近些年的实践，保险行业逐渐将更多的资源集中到风险的全流程管理上，通过事前的风险查勘、评估，提供专业的防灾防损建议；在不同的风险评级下提供不同的风险解决方案，以实现城市风险管理，把风险降至最低，并把风险管理贯穿到整个保险期限。

上海地铁四号线工程事故发生以后，上海市政府和地铁建设项目承保体商讨，由保险公司引入了国内外最专业的地铁风险管理专家进行风险查勘、评估，建立起了中国地铁风险的一整套完整的风险管理方案，为我国其他省市基础设施建设项目保险与风险控制提供新模式和实践基础。

商业保险转移政府的财政压力。很多风险事件发生后，政府是主要的领导者和协调者，但是问题单靠政府一方来解决是不行的，政府在某些方面也较难发挥作用。所以，引入保险机构、商业机构来进行风险管理的购买和转移，是与政府职能结合的一个较好的切入点。

### 7.6.3 城市风险保险的作用体现

保险在城市管理中发挥重要作用，不仅分担社会责任，而且创新城市管理机制、降低管理成本。保险在城市风险管理中的作用主要体现在两个方面：提供最佳的风险解决方案；帮助被保险单位、企业等迅速恢复生产和生活秩序。保险作为我国城市风险管理和公共服务的重要手段，在城市安全各领域发挥重要保障作用。

1. 自然灾害

自然灾害主要包括地震、洪涝、飓风、城市火灾等。保险业在受灾汽车涉水、建筑、财产和人身安全等方面加强了保险保障，同时对城市排水系统工程、基础设施建设等参与探索。近年来沿海广东、海南、福建、浙江等省设立了政府主导保险公司运作的台风保险。2013 年底深圳市政府和保险监管部门联合制定了以预防台风为主的《深圳市巨灾保险方案》。

2. 安全生产

企业安全生产成为城市风险防控的重点，包括建筑施工、工矿商贸、危险品运输与存储、压力管道、冶金机械建材等，事故损失和保险赔偿数额巨大。例如，2015 年 8 月 12 日天津滨海新区化学品仓库特大爆炸事故预估损失 700 亿元，保险赔款预计 50 亿~100 亿元。

3. 基础设施安全

基础设施主要包括市政设施、供水设施、供电设施、供暖供热设施、供气供油设施、通信与信号设施等。保险公司专门设有相应的基础设施责任和财产保险保障产品。

#### 4. 交通安全

交通事故是城市公共安全中最经常发生、问题最严重的安全事故，占所有安全事故近80%。保险行业除了提供民航、道路交通、轨道交通、铁路、水运、渔业船舶、农业机械等交通工具财产和人身安全强制或商业保险保障，还设计了承运人责任、驾校教练责任等保险保障。特别在全国各大中城市与交通管理部门联合设立了城区汽车车辆事故快速理赔中心。

#### 5. 社区安全

城市社区是城市化进程中新型居民聚居模式和基本管理单元。随着城市建设用地紧缺，高层居民楼宇建筑成为主要的建筑形式。因而，高层建筑社区的消防安全、设施安全、治安管理等公共安全风险因素日益增多。2010年发生的"11·15"上海静安区高层住宅大火事故，由于社区投保了"城市街道社区综合保险"，获得保险赔款500多万元。之后上海市人民政府联合保险行业推行社区综合保险，2013年全市参保居民483万户、街道社区工作人员5.1万人，风险保障额度达1146亿元。目前围绕社区服务，保险机构还推出了社区楼宇治安物业管理、家庭雇佣、动物饲养、电梯、电动车等保险项目。

#### 6. 食品和环境安全

自三鹿奶粉事件后，食品与餐饮安全保险持续发挥作用。针对瘦肉精、苏丹红、地沟油、三聚氰胺等严重影响食品质量安全的保险产品基本健全。上海、湖南、河北、河南、山东、浙江、黑龙江、内蒙古等10多个省市先后推进食品安全保险开展。2013年，上海市食品生产流通和餐饮领域数百家单位投保食品安全责任保险数千单。2014年，长沙市食品生产企业2000多个、食堂3200多个、餐饮企业2万多个全部投保食品安全责任保险。2019年上海市市场监督管理局、中国银行保险监督管理委员会上海监管局印发了《上海市食品安全责任保险管理办法（试行）》的文件。

2007年和2013年，环保部和保监会两次联合发文对重金属、石油化工、危险化学品三类企业实行强制性保险。2007—2014年全国参保企业达2.5万家，风险保障金额达到 600 亿元。对其他类型企业因污染物排放造成人身伤害或直接财产损失的，保险公司亦有相应的环境污染责任保险。

### 7. 公共卫生安全

除了各类普通健康疾病、护理保险及特殊的医院医疗责任、药物临床试验等保险之外，突发性疫情是城市公共卫生预防和应急处置的重点。2003 年的 SARS 疫情发生，11 家保险公司提供了 17 项保险产品服务；2005 年 H7N9 禽流感、2013 年埃博拉、2015 年 MERS、2020 年新型冠状病毒等疫情发生，不少保险机构都适时开发了相应的保险保障产品，对于协助政府应对突发公共卫生疫情提供了积极的支持。

### 8. 公众安全

公众安全指包括城市机场车站码头、大型庆典活动、商场贸易中心、宾馆餐饮酒店、文化体育活动、演出展览场馆、机关学校医院、公园旅行游览等公众聚集场所的安全。

### 9. 社会安全

针对当前国内一些不稳定因素，在维护社会秩序方面，保险机构特别设立了遭遇恐怖袭击、社会骚乱、核辐射扩散等受伤害的人民财产损失及人身安全保险和社会治安综合保险、见义勇为救助保险等。

## 7.6.4　我国城市保险主要类型

随着我国城市发展和城市安全问题凸显，构建保险机制、引入"安全综合险＋第三方服务"机制、创新保险联动举措、发挥保险的保障功能，是城市安全风险防控的重要工作。本节主要介绍巨灾保险、安全生产责任保险、环境污染责任保险和工程质量潜在缺陷保险等。

### 1. 巨灾保险

巨灾是指对人民生命财产造成特别巨大的破坏损失，对区域或国家经济社会产生严重影响的自然灾害事件。与一般风险不同，巨灾风险主要表现为以下特点：

①相对发生的频率低。一般性火灾、车祸等发生频率高，而破坏性地震、火山爆发、大洪水、风暴潮等巨灾则很少发生，几年、几十年甚至更长时间才发生一次。②造成的损失巨大。普通灾害发生频率高，但每一次事故造成的损失小。③发生的次数少，但一旦发生损失则巨大。一次火灾烧毁一栋房屋，或造成万级、百万级美元损失，然而一次大地震、大洪水可造成数亿、数百亿甚至上千亿美元损失。

我国是世界上受到自然灾害影响最大的国家之一，灾害发生的频率相对较高。2008 年的汶川地震更是警示我们，面对巨灾损失时巨灾保险的重要性："5·12"汶川大地震造成直接经济损失达到 8400 多亿元，其中财产损失超过 1400 亿元，而投保财产损失不到 70 亿元，赔付率只有 5% 左右，远低于国际 36% 的平均赔付率水平，其灾后重建主要靠捐款和政府救济。

随着巨灾损失越来越大，政府已意识到尽快建立完善的巨灾防范体制的重要性。十八届三中全会《中共中央关于全面深化改革若干重大问题的决定》中明确提到，要完善保险经济补偿机制，建立巨灾保险制度。2016 年政府工作报告中强调并指出我国要建立健全巨灾保险制度。

可见，在风险日益凸显的今日，巨灾风险管理需要完善的巨灾保险制度予以保障。完全依靠政府救助的巨灾风险管理体系存在明显的局限性，而单纯利用商业保险模式处理巨灾风险也会出现市场失灵。从国际经验来看，虽然各国巨灾管理模式有所差异，但有两点是共通的，即：商业保险的参与始终是巨灾保险制度的重要方面，政府推动和政策支持始终是巨灾保险制度有效运转的前提条件。综合考虑我国的经济体制、人文背景等具体国情，在政府主导的基础上，需要政府、保险公司、再保险市场共同参与，共同构建多层次、多支柱的巨灾风险整体处置体制。

**2. 安全生产责任保险**

在安全生产领域引入保险制度，特别是高危行业强制实施安全生产责任保险，是学习借鉴发达国家风险防控做法，利用市场机制和社会力量加强安全生产综合治理的一项重要举措，是在现有安全生产监督管理基础上增加的一条新的安全生产防线。

安全生产责任保险是以企业发生生产安全事故后对从业人员、第三者人身伤亡和财产损失进行经济赔偿的责任保险，并且为投保的生产经营单位提供生产安全事故预防服务。安全生产责任保险的保险责任不仅包括投保的生产经营单位的从业人员人身伤亡赔偿，第三者人身伤亡和财产损失赔偿，还包括事故抢险救援、医疗救护、事故鉴定、法律诉讼等费用。

保险机构应当按照一定比例提取事故预防专项资金。事故预防专项资金主要用于安全生产宣传教育培训、风险评估、隐患排查、应急救援演练、科技推广应用及法律、法规、规章规定的其他有关事故预防工作，实行统筹安排、专款专用，不得挪用、挤占、转存。

### 3. 环境污染责任保险

环境污染责任保险是由公众责任险发展而来的，在欧美发达保险市场已经较为成熟。在 20 世纪 60 年代以前，环境风险还不突出，环境责任案件较少，商业综合责任保险保单并未将环境责任损害赔偿列为除外责任。到了 1973 年，几乎所有的商业综合责任保险保单都将故意造成的环境污染和逐渐性的污染引起的环境责任排除在保险责任范围之外。在 20 世纪 70 年代，西方国家一系列环境保护法案纷纷出台，为遏制日益严重的环境污染，各国都实行严格责任，对污染行为给予严厉的处罚，企业迫切需要将这些不确定风险转嫁出去。专门的环境污染责任保险就在这样的背景下产生并发展起来了，各国政府对环境污染责任保险给予了立法和财政方面的多项支持与补贴，促使该险种的发展经历了从最初仅承保非故意的、突发的环境侵权事故，逐渐扩展到有条件地承保渐进型、累积型环境损害风险事故的过程，赔偿范围也逐渐从人身伤害、财产损失扩大到包括环境破坏损失、清理、救护费用等。

近些年来，随着国家对于环境问题的重视，几乎每年都有相关文件出台，促进了企业投保环境污染责任保险。同时，我国《民法通则》《环境保护法》《水污染防治法》《侵权责任法》等环境保护法规定了环境污染责任的无过错归责原则，为我国环境责任保险奠定了法律基础。2013 年，环境保护部与保监会联合下发《关于开展环境污染强制责任保险试点工作的指导意见》（环发〔2013〕10 号），指出在涉重金属企业、按地方有关规定已被纳入投保范围的企业以及其他高环境风险企业开展环境污染责任保险试点工作；2014 年，《环境保护法》修订，国家明确鼓励投保环境污染责任保险；2015 年，国务院印发《生态文明体制改革总体方案》，指出要建立绿色金融体系，在环境高风险领域建立环境污染强制责任保险制度；2016 年，中国人民银行、财政部等七部委联合印发《关于构建绿色金融体系的指导意见》，指出建立"绿色保险"制度，在环境高风险领域建立环境污染强制责任保险制度，鼓励和支持保险公司参与环境风险治理体系建设[15]；2017 年，《环境污染强制责任保险管理办法（征求意见稿）》发布，并于 2018 年 5 月 7 日在生态环境部召开的部务会议上经审议原则通过。

较过去的法规或市场通行做法，《环境污染强制责任保险管理办法（征求意见稿）》有较大突破：一是强制投保行业范围，规定了八大行业或企业类型，符合条件之一即为"环境高风险生产经营活动"，须强制投保环境污染责任保险；二是将实行示范条款和费率规章、保险责任范围，除常规的第三者人身损害、第三者财产损害、应急处置与清污费用外，还明确要包括生态环境损害，包括生态环境损失、生态环境修复费用等赔偿内容，较目前市场通行责任范围有较大突破；三是保险公司承保环境污染责任保险业务，应在承保前开展风险评估工作并出具环境风险评估报告，在保险合同有效期内应开展风险隐患排查工作，出险后及时开展事故勘查工作，对保险公司风险管理能力提出新的要求，体现保险业参与防灾减损、事前预防胜于事后赔偿等方面的社会治理职能。

环境污染责任保险的最大目标是控制环境事故不发生或少发生，把保险的风险管理方法与环境管理相结合，通过专业风险管理与服务的实施，最大限度地降低环境污染事故的发生概率，降低环境风险，保障环境安全。

对于投保企业而言，基本作用是转移环境污染责任风险，获得财务稳定。企业通过购买环境污染责任保险，通过支付较少的保费，获得较高额度的保障，一且经营过程中发生意外事故引起环境污染责任，将由保险公司负责赔偿其应承担的经济赔偿责任，确保事故发生后能够及时有效获得经济支持，使不确定的风险稳定下来，是企业合理管理自身经营风险、保持经营稳定性和可预期性的一种财务处理手段。

对整个社会而言，环境污染责任保险能够维护受害者权益，使其在遭受损害后能够及时获得有效补偿以恢复正常生产生活，避免社会生产环节断裂，维护社会稳定，并一定程度上减轻政府负担。

环境污染责任保险有利于促进企业提升自身环境风险管理水平。同一行业中类似规模的不同企业，将因其环境管理体系的建立、管理规范程度、员工受培训水平、历史风险发生及改善状况等因素的差异性，造成保险费水平、免赔额高低、附加承保条件等都会有较大差异，环境管理体系健全、管理规范程度高、员工受训水平好的企业，将享有相对低的保费水平和免赔额，且不会被保险公司增加附加条件承保。保险公司的这一定价体系，将真正实现奖优罚劣，促使企业改善和提高自身环境管理水平，降低环境污染事故发生概率，起到提升整体社会环境安全水平的巨大作用。

环境污染责任保险有利于强化专业服务职能。保险公司承保环境污染责任保险业务，应在承保前开展风险评估工作并出具环境风险评估报告，在保险合同有效期内开展风险隐患排查工作，出险后及时开展事故勘查和赔偿工作，也体现了保险业参与防灾减损、事前预防胜于事后赔偿等方面的社会管理职能。保险公司为达到政府文件要求、获得相应业务承办资格，必然增加提升环境风险管理能力方面的投入，包括探索企业环境风险评估方法、改善企业环境风险管理体系、逐步建立环境污染事故责任认定和环境成本测算方法、开发新的环境管理技术手段等，并通过信息技术运用和科技手段创新，形成"企业—保险—管理机构"互动平台，加强环境治理监督，提升企业环境管理意识和环境管理能力，减少环境风险事故的发生。

从目前国内环境污染责任保险实践及政府立法进展来看，高危行业有可能逐步实现环境污染责任保险立法，企业投保和保险公司不能拒绝承保将有法可依；环境污染责任保险的健康安全运行，有赖于整个社会法制环境的完善、社会认知水平的提升及环境管理技术的成熟度，立法层面应利于解决企业环境风险上"守法成本高、违法成本低"的问题，环境风险评估标准、环境污染损害鉴定和损失核算、污染清理和生态环境修复标准等都有待在实践中尽快确立起来。

环境污染责任保险的内涵将越来越丰富。保障责任范围可能由传统的突发性意外事故逐步扩展到包括突发性意外事故、累积性因素引发突发意外事故等原因引发环境污染风险；责任触发机制可能由保险期限内首次提出索赔的索赔发生制，逐步向保险期限内发生保险事故即可提出索赔的事故发生制转移，这将极大增加保险公司的经营风险，使得一张已签发保单在一个较长的期限内始终处于赔偿责任风险不能完全终止的状态，同时，生态环境损害赔偿责任明确为保险赔偿的一部分，将极大提升保险赔款金额。这些因素对保险精算、准备金提取、业务核算办法及保险公司财务稳定性均产生较大影响，责任范围的扩展、索赔期的延长及赔偿内容的扩大，将在一定程度上增加投保企业的保费负担，或者需由投保企业承担一定的免赔额风险。

环境污染责任保险的外延将不断加深。保险公司在政策立法的引导下，在市场竞争的压力下，将加强承保技术创新、控制内部费用成本从而压缩保费标准，在市场竞争中尽量扩大价格优势从而使投保企业受益；同时，保险公司经营上将逐步变事后保险赔偿为事前保险风险防控，环境风险管理水平、专业服务能力将进一步提升，并能够整体提升社会技术力量，也将促进社会环境管理技术的整体创新和发展。

### 4. 工程质量潜在缺陷保险

工程质量潜在缺陷保险，是指由工程的建设单位投保的，在保险合同约定的保险范围和保险期间内出现的，由于工程质量潜在缺陷所导致的投保建筑物损坏予以赔偿、维修或重置的保险[16]。工程质量潜在缺陷保险是目前国际上应用得比较广泛而且行之有效的建设工程质量风险转移的方法，自1978年起源于法国，在法国为强制保险。之后在多个国家和地区均进行了实施。

《中华人民共和国建筑法》第六十二条规定建筑工程实行质量保修制度。具体保修期限根据 2000 年 1 月 30 日国务院令第 279 号发布的《建设工程质量管理条例》第四十条："在正常使用条件下，建设工程的最低保修期限为：

（1）基础设施工程、房屋建筑的地基基础工程和主体结构工程，为设计文件规定的该工程的合理使用年限；

（2）屋面防水工程、有防水要求的卫生间、房间和外墙面的防渗漏，为 5 年；

（3）供热与供冷系统，为 2 个采暖期、供冷期；

（4）电气管线、给排水管道、设备安装和装修工程，为 2 年。"

其他项目的保修期限由发包方与承包方约定。建设工程的保修期，自竣工验收合格之日起计算。《建设工程质量管理条例》明确了工程质量的保修责任和保修期限，为实行工程质量保险打下了基础。

## 7.7  基于实践的城市风险管理路径和方法

前文所述的工具和方法各有优点，适用于不同的场景，有的还处于探索阶段。从实践出发，在复杂的城市系统中灵活运用，形成清晰的城市风险管理路径，同济大学城市风险管理研究院基于多年城市管理的实践将城市风险管理路径概括为"五个一"，即：一份安全风险管理指导意见，一幅已标识源头、类别和等级的风险地图，一本安全工作操作手册，一个包括管理、处置、预警等功能的综合应急平台，一张明确保障对象和范围的保险清单。

总体来看，"五个一"已基本概括了各方面以及各个层级管理可能需要的风险管理路径和方法。便于不同层级主体实施风险管理，尤其适用于管理主体多样、人员复杂、设施设备数量巨大、风险灾害类别多样的复杂管理场景，如一个区域、一个行业等。

### 1. 一份安全风险管理指导意见

落实一份安全风险管理指导意见，旨在解决顶层设计问题，实现长效管理。

一个区域或者行业在其管理范围印发某个时间段的安全风险管理工作的指导意见是有必要的。它可能具有整体的指导和具体的布置等实际意义。指导意见既体现出领导的重视，也能够在形成共识、明确责任和组织保障的基础上，以计划表和路线表的形式提出目标任务、措施路径和工作方法，通过共同努力，守护一方平安，助推持续发展。

阶段性指导意见的编制既可以根据国家、地方的发展方针、政策、规划、法规等，也可以结合本地区或本行业新的情况，提出政策调整，还可以总结经验教训，提出新的工作要求，采取新的制度安排，完善原有的机制。

结合阶段性发展规划，可用指导意见形式，实现中长期规划的年度化。可将中长期规划细分为若干个子目标，在每一个规划的开局之年，根据划分的子目标，结合上述意见要素内容，形成安全工作的首发文件。一般有编制规划的一级政府或区域管委会和行业主管部门，均可安排编制安全风险管理工作指导意见，例如编制有"十四五"规划的，可在规划期内的每一年年初，编制印发指导意见，作为当年安全工作的整体部署。

### 2. 一幅风险地图

落实一幅风险地图，做到底数清、情况明、参数准。

前文对风险地图已有介绍，这是开展区域风险识别评估、监测预警的基础性工作和有效手段。特别是在有一定数量风险源、风险类别各不相同、风险等级大小不一的区域或行业，描绘制作一幅风险地图是进行风险防控、确保安全运行的有效路径和方法。一幅实时更新的动态风险地图，可以使管理者做到底数清、情况明。风险发生时处置针对强、应对准。可以借鉴吸收多地已经开展的区域网格化管理成果，对区域或行业内存在的可能风险通过辨识、分类分级进行标注。同时特别要注意结合地理位置、气象预警、应急资源等相关信息，对风险进行综合评估并做出处置预案。

对重点功能区域、重点行业，如港区、危险化学品生产、运输、仓储和使用地域，包括一些重要的基础设施及特种设备等，行业部门都可以制作风险地图。在地理位置上实现风险源可视，在安全管理上形成风险清单。

结合城市数字化转型，应构建一幅电子地图，实现风险防控、安全管理的现代化、精细化和有效性。

### 3. 一本安全操作手册

落实一本安全工作操作手册，确保管理精细化的实现。

任何任务的完成、目标的实现都需要做好基础的、基本的工作。一般而言，各类技术标准、作业手册等构成了企业安全生产操作手册的主要内容。

城市、区域、行业等管理对象，也应分级编制安全工作操作手册。但由于管理对象的复杂性，有一定难度。在实践中，行业法规、技术标准是安全工作操作手册的重要内容输入。手册应包含风险描述和提示、风险的分级管理层次和责任明确，可包含已采取的防范措施和对一些设施的使用和保护规定，还应有各种规避或应对方法的告知、操作指南、关键工序、检查办法等。

在保证风险分类管理、分级负责，责任划分清晰的基础上，手册的作用实现需要注意以下几点：

一是层次性，手册既应有相对宏观管理层面的布署和安排，也可以体现具体操作层面的风险防范需求。

二是针对性，需要结合整体布署，根据具体场景有针对地提出风险防范的要求和警示。

三是相关性，复杂对象的风险管理，不是一个部门或行业单独完成的事情，不同主体要做到分工不分家。要清楚主体和第三方智库等技术支持单位之间的关系，例如，智库的优势在于系统性和科学性，主要解决的是"精"的问题；管理部门的优势在于操作性和现实性，主要解决的是"细"的问题。

四是实用性，特别要研究在操作层面如何实现"成册在手"。例如，企业编制安全工作操作手册，要考虑能否实现便于携带或触手可及。可以在工位、住所、工作场地、通道出入口张贴，确保手册"入眼"；要确保员工能懂能会，入眼还要入脑，愿用会用。把安全风险防范的基本工作作为基础夯实，整体安全运行就可以得到保证。

五是及时性。特别在高度不确定环境中，要及时更新各类操作手册，快速提高各行各业风险应对能力。

**4．一个综合应急平台**

搭建安全风险综合统控平台，确保风险时刻处于受控状态之下。

平台要集"风险识别、风险评估、风险监测、风险预警、风险管理和应急处置"于一体，对风险源进行动态跟踪、监测和预警，确保风险时刻处于受控状态之下。平台基本要素包括"分色预警、分级响应、分类处理和应急救援"，重点围绕风险预警、日常管理、应急处置这些重要环节，落实风险可防、可控。通过技术内化的手段处理好"综合"与"专业"的关系，强化应急响应速率。平台的三个主要功能如下：一是结合城市安全风险地图，强化人、机、环三方面的技术应用及管理措施落实，治好"未病"；二是强化分色适时预警，实现"经验 + 数据"双驱动决策，控好"已病"；三是做好应急保障，确保响应及时、处置得当，防好"大病"。

建设此类平台，要重视数据收集、输入。数据有自动采集和人工采集两种方式，需要特别注意人工采集数据的真实性和及时性；对自动采集的数据，要高度关注采集设备的安全性。

尽管平台的建设投入大、周期长、运行的维护和保养任务较重，但我国不少地区正处于数字化转型的窗口期，已经具备一定数字化基础，构建这样的综合管理平台是当下风险管理发展的必然趋势。在城市层面、行业层面都有不少实践探索，并取得较好效果，如上海的"一网统管"在防御台风中，能够随时收集碎片化信息，及时调度资源处置各类突发情况。[①] 在企业层面，如上海申通地铁股份有限公司已

---

[①] 抵御台风"烟花"，"一网统管"显身手．政务：绿色青浦．2021-07-27．https://mp.weixin.qq.com/s/0YpaP_nNXFpJoRBtd13vUQ.

经建立卓有成效的运营平台，实现了多项风险管理功能的整合。

5．一张保险清单

落实一张保单，驱动防控，分担风险，促进恢复。引入保险机制是城市安全运行、实现风险防控的重要举措。从风险防控的全球历史看，保险与风险有着莫大的渊源。保险的目的在于分散集中性的风险，通过让渡机制，让专业的人做专业的事，是引导多方参与共同提升安全管理水平的重要动能。很多风险，特别是自然灾害带来的风险，最后大多是政府要面对"无限责任"。落实保险制度，可以达到政府管理、保险公司、投保方"三赢"的效果。

保险公司具备专业能力，在一定程度上，保险对可以运用事实评估、费率浮动，甚至不满足基本要求拒保等市场化经济手段防损止损控制风险，推动投保方主动加大风险防控力度。在事故、灾害发生后，可以分担风险，并为投保方减少损失，快速恢复提供支持。

在行业层面，2021年《中华人民共和国安全生产法》对安全生产责任保险条款进行修改，明确属于国家规定的高危行业、领域的生产经营单位，应当投保安全生产责任保险。在城市、区县层面，已有不少政府主导保险公司运作的巨灾险开始实施。

当然投保方需要认识到，保险只是外在推动力，提高自身免疫力和自愈力才是内在的强化"造血"、恢复"功能"的关键。政府、投保和承保这个"三角形"才能稳定，就能达到共赢效果，形成城市的韧性。

# 7.8 本章小结

本章介绍的工具适用于广泛的风险管理场景，有些已经发展得十分成熟，有些正在快速迭代。特别是随着智慧社会的到来，各种新技术的运用已经初见端倪，在风险识别与分析、评估、监测、预警、应对与控制每一个环节发挥作用，还将广泛而纵深地运用于各行各业，必将带来城市风险防控方法的深刻变革。城市风险管理的对象是一个复杂系统，遵循一般风险管理方法，在实践中常会感到无从下手。结合实践，将城市风险管理路径概括为"五个一"，这同样是一个开放的框架，在这一框架下，各种新的工具、方法可以不断根据实际被整合进来，被灵活运用。可以想见，城市风险管理的工具箱势必继续丰富。

# 参考文献

[1] 联保投资集团研究室. 构筑城市风险管理新机制 [N]. 中国保险报，2015-09-24(5).

[2] 谢振华. 安全系统工程 [M]. 北京：冶金工业出版社，2010.

[3] 杨智刚，高文俊，孙文侃. 层次分析法和模糊控制理论在自动扶梯安全评价中的应用 [J]. 中国电梯，2021，32(20):29-32+36.

[4] 李永清. 城市公共安全风险评估的难点剖析与对策优选 [J]. 上海城市管理，2016，25(6):22-26.

[5] 刘文龙. 山东省博兴县重大工程项目社会稳定风险评估问题研究 [D]. 桂林：广西师范大学，2016.

[6] 夏秋耘，徐斌，钟惠华. 宁波多灾种城市风险指数评估与应用建议 [J]. 宁波通讯，2020(11):62-63.

[7] 苗天宝. 面向城市应急管理的风险地图研究 [D]. 兰州：兰州大学，2010.

[8] 牛聚粉. 基于 MapX 的煤与瓦斯突出预警技术研究 [D]. 北京：中国地质大学，2009.

[9] 本刊编辑部. 构建监测预警预报体系 提高灾害风险防范能力 [J]. 中国减灾，2018(15):8-9.

[10] 思想者 | 孙建平：没有事故就是安全？警惕城市运行中的"黑天鹅"与"灰犀牛"[EB/OL]. 上观新闻. 发布时间:2019-03-03 06:31.https://www.shobserver.com/baijiahao/html/135316.html.

[11] 刘裕，蔡诗琪，田欢. 新时期城市安全风险防控实践探析——以成都为例 [J]. 安全，2019，40(2):24-28.

[12] 张幼林. 保险与城市风险管理 [J]. 前线，2013(2):67-68.

[13] 张恒国. 巨灾保险机制建设待提速 [J]. 经济，2021(9):102-103.

[14] 黄慧. 论我国保险法的最大诚信原则 [J]. 河北企业，2021(6):158-160.

[15] 丁玉龙. 大力推进绿色保险发展的建议 [EB/OL]. 中国保险报. 发布时间:2017-12-01 08:37:55.http://pl.sinoins.com/2017-12/01/content_248976.htm.

[16] 杨彪. 旧工业建筑再生利用安全风险评估及控制 [D]. 西安：西安建筑科技大学，2017.

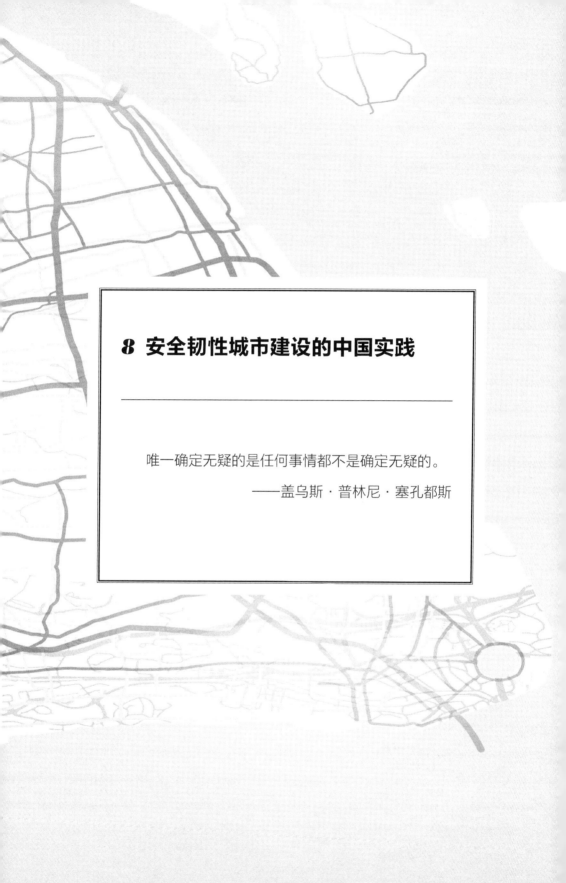

# 8 安全韧性城市建设的中国实践

唯一确定无疑的是任何事情都不是确定无疑的。

——盖乌斯·普林尼·塞孔都斯

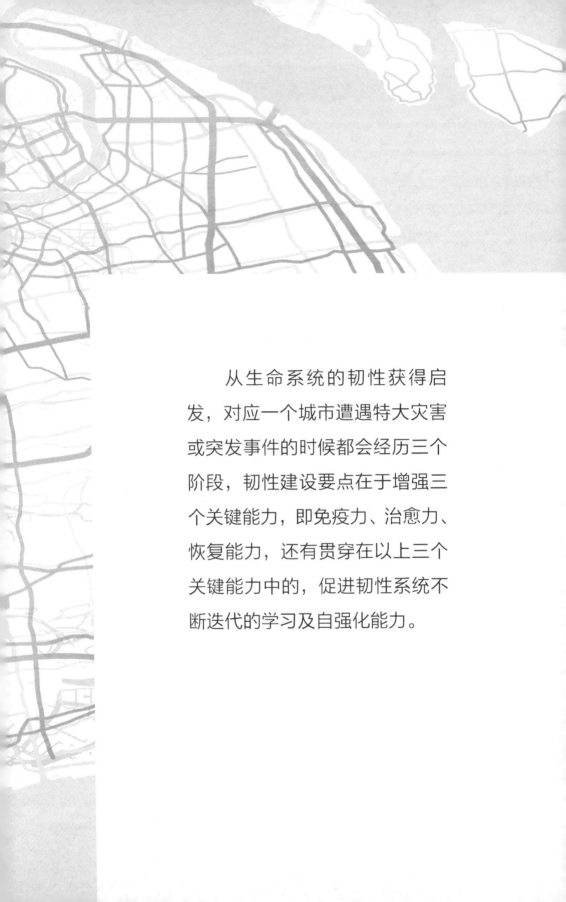

从生命系统的韧性获得启发，对应一个城市遭遇特大灾害或突发事件的时候都会经历三个阶段，韧性建设要点在于增强三个关键能力，即免疫力、治愈力、恢复能力，还有贯穿在以上三个关键能力中的，促进韧性系统不断迭代的学习及自强化能力。

增强城市韧性，已成为城市可持续发展的核心要素之一。新冠肺炎疫情的暴发，对增强城市韧性和提升城市重大事件抗风险能力提出了新要求。《中华人民共和国国民经济和社会发展第十四个五年规划和 2035 年远景目标纲要》（以下简称国家"十四五"规划）提出，"顺应城市发展新理念新趋势，开展城市现代化试点示范，建设宜居、创新、智慧、绿色、人文、韧性城市"。《上海市国民经济和社会发展第十四个五年规划和二〇三五年远景目标纲要》（以下简称上海市"十四五"规划）中也提出，"提高城市治理现代化水平，共建安全韧性城市"。

城市发展中的不确定性不可避免。特别是未来很长一段时间内，气候变化带来的洪涝灾害、干旱等自然灾害，还有各类事故灾难、公共卫生事件等突发事件使城市日益处于高度不确定性环境中。建设韧性城市，目的是要有效应对各种风险变化或冲击，减少发展过程的不确定性和脆弱性，穿越危机实现可持续发展。由于韧性城市建设还处于起步阶段，本章在分析相关概念，总结相关实践的基础上探索性提出了韧性城市建设的三个关键能力，建设方向等。

## 8.1  韧性及其内涵

### 8.1.1  韧性的概念与演变

自 20 世纪上半叶以来，不同科学领域对韧性的含义进行了研究。

韧性一词源自拉丁文，意为"弹回"。韧性概念首先应用于哪个领域，至今仍有争议，有人说是物理学，有人说是生态学，也有人说是心理学和精神病学研究。但学术界大多认为，韧性最早被物理学家用来描述材料在外力作用下形变之后的复原能力。1973 年，加拿大生态学家霍林（Holling）首次将韧性概念引入到生态系统研究中，将韧性定义为"生态系统受到扰动后恢复到稳定状态的能力"。自 20 世纪 90 年代以来，学者们对韧性的研究逐渐从生态学领域扩展到社会—经济—自然复合生态系统研究中 [1]。

随着时间的推移，韧性的概念经历了从工程韧性、生态韧性到演化韧性的发展和演变。最初的工程韧性，认为韧性是系统在遭遇外部扰动时恢复到平衡或稳定状态的能力，后来的生态韧性，将韧性定义为系统在改变其结构前吸收干扰的能力。尽管这些观点对韧性有不同的理解，但都承认系统中存在平衡，无论是系统恢复到既存在的平衡（工程学），还是恢复到新平衡（生态学）。然而许多学者认为，这种平衡观点在应用于城市这一复杂系统时可能有些问题，从而引起了对演化韧性的呼吁。演化韧性的观点抛弃了对平衡状态的追求，将韧性理解为系统在应对压力时激发出应对、适应以及至关重要的转变的能力。这一观点运用到城市风险治理系统领域，使城市在面对外部扰动和内部异变时，依然能够保持或快速恢复其结构和核心功能，甚至转变升级的能力。因此，在社会—经济—自然复合生态系统领域里，"韧性"不仅仅强调"对干扰、冲击或不确定性因素的抵抗、吸收、适应和恢复能力，还强调在危机中学习、适应以及自我组织等能力"。

随着城镇化进程加快，城市这个开放的复杂巨系统面临的不确定性因素和未知风险也不断增加。在各种突如其来的自然和人为灾害面前，往往表现出极大的脆弱性，而这正逐渐成为制约城市生存和可持续发展的瓶颈问题[2]。

在这样的背景下，"韧性城市"应运而生，目前已成为联合国防灾减灾和可持续发展领域的重要内容。2002年，倡导地区可持续发展国际理事会（Local Governments for Sustainability，ICLEI）在联合国可持续发展全球峰会上提出"韧性"概念。2005年，联合国国际减灾战略将建设韧性的国家和社区作为《兵库行动纲要》的主旨。2011年，伦敦以应对气候变化、提高市民生活质量为目标，制定了《风险管理和韧性提升》的适应性规划。2012年，纽约遭遇历史罕见的"桑迪"飓风袭击，屋毁人亡、停水断电，损失惨重，这一极端天气事件直接推动了《一个更强大、更具韧性的纽约》适应性规划的出台。同年，联合国减灾署启动亚洲城市应对气候变化韧性网络。2013年，洛克菲洛基金会启动"全球100韧性城市"项目，中国黄石、德阳、海盐、义乌四座城市成功入选，一跃与巴黎、纽约、伦敦等世界城市同处一个"朋友圈"。2015年的联合国《2015—2030年仙台减轻灾难风险框架》（*Sendai Framework for Disaster Risk Reduction*），将韧性提升作为四个优先领域之一。此后，联合国启动《2030 年可持续发展议程》，提出建设包容、安全、韧性和可持续的城市及人类住区的目标（Goal 11：Make cities and human settlements inclusive, safe, resilient and sustainable）。2016 年，第三届联合国住房与可持续城市发展大会将居住和建设有韧性和可持续的城市和住区作为共同的愿景之一。2020 年 8 月，中共中央、国务院关于对《首都功能核心区控制性详细规划（街区层面）（2018 年—2035 年）》的批复中提到"建设韧性城市"。而在国家"十四五"规划中，再次出现了"建设海绵城市、韧性城市"的表述，明确提出建设宜居、创新、智慧、绿色、人文、韧性城市的要求；上海市"十四五"规划也提出了"共建安全韧性城市"的目标。

图 8-1 为韧性理念发展时间轴。

### 8.1.2　韧性的建设内涵

韧性有较丰富的建设内涵，从不同维度可以得到不同的解读。

#### 8.1.2.1　韧性的基本内涵

韧性包含了冗余性、鲁棒性、恢复力和学习转化能力。

**1. 适度的冗余性与鲁棒性**

冗余是指具有相同功能的可替换要素，鲁棒性（Robustness）亦称稳健性，是城市这个复杂巨系统防范风险和应对外部冲击的能力。在韧性城市理念中，适度的冗余能提升一定的系统稳健程度，比如可以通过用水量、用电量来关注孤寡老人的情况，也可以通过社区工作者定期走访实现这一目的。冗余主要是通过多重备份来增加系统的可靠性，这里有个冗余度的问题，涉及冗余成本和冗余效率，因此不是冗余度越高就越好。

**2. 强大的恢复力与学习转化能力**

是指系统受到冲击后仍能回到系统原有的结构或功能的能力。恢复力的实现往往存在一个抵御、吸收、适应然后达到恢复的一个过程。比如一个人从高处落下，身体的关节和肌肉组织在接触地面的那一瞬间就完成了冲击力的抵御、吸收、适

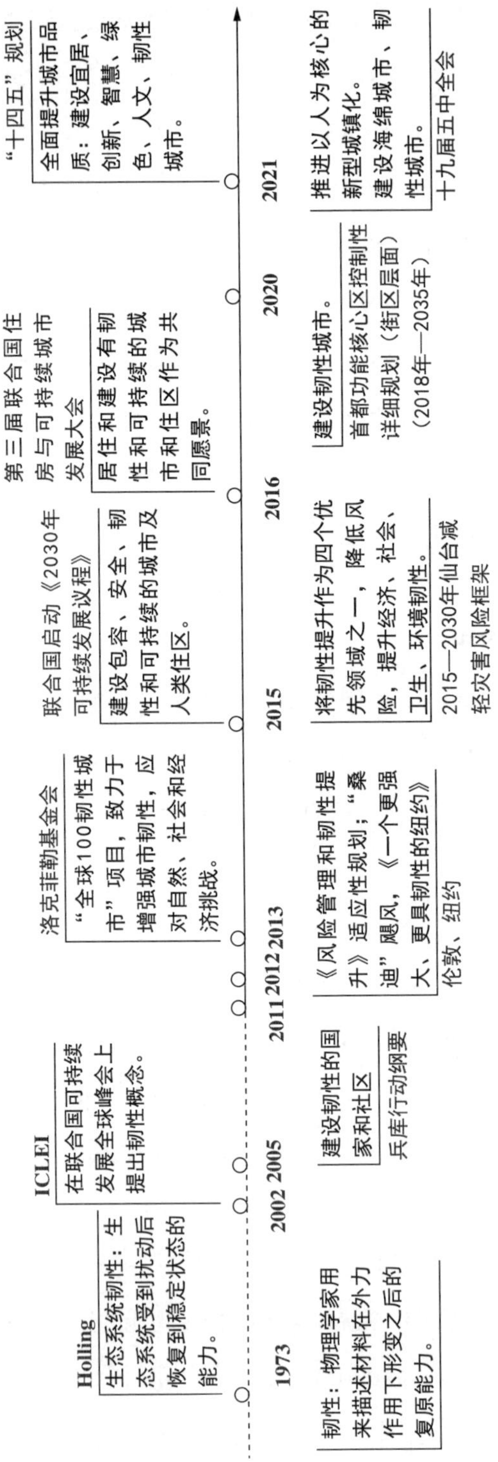

图 8-1 韧性理念发展时间轴

|  |  |
|------|------|
| 1973 | **Holling** 生态系统韧性：生态系统受到扰动后恢复到稳定状态的能力。 |
| | 韧性：物理学家用来描述材料在外力作用下形变之后的复原能力。 |
| 2002 2005 | **ICLEI** 在联合国可持续发展全球峰会上提出韧性概念。 |
| | 建设韧性的国家和社区 兵库行动纲要 |
| 2011 2012 2013 | 洛克菲勒基金会 "全球100韧性城市"项目，致力于增强城市韧性，应对自然、社会和经济挑战。 |
| | 《风险管理和韧性提升》适应性规划，《一个更强迪》飓风，《一个更强大、更具韧性的纽约》 伦敦、纽约 |
| 2015 | 联合国启动《2030年可持续发展议程》 建设包容、安全、韧性和可持续的城市及人类住区。 |
| | 将韧性提升为四个优先领域之一，降低风险、提升经济、社会、卫生、环境韧性。 2015—2030年仙台减轻灾害风险框架 |
| 2016 | 第三届联合国住房与可持续城市发展大会 居住和建设有韧性和可持续的城市和住区作为共同愿景。 |
| 2020 | 建设韧性城市；首都功能核心区控制性详细规划（街区层面）（2018年—2035年） |
| 2021 | "十四五"规划 全面提升城市品质：建设宜居、创新、智慧、绿色、人文、韧性城市。 |
| | 推进以人为核心的新型城镇化，建设海绵城市、韧性城市。 十九届五中全会 |

应，然后实现身体的恢复。学习转化能力主要强调从经历中吸取教训并转化创新的能力。如在新冠肺炎疫情防控的应急物资调配和能源、水、食物等基本公共服务，就有一个从初期的不足到中期的快速恢复的过程。口罩生产是一个典型的案例。不少企业极短的时间内，依托原有的研发制造能力，快速建立起口罩生产线，不仅满足中国需求，还迅速支援世界各地的防疫工作。新冠肺炎疫情对全球经济影响深远，在产业链供应链全球化的背景下，不少观点都认为，要保持供应链弹性，以确保产业不因黑天鹅式风险而陷入供应链断裂，或导致自身产业链外移。同时要建立产业间的高效协同机制，以备不时之需的物资供给[3]。

### 8.1.2.2　韧性的建设维度内涵

和生态城市、低碳城市、绿色城市、海绵城市、智慧城市一样，韧性城市是城市建设理念的一种。城市治理的一般维度是"文化、技术与管理"，城市韧性也可以分为"文化韧性、技术韧性和管理韧性"，其中"文化韧性"是根本、"技术韧性"是手段、"管理韧性"是方法。

文化是最能潜移默化人类行为的力量。如果把城市比喻为一个人，那么文化就是"免疫"系统的基础。为什么有的地区对风险的敏感性很强？那是因为曾经的事故或灾难在她的免疫系统里种下了"疫苗"。

无论是汶川地震还是非典、新冠肺炎疫情，我国医护人员、解放军战士、武警官兵、社会各界都能做到万众一心、众志成城，团结互助、和衷共济，迎难而上、敢于胜利。多难兴邦，中华民族不仅有坚韧的品格，亦有的柔韧的智慧，在历史长河中，中华民族不断在各种风险和灾害中凝聚力量、积累智慧、探索新途，这就是根植于中华民族基因的、面对风险的文化韧性，熔铸于中华民族的生命力、创造力与凝聚力之中。当我们面临大的危机和危难时，只要能有组织地、科学地、高效地释放这种文化韧性，就一定能攻坚克难，快速赢得胜利。

与"文化韧性"相比，"技术韧性"更加具体化和形象化，可以将其理解为：利用一系列的技术提升城市在面对突发灾害灾难时所表现出来的灵活性的能力。比如应急装备和物资，要有一定储备，还要具备短时间内生产、转产相关物资的能力，能够基本保障城市资源在短时间内快速供给。防疫期间，国内一些城市能够组织所在地企业在短时间内跨界生产口罩、呼吸机等物资，就是一种技术上的韧性[3]。又比如城市群之间在风险治理和应急管理上的政策同步、标准统一、结果互认，在遭遇急性冲击时，由于标准的适用范围大，在一定程度上增加了系统的冗余，也是一种技术韧性；利用信息技术支撑信息资源的跨部门、跨层级、跨区域互通和协同共享，借助大数据技术进行评估分析，判断是否存在供给缺口或冗余也是如此[3]。

"管理韧性"是方法，包含了运行的机制和相应的体制，也可以狭义地理解为"政府韧性"或"组织韧性"。政府韧性主要强调政府的主体地位，要求政府在紧急情况下能够智慧理性地做出准确的判断，而且能够持续跟踪，最后取得胜利。组织韧性主要强调中国社会主义制度。在面对灾害风险时，能够迅速调动各类资源，集中各方力量，形成强大合力。要增强城市的管理韧性，需要做到以下三点：一是需要完善的组织管理体系，在应对重大公共事件、风险灾害时，能够迅速组织动员各方力量，形成统一调度、各司其职、各负其责的应急管理机制；二是需要发达的社会组织和志愿者队伍，能够广泛链接社会资源、发动社会力量，积极参与社会救助、灾害应对；三是需要着力培育成熟的民众心态，教育社会民众在面对重大事件、突发事件时，保持从容、不慌乱、不盲从，支持、配合政府作出的理性决策，从而有效减轻政府组织动员的成本和难度。

### 8.1.3 韧性城市建设的三个关键能力

城市可以看作是一个各个"器官"、各个子系统充分联系、高度协作的有机生命体。对城市的认知不应该是机械的、割裂的，而应该是联系的、系统的[3]。在复杂系统科学的研究视角下，城市这一系统的特征与生命体、生命系统的特征具有高度一致性。生命或许是宇宙中最复杂、最多样化的现象，它展现出了大大小小、纷繁异常的组织、功能和行为。[4]城市的复杂程度与之类似，例如：

（1）新陈代谢。城市生命体与外界进行能量、信息及物质的交换，如产业升级、城市更新。

（2）生长发育。城市发展往往是从无序到有序的过程，伴随着量变和质变。

（3）遗传和变异。城市的发展受到各种禀赋的限制，比如文化传承、自然资源、自然条件、政策环境等，所以城市发展、制度设计很难跳出"遗传"制约，但在一些情况下会出现跨越式的发展，比如在局部自发诞生的优秀解决方案，经过推广提炼，带来整个区域治理方式的迭代。

（4）关联和共生。城市各个部分在社会层面、经济层面、文化层面高度关联。它们有机地组合在一起，就像一个生命体是由很多器官组成的一样，难以切割[3]，简单切开的子系统就不是原来的系统了。这些子系统也很难单独存在。换而言之，对某一个子系统的专门研究很难反映问题的真实全貌，加之部门条块之间、社会群体利益之间、局部利益与整体利益之间复杂的利益关系、历史沿革，仅通过分解、简化来解决复杂性问题，越来越显得徒劳。

（5）自适应。和生物一样，城市运行有自身的规律，那些不符合客观规律的治理方式，往往会在现实中遭到"反弹"，会在层层"筛选"机制下，留下最优方案。

如今，随着科学技术的发展，城市规模的扩大，城市运行越来越错综复杂[3]。以上海为例。根据 2020 年的数据，上海地铁日均客流超过 1000 万人次，30 层以上的建筑 1700 多幢，地下管线 12 万多公里，城市道路长度达到 1.8 万多公里，轨道交通线路运营里程超过 700 公里，各类城市桥梁 2800 多座，还有各类特种设备，光电梯就有 26 万台，为全世界之最。此外，上海还面临着台风、地震等自然灾害风险以及如"新冠""诺如"病毒的公共卫生风险。

对于城市而言，系统的复杂性决定了风险存在的必然。如果风险防范不强、应急应对不力，那么一次污染事件可能会导致用水危机，一起火灾事故可能会导致交通瘫痪，一次金融事件可能会引发民生风险。总而言之，随着经济的提升、技术的发展、布局的调整、规模的扩张，城市运行的复杂性、风险的相关性、事故的偶然性、环境的变化性以及"不平衡不充分发展"的主要矛盾无时无刻在检验着城市管理者的智慧和能力。

任何一个城市遭遇特大灾害或突发事件的时候都会经历三个阶段：第一个阶段是维持和抵御，在抵御过程中保持功能不变；第二个阶段是遇到抵御不了的，比如城市某些功能瘫痪了，能够迅速恢复；第三个阶段是恢复后的强化及自我优化阶段。

从生命系统的韧性获得启发，对应以上三个阶段，韧性建设要点在于增强三个关键能力，即免疫力、治愈力、恢复能力，还有贯穿在以上三个关键能力中的，促进韧性系统不断迭代的学习及自强化能力。

**1. 免疫力**

生命体的免疫系统一般包含对入侵病毒的识别和一套反应机制。

 城市"免疫力"可以看作为城市对风险的识别和一套反应机制，是城市随外在环境变化而形成的调节能力。

例如，人会根据环境温度变化而增减衣物，首先是对温度变化有判断。城市要通过"体检"，提高免疫系统识别能力。同济大学城市风险管理研究院《上海城市运行安全发展报告（2019—2020）》涉及公共卫生、生态环境、社会治安和道路交通四个行业；包含上海市黄浦区和浦东新区两个城区的运行安全研究，在一定程度上可以对城市运行安全的态势做出判断。

提高免疫力，要夯实基础，细化标准，提升治"未病"的能力。免疫力是在小病没有出现病征的时候识别出，启动防御机制。例如，强降雨来临，怎样才能让市民感到生活丝毫没受到影响？这背后要对排水工程建设有细化监测，还要有长期监测，根据趋势预判应对举措。如果出现强降雨，要提前在易积水区域做好应急准备，要第一时间干预，让市民们感受不到强降雨对城市运行的影响。

再比如，城市的排水工程会根据气候变动、降雨量变化趋势来完善，如五十年一遇、百年一遇、超百年一遇等。城市"免疫能力"可以理解为城市针对风险的一种预先反应能力，反应能力越强，免疫能力则越高。如洪峰到来之前，提前把部分水库的水排出去，从而增强城市抵御洪峰的能力。

### 2. 治愈力

> 治愈力是外在的控制力，目标是要"精准"。当系统已经无法通过常规运行化解急性冲击时，就需要施以外在控制。在管理实践中还要逐步内化为主动控制的自愈能力，直至迭代为免疫力。

例如，上海每年都可能面临台风的冲击。通过"一网统管"这样的平台可以在第一时间收集信息，调集资源，分配任务，及时处置。这是外力干涉的过程。

从治愈升级为自愈，可以分解为三个层次：第一层次是每一次突发事件后，通过经验总结，沉淀优秀做法；第二层次是逐步形成行业操作规范、操作手册等，在行业内推广直至在更广泛的领域推广；第三层次是整个城市管理系统会在这样的反复实践、训练、纠错中实现系统迭代，随着管理成熟度的提升，管理人员，特别是一线人员可以主动地在各种支持下根据事态的动态变化，在第一时间做出判断，调动资源、采取行动，即为一种自愈能力。最终，应对举措逐步从事后应对，转向事前预防，成为免疫力（图8-2）。

**图 8-2　治愈、自愈和免疫的过程**

### 3. 恢复能力

"免疫力""自愈力"再强，也有被击穿的风险。如北京"7·21"特大暴雨事件中，主要积水道路63处，道路积水30厘米以上的路段有30处，部分深达两三米。京港澳高速公路16公里处一铁路桥积水淹没十余辆车，路面塌方31处，民房多处倒塌，京广铁路南岗洼路段一度因水淹而停运。这次事件中，北京共有约10万名干部群众参加抢险救灾[5]。7月22日，城市核心区各主要道路的积水已全面排除。通过广泛动员，迅速处置，体现了强大的恢复能力。同样，新冠肺炎疫情暴发，当局部即将被击穿时，社会主义制度的优越性展露无遗。"一省包一市""十天建'两山'""社会总动员""党员冲在前"，在取得防疫抗疫胜利的同时又积极开展复产复工的恢复工作，这就是一种强大的"恢复力"。

> "恢复力"是制度优势、文化优势、技术优势以及市场激励手段共同构建的。

### 4. 通过学习能力及自强化机制实现韧性提升

韧性系统的基本特征是要具备学习及自强化能力。学习及自强化能力贯穿在免疫力的提升中，贯穿在治愈力不断迭代为自愈力、风险免疫能力的过程中，学习能力、自强化机制是"韧性"能力提升的驱动所在。

"韧性建设"的提出是在可持续发展的背景下，由城市未来发展所面临的不确定性决定的，是应对"黑天鹅"事件的必然选择。在市场化、全球化、新兴技术等重要因素的影响下，伴随着现代性的提升，人类社会日益进入一个风险社会。全球性流动的社会特征日趋明显，信息化网络化推动了社会结构的剧烈变动，实体社会与虚拟社会并存，线上社会与线下社会的交织与分离，都在不断重塑社会的运行机制[6]。风险的不确定性、变动性与放大扩散性也在逐步常态化。而针对风险产生机制的公共治理措施，则在很大程度上超出了我们已有的社会治理视野，各种难以被理性化表述的"意外"，正在不断突破人们的理性认知及既有秩序，而我们对此还缺乏深刻的认知[6]。

一个"韧性"组织在各种不确定挑战的冲击下，会快速形成大量行之有效的工作方法，并通过一套行之有效的筛选机制，快速迭代、升级，提升能力，不断应对新的不确定性挑战。例如在抗击新冠肺炎疫情中，特别是疫情暴发初期，个人、各类组织、机构自发形成了大量应对举措，全世界的医疗机构广泛各项开展研究，形成多种技术路线，并通过大规模试验筛选出。在疫情防控的各个方面，好的做法会在实践中不断形成正反馈，优秀的防疫手段举措快速被筛选出，固化下来、推广开来。

"韧性"既不是事后应急体系，也不是事前预案。"韧性"的"学习和自我强化能力"集中体现在"免疫及自愈能力""治愈及恢复能力"的持续提升上。

## 8.2  安全韧性城市的建设思路

国家"十四五"规划提出，统筹发展和安全，建设更高水平的平安中国。城市发展不能只考虑规模经济效益，必须把生态和安全放在更加突出的位置，统筹城市布局的经济需要、生活需要、生态需要、安全需要①。

"十四五"期间，在新发展理念指引下，城市规模将快速扩大，以国内大循环为主体、国内国际双循环相互促进的新发展格局将逐渐形成，工业企业和园区不断增加、体量不断增大，新材料不断涌现，各类发展要素向城市集聚，城市的公共安全将面临新的挑战[7]。

### 8.2.1  安全韧性城市建设共识

国家"十四五"规划提出"宜居、韧性、智能"三位一体、相互强化的城市建设思路。韧性城市必须与分布式能源、海绵城市、水处理等协同建设。韧性城市的设计建设只能是渐进式、迭代式改良，在"十四五"规划中，绿色、分布式基础设施是对原有大型集中灰色基础设施的韧性补充。

在国际上，各国开始有针对性地制定规划或采取措施来预防或减缓城市灾害，但不同国家对"安全城市"的提法、侧重点和内容等有一定差异（表8-1）。如日本因地理条件特殊，自然灾害频发，其安全城市的工作重点集中于地震、洪涝及风暴潮等灾害的预防及应对，日语中的"安全都市"倾向于防灾；而欧美国

---

① 来源：习近平总书记 2020 年 4 月 10 日在中央财经委员会第七次会议上的讲话。

家则更重视社会治安问题，用"Safe City"表达阻止犯罪的"安全城市"，而用"Disaster-resistant City"强调城市的防灾功能；我国公安部于 2005 年提出"平安城市"，涉及自然灾害和社会公共安全问题两个方面。

在城市是否安全的评价方面，美国福布斯杂志评选全美最安全城市的方法是将人口在 25 万以上的城市，按犯罪率以及交通死亡率两个标准进行评定；加拿大根据其司法统计中心提供的人均犯罪率进行安全城市的排名，英国 End sleigh 保险公司根据偷盗索赔率进行英国安全城市的评价[8]。我国最安全城市排名榜的发布机构中国城市竞争力研究会，对于安全城市主要特征的阐释是：当年无重特大安全事故，社会治安良好，投资环境优越，生产事故少发，消费品安全，生态可持续发展，能为市民、企业、政府提供良好的资讯网络环境和强有力的资讯安全保障。

表 8-1　国际上对"安全城市"的相关表述示例

| 国家 | 日本 | 美国 | 英国 |
|---|---|---|---|
| 提出时间 | 1995 年 | 20 世纪 90 年代 | 1992 年 |
| 表述形式 | 安全都市建设 | 安全城市计划 | 安全城市战略 |
| 主要关注 | 地震、气象等自然灾害 | 打击刑事犯罪、维持社会安全 | 治安、违法、犯罪 |
| 建设目标 | 建立环境及生活安全 | 减少街头犯罪，提升安全感 | 为经济、社会、城市发展建立更好的安全环境 |
| 主要内容 | 涉及防救灾空间规划、都市生命线防灾管理等 | 涉及环境秩序、公共秩序、打击违法犯罪、加强管理控制等 | 涉及政民合作、环境设计、社区教育等 |

城市是一个复杂的系统，暴露于来自物理、社会、经济、生态、技术等子系统的风险之中，而系统的脆弱性往往容易出现在这些子系统的交汇处。因此富有韧性的城市应在物理系统层面具备冗余性、社会系统层面具有协同性和自组织性、经济系统层面具备创新性、生态系统层面具备适应性、技术层面具备智慧性，以此来抵御和适应风险。

国际韧性城市联盟把100多种韧性城市的定义进行选择，基本将韧性城市定义为能够吸收未来对其社会、经济、技术系统以及基础设施的冲击和压力，仍能维持基本的功能、结构、系统和特征的城市。因此，"安全韧性城市"强调一座城市在面临自然和社会的慢性压力和急性冲击后，特别是在遭受突发事件时，能够凭借其动态平衡、冗余缓冲和自我修复等特性，保持抗压、存续、适应和可持续发展的能力[9]。

### 8.2.2 安全韧性城市建设方向

安全韧性城市的建设与发展涉及相当多的领域，总体而言，要把握住从单一到整合、从短期到长期、从响应到适应、从静态到动态、从刚性到柔性五个方向。

1. 从单一到整合

由单一风险分析转变为多风险耦合评估，由单尺度、描述性分析到多尺度、机理性评估，由单部门孤军作战到模块化城市治理等[10]都属于城市建设与发展领域中从单一到整合的典型。

城市发展中的各种变量及其相互作用的复杂性导致了城市风险的不可知性。随着城市规模的巨型化和人口的复杂化，超大城市往往成为各类风险的聚集区和重灾区，自然灾害、人为灾害、累积性冲击，使城市安全受到严重威胁。如，在北京韧性规划的实践中，建立了风险数据库，识别出37种频率高、影响大的典型致灾因子作为重点研究对象。37种典型突发事件里包含水旱灾害、地质灾害、森林灾害等16种自然灾害，煤矿事故、金属与非金属矿难等13种事故灾害，传染病疫情、食品药品安全事件等3种公共卫生灾害，恐怖袭击等5种社会安全灾害。

在单灾种风险评估基础上，北京市还建立耦合模型，构建不同风险源的耦合关系矩阵，建立多灾种耦合的综合风险评估体系。评估认为，最易引起次生灾害的是地震、雷电、洪涝、暴风雪，最易被引发的事件是油品储运事故、轨道交通事故、危化品事故。通过统筹考虑不同风险时空差异性和关联性，进而开展全要素、全过程、全空间的综合风险评估及区划。

### 2. 从短期到长期

由"短期止痛"转变为"长期治痛"，城市治理的理念要实现"工程思想"向"生态思想"的转变。工程思想强调在最短的时间内恢复原状，而生态思想强调不断更新、协同进化。比如在城市水资源规划上究竟应该是采用"与水抵御"还是"与水共生"？ 2015 年 11 月，美国"气候中心"组织在《美国科学院学报》上发表研究文章指出，气候变化最快将在 200 年内导致全球气温上升 2~4 摄氏度，届时全球多座城市将被水淹没。研究报告称，假如气温上升 4 摄氏度，全球受灾最为严重的国家是中国，大约 1.45 亿中国人的家园故土将被水淹没。特别是全世界最首当其冲的 10 座城市当中，就有 4 座位于中国，上海、天津、香港和台州将成为"水下城市"[11]。

长期以来，我国应对海平面上升风险的主要对策有：加强防护工程的建设；建立海洋灾害的监测和动态预报系统；提高地区现有防潮工程的标准；加强堤、护岸、岛堤、防潮坝等防护设施的建设与管理；通过合理开采地下水等方式以控制地面沉降来减轻相对海平面上升的致灾因素；采取海岸喂养、移石填滩等生态养护措施[12]。

鹿特丹（Rotterdam），荷兰第二大城市、欧洲第一大港口，素有"欧洲门户"之称。鹿特丹地势平坦，低于海平面 1 米左右。在经历了 1993 年和 1995 年的两次洪峰考验之后，鹿特丹改变了传统的"与水斗争"战略，提出"给水更多空间"的发展方略。2009 年的《鹿特丹气候防护计划》着重于讨论以下议题的解决方案：像鹿特丹这样的港口城市如何应对气候变化？前瞻性的行动规划将带来怎样的机会？什么样的规划和行动是值得期待实施的[13]？其规划目的是确保到 2025 年，鹿特丹能够有效地应对气候变化的影响，并提升城市在生活、娱乐、工作和投资上的吸引力，引领创新性研究并创造强劲的经济发展动力，使鹿特丹成为世界"水管理创新型城市"。

该计划包括洪水管理、城市可达性、适应性建筑、城市水系统和城市气候等五个主题。具体涉及以下内容：到 2025 年，建立水上公共交通网络提高城市的可达性；防洪堤外的建设将只限于适应性建筑，如浮动房屋、浮动公园等；采用水广场和屋顶绿化等创新措施，实现 80 万立方米的水储蓄；通过优化水系和绿化及开放空间的布局，调节城市气候[13]。

3．从响应到适应

由"亡羊补牢"转变为"未雨绸缪"，由被动的应急响应转变为主动的风险调控，要始终让城市风险保持在城市发展和治理可接受的水平之下。

比如对"城市看海"这一问题的关注点主要是批判排水设施的不足，解决方案也重在提高基础设施水平，这反映了其背后主导的仍然是以"排"为主的"响应型"思维。而"适应型"思维需要探索更灵活的方法，要利用生态系统的绿色基础设施，将单一的以"排"为主的理念转变为"渗、滞、蓄、净、用、排"的综合思维，即实现雨水"渗透、滞留、集蓄、净化、循环使用和排水"的结合。

哈尔滨群力雨洪公园的设计理念就定位为通过最少的工程量，来实现城市、建筑及人的活动与洪涝过程的和谐共生，实现城市绿地的综合生态系统服务功能。设计中保留原有湿地中部的大部分区域，作为自然演替区；沿四周通过挖填方的平衡技术，创造出一系列深浅不一的水坑和高低不一的主丘，一方面作为雨水过滤和净化带，另一方面成为城市与自然湿地之间的缓冲区[10]，最终使湿地的多种功能得以彰显，包括收集、净化、储存雨水和补给地下水。

4．从静态到动态

由终极蓝图式的静态城市发展目标转变为适应性的动态韧性城市发展目标，要积极探索多种可能的途径以应对城市发展中的不确定性。

我们生活在一个"昨天"的城市，今天看到的许多城市形态，如建筑、道路都是过去城市决策的遗产。以城市韧性为目标来设计城市发展规划，要认识到城市不是一个有限的实体，城市既是一个有序、机械，能合理预测，又是一个混乱、复杂、不确定的和不可预测的开放系统，处理城市发展中的"不可知"，应强调要以变化为前提来解释稳定，而不是以稳定为前提来解释变化。

2007 年，韧性联盟（Resilience Alliance）针对社会生态系统提出了指导规划实践的工作手册，探索了初步的韧性规划方法。所采用的方法由五个连续的过程构成[14]：

第一步，分析目标系统。目的是理解系统的结构和动态，确定关键问题，主要包括了解系统（城市）的主要组成部分和特性，诊断其主要问题。

第二步，确定阈值和替代状态。重点分析影响和形成系统（城市）的主要变化要素及发展趋势，确定主要阈值和可能的替代状态，同时也厘清现有政策和规划愿景及目标。

第三步，基于适应性来评估动态。这个阶段，从适应性循环的角度来认识系统（城市）的演进过程。首先分析系统（城市）随时间发展的轨迹，了解过去的历史如何塑造现在，从而对系统的演进过程有广阔的视野。对历史进程进行分析，目的在于帮助找到干扰、脆弱性、潜在的危机和可能被超过的阈值。

第四步，检测系统（城市）的适应能力。前三步在于学习和理解系统（城市）现状和历史，第四步则注重探索未来，并根据不同的场景重新思考不同的选择。通过情景规划来分析未来不同的条件下系统的适应能力。在情景规划过程中，特别注重多方利益相关者的参与，在沟通协商的基础上建立可供选择的愿景[10]。情景规划是基于历史经验的外推，是从关键因素入手演绎整个发展节点和途径。

第五步，指导规划进行干预。最后一个阶段是确定何时、何地及如何干预，以促进系统适应或转化到可持续发展状态。重点是提高系统的韧性能力，关键是促进预测、学习、交流和创新，特别是激发社会对未来的战略性思考[10]。

### 5.从刚性到柔性

由刚性的城市危机处理及抵御对抗转变为柔性城市风险防控与消解转化，并且能够从外部冲击、风险或不确定性中获益成长。

"堵城"是中国大城市交通普遍顽疾。2014年，深圳市推出"限购"，成为继北京、上海、天津、广州、杭州、贵阳之后的第七个汽车限购的城市。北上广深各大城市先后采用"限购"或"限牌"措施来应对交通拥堵问题，这反映了对城市危机处理的一种刚性思维。

研究表明，增加公共交通的通行率和可达性将会迅速减少汽车的使用量。肯沃西（Kenworthy）的"世界城市交通数据库"资料显示，增加公共交通的使用与减少汽车的使用之间存在指数关系。例如墨尔本市中心居民的公共交通使用量是城市边缘居民的三倍，而汽车使用量却只有其十分之一。一般而言，打造步行街区、支持自行车出行、建设可达性强的公交系统是减少城市对小汽车依赖的关键，同时，根据加拿大可持续繁荣研究所（Sustainable Prosperity）的研究，依赖小汽车导向的扩张型城市发展比围绕公共交通系统打造的紧凑型城市在公共服务的运行成本上花费要高很多[11]。

比如，巴黎力图执行"20 年规划"来减少城市中的汽车量，重新找回城市的公共空间。其主要内容包含：建立 320 公里长的自行车专用道；发展新型轻轨系统连通城市各个地铁站点和高速公路，提供遍布全城的密集交通连接；建立 40 公里长的快速公共交通专用线，使公交车能够以 2 倍于平时的速度行驶；撤销数量高达 55 000 个的路边停车位，在全巴黎设置 1450 个停靠点，提供 20 000 辆"城市自行车"，租金 1 欧元 / 天[10]。此外，2012 年加拿大多伦多市的"Car2Go 汽车共享计划"、旧金山的"Drive new 电动车租赁服务"、芬兰的"按需移动服务体系"、温哥华的步行城市形态、北京的"公共自行车"项目、上海黄浦的区级慢行交通系统规划都是将城市危机应对的刚性思维转变为柔性思维。正如美国政治家格伦迪宁（Glendening）和惠特曼（Whitman）所说："如果你规划社区时优先考虑的是汽车，那么将产生更多的汽车；如果你优先考虑的是市民的生活，那么将会得到适宜步行的、宜居的社区。"[11]

## 8.2.3　安全韧性城市建设策略[7]

满足城市安全韧性建设的重大需求，需要把握风险耦合特征、坚持科技与管理创新、把握时代机遇、强化多技术协同。

### 1. 强化系统性应对

在各种突如其来的自然和人为灾害面前，城市往往表现出极大的脆弱性。近年来，城市重大灾害事故呈现出典型的次生衍生灾害与多灾种耦合等特点，具有多主体、多目标、多层级、多类型的复杂特征。而相关研究多集中在专业领域和单灾种，无法实现系统性体系化应对。

"十三五"期间，科技部公共安全重点专项研究了安全韧性城市构建理论，提出了由公共安全事件、城市承灾系统、安全韧性管理三大要素组成的城市安全韧性三角形理论模型。在韧性三角形的基础上，深入探索城市防灾减灾技术，搭建城市重大灾害事故大尺度实验场地，研发多灾种及其耦合作用的大型多尺度实验装置，构建多灾害耦合仿真模型，通过现场实验和原型模拟，揭示城市典型承灾载体在重大灾害事件下的破坏机理，探索城市复杂系统耦合下次生衍生灾害演化规律、预测模型、预警理论及决策体系。

同时，还需要面向国家公共安全保障重大需求，借助现代科技手段构建互联互通的城市应急决策指挥系统，研发具有自主知识产权的公共安全软件，减少国际技术软件壁垒可能对公共安全科技发展带来的影响。

要创新和健全风险评估机制，提高城市风险防控的科学性，要紧密围绕城市安全应对、恢复、适应等关键环节，结合城市管理实际，建立城市安全韧性评价指标体系、设计测评方法，在部分城市收集数据开展安全韧性试点测评，形成具有中国特色、可量化、可操作的城市安全韧性分析评价方法。

要灵活运用大数据、云计算、人工智能等新技术和新方法，对城市常见的灾害类型进行风险评估，编制城市自然灾害风险评估图，建立完整、全面且动态的城市灾害数据库和风险特征库，通过仿真模型模拟风险的发生概率、演化路径和影响范围，推演不同情境下风险的情况，模拟灾后的逃生路线、救援方案和损毁情况，提高风险评估的精确性和便利性，提高韧性城市的精细化和科学化水平，让评估结果真正倒逼韧性城市安全体系不断趋向完善[6]。

2. 坚持多技术协同

多技术协同将成为推动城市安全发展的新路径。在风险评估和监测预警等方面，要紧盯科技发展前沿，聚焦常规风险和新型风险的主动感知、智能预测和应急联动等领域，积极探索推动新兴信息技术与公共安全技术的融合发展。通过加大公共安全科技研发投入，持续加强前沿基础研究和关键技术突破，强化前沿基础研究成果在关键技术研发和技术系统构建中的应用，建立较为完善的技术研发体系和标准规范，形成以科技创新驱动的城市安全韧性体系完善的新模式。

例如，以市政设施、城市生命线安全为目标，深度挖掘城市生命线运行规律，创建"前端感知—风险定位—专业评估—预警联动"的城市生命线工程安全运行与管控精细化治理模式。要针对城市高风险空间致灾因子实时动态监测、综合预警防控和处置决策支持的技术需求，建立风险隐患识别、物联网感知、多网融合传输、大数据分析、专业模型预测和事故预警联动的"全链条"城市安全防控技术体系架构，形成燃气、供水排水、热力、综合管廊、道路桥梁等城市生命线工程的城市安全空间立体化监测网，解决城市安全运行状态动态监测、安全风险评估、风险预警防控、协同组织架构等问题。

**3．把握发展新机遇**

"新基建"的进程不断推进，已成为筑牢高质量发展之基、支撑我国现代化建设的战略抉择。2020年，我国在抗击新冠肺炎疫情"大考"过程中，探索出了疫情防控的一系列办法和措施，但也暴露出社会治理、公共能力设施、应急能力建设等方面存在的一些短板和弱项。这些短板和弱项也是安全韧性城市建设中要面对的新挑战。

"新基建"不仅是稳定经济发展的举措，更对提升社会治理能力有着深远影响。"新基建"能够促进信息基础设施建设和信息资源高效利用，助力安全韧性城市建设和大数据应用发展。"新基建"带来的新契机必将推动城市综合应急管理和安全治理服务新模式的进一步发展，需要精准把握。

"新基建"囊括的许多"软平台"是应急产业升级的重要基础。电商平台、移动支付、快递物流等"软平台"，已逐渐成为新经济以及传统产业数字化转型的基础设施，并在疫情防控期间凸显出对经济发展和城市运行的基础性支撑作用。因此，应该用更广阔的视野认识"新基建"的内涵，除了5G、数据中心等"硬设施"，新的"软平台"还包括高精度地图、智能云服务、城市数据平台等,这些关键性的"新基建"均能为应急产业升级提供强大支撑。

# 8.3　安全韧性城市的建设领域

## 8.3.1　增强城市的空间韧性

### 1. 加强城市空间布局安全

科学分析各灾害之间的作用机理和链式反应,统筹开展全要素、全过程、全空间的综合风险评估,确定风险等级与防控措施,完善各类灾害易发区识别与划定,编制灾害综合防治区划图。综合考虑各类灾害风险,统筹地上地下空间利用,不断优化城市规划和城市更新实施方案,在城市空间布局上最大程度降低灾害损失风险。

### 2. 完善城市防灾空间格局

完善城市开敞空间系统,预留弹性空间作为临时疏散、隔离防护和防灾避难空间,考虑中长期安置重建空间。科学划定、严格管控战略留白用地,在高风险地区前瞻性布局应急设施用地,预留交通、市政等城市基础设施接入条件。着眼多种灾害综合应对,统筹城市综合性防灾和安全设施布局,提高建设标准,加强运行管理。

### 3. 保障疏散救援避难空间

统筹规划应急避难场所选址和建设,逐步将各类广场、绿地、公园、体育场馆、学校、人防工程等适宜场所确定为应急避难场所,大力整合应急避难空间资源,推进现有各类应急避难场所融合互用,逐步形成综合性应急避难场所。协调推进室内、室外两类应急避难场所建设,推进公共建筑多功能化和平战转换方案设计,提前预留应急避难空间和相关功能接口。

### 8.3.2　增强城市的工程韧性

#### 1. 全面强化城市工程韧性

提高建筑抗震安全性能，推广应用减震隔震技术，推进现有不达标建筑抗震加固改造，同步加固建筑外立面及其附着物，减少次生灾害。提高应急指挥、应急救援、物资储备分发、医疗救护和卫生防疫、避难安置等提供应急服务功能的场所和设施的抗震设防标准，有序推进减震隔震改造，保证震后应急服务功能完好。

#### 2. 加强灾害防御工程建设

科学评估论证，逐步提升洪涝干旱、地质灾害、地震等自然灾害防御工程标准，保证工程质量。加快病险水库闸站除险加固，全面推进堤防达标建设，统筹防洪需求和交通、休闲绿道建设，持续推进修建超级堤防。深入排查、综合治理地质灾害风险隐患，提升地质灾害防御工程治理标准和建设质量。

#### 3. 提高生命线工程保障能力

统筹外调水源和战略保障水源，加强城市应急备用水源工程建设，完善配套工程，形成多源输水、多级调蓄、联动共保的供水安全保障格局。完善多源多向、灵活调度、安全高效、能力充足的电力和天然气供应体系，发展多种方式、多种能源相结合的安全清洁供热体系，完善热、电、气联调联供机制。完善能源风险应急管控体系，采用新型储能技术建立分布式储能系统，提高城市能源安全保障能力。推进各种交通方式融合发展，构建多层级、一体化综合交通枢纽体系，发展旅客联程运输和货物多式联运，推广全程"一站式""一单制"服务。促进信息基础设施互联互通、资源共享、融合发展，建设高速泛在、天地一体、集成互联、安全高效的信息基础设施。推进分布式、模块化、小型化、并联式的城市生命线新模式，增强干线系统供应安全，强化系统的连通性和网络化，实现互为备份、互为冗余，提升系统安全防控能力。加强生命线工程高度集中且相互关联的关键节点和区域的梳理研究，制定有针对性的措施提高恢复能力和恢复速度，提高紧急状态下的保障能力。

#### 4. 积极推进海绵城市建设

充分发挥生态空间在雨洪调蓄、雨水径流净化等方面的作用，构建区域水生态网络，强化网络化和各节点的连通性，综合采取渗、滞、蓄、净、用、排等措施，加大降雨就地消纳和利用比重，降低城市内涝风险，涵养水资源，改善城市综合生态环境。建设地下雨洪调蓄廊道，依托地下空间设置大型储水设施，统筹解决城市排水蓄水问题。加强城市排水河道、雨水调蓄区、雨水管网及泵站等工程建设，优先采用绿色设施开展城市积水点、易涝区治理，综合管理防洪防涝安全和雨水资源[15]。强化雨洪调蓄廊道和蓄滞洪区建设，增强洪水调蓄和调度能力。

### 8.3.3　增强城市的管理韧性

#### 1. 建立完善韧性制度体系

加强韧性城市理论研究和应用，在城市规划设计、建设施工、运行管理等全过程和各环节体现韧性城市理念，推动各行业领域的法律法规、标准规范、应急预案等在提升城市韧性方面相互衔接、并行不悖。突出规划引领作用，完善韧性城市规划指标体系，强化城市韧性提升在各项规划中的刚性约束。健全防灾减灾救灾法律法规体系，及时修订完善相关地方性法规和规章，研究推进韧性城市建设立法工作。构建韧性城市标准体系，推进各行业领域结合灾害风险制定韧性建设标准，研究制定市级、区级、社区级韧性城市评价标准。完善应急预案体系，研究制定多种情景巨灾专项应急预案，提高应急预案针对性、实用性、实战性并建立动态更新机制，增强应对不同类型风险和灾难事故的灵活适应性。

#### 2. 构建立体城市感知体系

实现城市各感知系统互联互通、信息实时共享。应用云计算、大数据、物联网、移动互联网、地理信息、区块链等新技术新方法，建立以城市人口精准管理、交通智能管理服务、资源和生态环境智能监控、城市安全智能保障为重点的城市智能管理运行体系[16]。要完善气象监测站网建设，健全气象预报预警系统。优化地震监测台网布局，提高地震监测预测预警效能。推进森林火灾远程监测系统建设和卫星遥感、航空巡查、在线监测等新技术应用。建立健全生物安全和重大传染病监测预警网络。加强大中型水库、骨干河道洪水预报系统和水文气象、水库调度信息共享。完善环境风险监测评估与预警体系，强化重污染天气、重点流域水污染等风险预警与防控。加强工矿企业远程监测、自动报警设施的配备使用，完善重大安全生产风险综合监测系统，强化风险预警与应急处置。加强主干公路网、高速铁路网、内河航道网、航空运输网等交通安全信息监控能力建设，加强公共交通和人员密集场所大客流监控。彻底摸清城市楼宇、公共空间、地下管网等的底数，推行"一张图"数字化管理。强化重点单位、重要场合、重点部位监测监控，提高分析识别异常情况的智能化水平，及时发现危险活动以及物品，落实安全防范措施 [17]。

## 8.4　本章小结

安全韧性城市建设还处于阶段性探索实践阶段，包含了很多理论探索，以及近年来，特别是新冠肺炎以来城市风险管理的实践经验总结。"安全韧性城市"强调一座城市在面临自然和社会的慢性压力和急性冲击后，特别是在遭受突发事件时，能够凭借其动态平衡、冗余缓冲和自我修复等特性，保持抗压、存续、适应和可持续发展的能力。这是我们应对复杂城市风险，从理念到方法的一次全面迭代，是应对日益多发的不确定性风险的必然选择。可以发现，在抗击新冠肺炎疫情的过程中，韧性城市的建设已经展开，并展示出它在应对城市风险中的独特优势。韧性城市建设将是一项长期而艰巨的任务。作为全书的最后一章，本章剖析了韧性城市的理念，提出了对韧性城市建设的思考，结合实践指明了具体的建设思路和策略，衷心希望能为城市管理的每一位参与者带来启发，让我们的城市更安全，更美好。

# 参考文献

[1] 邱勇哲 . 韧性城市——越弹性越可持续 [J]. 广西城镇建设，2018(12):40-56.

[2] 吴晓威，张健 . 韧性城市理论指导下的城市弹塑性震害模拟分析 [J]. 工程技术，2018(2):62-63.

[3] 半月谈 | 韧性城市，韧在何处 [EB/OL]. 新华网 . 发布时间 :2020-12-17 09:06:58. http://www.xinhuanet.com/politics/2020-12/17/c_1126870988.htm.

[4] 杰弗里·韦斯特 . 规模——复杂世界的简单法则 [M]. 张培，译，张江，校译 . 北京：中信出版集团，2018.

[5] 于松，黄志强 . 北京暴露中国经济发展软肋：要面子不要里子 [EB/OL]. 中国经济网 . 发布时间 :2012-07-23 08:42.http://district.ce.cn/newarea/roll/201207/23/t20120723_23514626.shtml.

[6] 高渊 .【高访之"战疫篇"】李友梅：全球风险的不确定性正在常态化 [EB/OL]. 上观新闻 . 发布时间 :2020-03-19 06:30.https://web.shobserver.com/staticsg/res/html/web/newsDetail.html?id=225610.

[7] 袁宏永 . 提高治理水平 加强风险防控 建设韧性城市 [N]. 中国应急管理报，2020-11-26(2).

[8] 郭再富 . 安全城市内涵及其持续改进过程研究 [J]. 中国安全生产科学技术，2012，8(12):53-57.

[9] 肖文涛，王鹭 . 韧性城市：现代城市安全发展的战略选择 [J]. 东南学术，2019(02):89-99+246.

[10] 翟亚飞 . 韧性城市理念下城市综合防灾规划研究 [C]// 中国城市规划学会，杭州市人民政府 . 共享与品质——2018 中国城市规划年会论文集（01 城市安全与防灾规划）. 中国城市规划学会，2018:18.

[11] 刘丹 . 弹性城市的规划理念与方法研究 [D]. 杭州：浙江大学，2015.

[12] 陈奇放，翟国方，施益军 . 韧性城市视角下海平面上升对沿海城市的影响及对策研究——以厦门市为例 [J]. 现代城市研究，2020(02):106-116.

[13] 陶旭 . 生态弹性城市视角下的洪涝适应性景观研究 [D]. 武汉：武汉大学，2017.

[14] 余轩，汪霞 . 城市水系雨洪韧性规划设计路径与策略探究——以浚县中心城区水系专项规划为例 [J]. 城市建筑，2019，16(1):76-81.

[15] 北京市规划和国土资源管理委员会 . 北京城市总体规划（2016 年 -2035 年）[EB/OL]. 北京市人民政府 . 发布时间 :2017-09-29 00:00.http://www.beijing.gov.cn/gongkai/guihua/wngh/cqgh/201907/t20190701_100008.html.

[16] 吴淼."智慧城市"的内涵及外延浅析 [J]. 电子政务，2013(12):41-46.

[17] 枣庄发布.《山东省突发事件应急保障条例》公布! 自 2021 年 1 月 1 日起施行 [EB/OL]. 澎湃新闻. 发布时间 :2020-11-28 11:08.https://www.thepaper.cn/ newsDetail_forward_10182718.

# 附录 城市风险管理主要相关法律法规

| 一、综合性法律法规 | |
| --- | --- |
| 1 | 中华人民共和国宪法 |
| 2 | 中华人民共和国刑法 |
| 3 | 中华人民共和国工会法 |
| 4 | 中华人民共和国国家安全法 |
| 5 | 中华人民共和国突发事件应对法 |
| 6 | 中华人民共和国行政处罚法 |
| 7 | 中华人民共和国行政复议法 |
| 8 | 中华人民共和国安全生产法 |
| 9 | 安全生产许可证条例 |
| 10 | 生产安全事故应急条例 |
| 11 | 生产安全事故报告和调查处理条例 |
| 12 | 安全生产行政复议规定 |
| 13 | 安全生产执法程序规定 |
| 14 | 生产经营单位安全培训规定 |
| 15 | 地方党政领导干部安全生产责任制规定 |
| 16 | 安全生产事故隐患排查治理暂行规定 |
| 17 | 安全监管监察部门许可证档案管理办法 |
| 18 | 国务院关于特大安全事故行政责任追究的规定 |
| 19 | 生产经营单位从业人员安全生产举报处理规定 |
| 20 | 安全生产领域违法违纪行为政纪处分暂行规定 |
| 21 | 安全生产监管监察职责和行政执法责任追究的规定 |
| 22 | 安全生产监管监察部门音像电子文件归档管理规定 |

| 23 | 生产安全事故罚款处罚规定（试行） |
|---|---|
| 24 | 安全生产行政处罚自由裁量适用规则（试行） |
| 25 | 安全生产培训管理办法 |
| 26 | 突发事件应急预案管理办法 |
| 27 | 安全生产监管执法监督办法 |
| 28 | 安全生产领域举报奖励办法 |
| 29 | 安全生产违法行为行政处罚办法 |
| 30 | 安全生产监督罚款管理暂行办法 |
| 31 | 安全评价检测检验机构管理办法 |
| 32 | 生产安全事故应急预案管理办法 |
| 33 | 省级政府安全生产工作考核办法 |
| 34 | 生产安全事故信息报告和处置办法 |
| 35 | 安全生产监管监察部门信息公开办法 |
| 36 | 安全生产行政执法与刑事司法衔接工作办法 |
| 37 | 对安全生产领域失信行为开展联合惩戒的实施办法 |
| 38 | 安全生产约谈实施办法（试行） |
| 39 | 自然灾害情况统计调查制度 |
| 40 | 生产安全事故统计调查制度 |
| 41 | 安全生产行政执法统计调查制度 |
| 42 | 国家突发公共事件总体应急预案 |
| 43 | 国家安全生产事故灾难应急预案 |
| 44 | 危险化学品企业生产安全事故应急准备指南 |
| **二、专业人员任用、考核、培训、管理** | |
| 45 | 中华人民共和国劳动法 |
| 46 | 中华人民共和国社会保险法 |
| 47 | 中华人民共和国职业病防治法 |

| 48 | 中华人民共和国人民武装警察法 |
| 49 | 工伤保险条例 |
| 50 | 特种设备安全监察条例 |
| 51 | 行政机关公务员处分条例 |
| 52 | 中华人民共和国尘肺病防治条例 |
| 53 | 企业事业单位专职消防队组织条例 |
| 54 | 使用有毒物品作业场所劳动保护条例 |
| 55 | 未成年工特殊保护规定 |
| 56 | 女职工劳动保护特别规定 |
| 57 | 注册安全工程师管理规定 |
| 58 | 注册消防工程师管理规定 |
| 59 | 应急管理系统奖励暂行规定 |
| 60 | 工作场所职业卫生管理规定 |
| 61 | 建筑施工特种作业人员管理规定 |
| 62 | 煤矿作业场所职业病危害防治规定 |
| 63 | 特种作业人员安全技术培训考核管理规定 |
| 64 | 职业健康检查管理办法 |
| 65 | 煤矿安全监察员管理办法 |
| 66 | 职业病诊断与鉴定管理办法 |
| 67 | 放射工作人员职业健康管理办法 |
| 68 | 国家安全生产应急专家组管理办法 |
| 69 | 建设项目职业病防护设施"三同时"监督管理办法 |
| 70 | 国家综合性消防救援队伍消防员招录办法 |
| **三、抢险救援工作** | |
| 71 | 中华人民共和国红十字会法 |
| 72 | 自然灾害救助条例 |

| 73 | 军队参加抢险救灾条例 |
| 74 | 铁路交通事故应急救援和调查处理条例 |
| 75 | 铁路交通事故应急救援规则 |
| 76 | 民用运输机场突发事件应急救援管理规则 |
| 77 | 救灾捐赠管理办法 |
| 78 | 化学事故应急救援管理办法 |
| 79 | 灾害事故医疗救援工作管理办法 |
| 80 | 国家海上搜救应急预案 |
| 81 | 国家自然灾害救助应急预案 |

**四、防汛抗旱**

| 82 | 中华人民共和国水法 |
| 83 | 中华人民共和国防洪法 |
| 84 | 中华人民共和国防汛条例 |
| 85 | 中华人民共和国水文条例 |
| 86 | 水库大坝安全管理条例 |
| 87 | 海洋观测预报管理条例 |
| 88 | 中华人民共和国抗旱条例 |
| 89 | 国家防汛抗旱应急预案 |

**五、气象灾害防治**

| 90 | 中华人民共和国气象法 |
| 91 | 中华人民共和国防沙治沙法 |
| 92 | 气象灾害防御条例 |
| 93 | 中华人民共和国防雷减灾管理办法 |
| 94 | 气象灾害预警信号发布与传播办法 |
| 95 | 国家气象灾害应急预案 |

### 六、地质灾害防治

| 96 | 中华人民共和国防震减灾法 |
| --- | --- |
| 97 | 地质灾害防治条例 |
| 98 | 地震监测管理条例 |
| 99 | 地震预报管理条例 |
| 100 | 破坏性地震应急条例 |
| 101 | 地震安全性评价管理条例 |
| 102 | 汶川地震灾后恢复重建条例 |
| 103 | 国务院关于加强地质灾害防治工作的决定 |
| 104 | 矿山地质环境保护规定 |
| 105 | 地质灾害危险性评估单位资质管理办法 |
| 106 | 地质灾害治理工程监理单位资质管理办法 |
| 107 | 地质灾害治理工程勘查设计施工单位资质管理办法 |
| 108 | 国家地震应急预案 |
| 109 | 国家突发地质灾害应急预案 |

### 七、火灾防治

| 110 | 中华人民共和国消防法 |
| --- | --- |
| 111 | 森林防火条例 |
| 112 | 草原防火条例 |
| 113 | 中华人民共和国消防救援衔条例 |
| 114 | 消防监督检查规定 |
| 115 | 火灾事故调查规定 |
| 116 | 社会消防安全教育培训规定 |
| 117 | 建设工程消防设计审查验收管理暂行规定 |
| 118 | 消防安全责任制实施办法 |

## 八、特种设备危险化学品、有毒物品安全管理

| 119 | 中华人民共和国特种设备安全法 |
|---|---|
| 120 | 易制毒化学品管理条例 |
| 121 | 危险化学品安全管理条例 |
| 122 | 中华人民共和国监控化学品管理条例 |
| 123 | 危险化学品企业安全风险隐患排查治理导则 |
| 124 | 危险化学品输送管道安全管理规定 |
| 125 | 危险化学品重大危险源监督管理暂行规定 |
| 126 | 危险化学品登记管理办法 |
| 127 | 危险化学品经营许可证管理办法 |
| 128 | 易制毒化学品购销和运输管理办法 |
| 129 | 危险化学品安全使用许可证实施办法 |
| 130 | 危险化学品建设项目安全监督管理办法 |
| 131 | 化学品物理危险性鉴定与分类管理办法 |
| 132 | 非药品类易制毒化学品生产、经营许可办法 |
| 133 | 危险化学品生产企业安全生产许可证实施办法 |
| 134 | 危险化学品安全综合治理方案 |

## 九、核事故安全应急管理

| 135 | 中华人民共和国核安全法 |
|---|---|
| 136 | 核电厂核事故应急管理条例 |
| 137 | 中华人民共和国民用核设施安全监督管理条例 |
| 138 | 国家核应急预案 |
| 139 | 进口民用核安全设备监督管理规定 |
| 140 | 民用核安全设备监督管理条例 |
| 141 | 民用核安全设备焊接人员资格管理规定 |
| 142 | 民用核安全设备无损检验人员资格管理规定 |
| 143 | 民用核安全设备设计制造安装和无损检验监督管理规定（HAF601） |

## 十、交通运输安全应急管理

### （一）航空运输安全应急管理

| 144 | 中华人民共和国民用航空法 |
|---|---|
| 145 | 中华人民共和国民用航空安全保卫条例 |
| 146 | 中国民用航空安全检查规则 |
| 147 | 公共航空运输企业航空安全保卫规则 |
| 148 | 民用航空运输机场航空安全保卫规则 |
| 149 | 公共航空旅客运输飞行中安全保卫工作规则 |
| 150 | 民用航空空中交通管理运行单位安全管理规则 |

### （二）铁路运输安全应急管理

| 151 | 中华人民共和国铁路法 |
|---|---|
| 152 | 铁路安全管理条例 |
| 153 | 最高人民法院关于铁路运输法院案件管辖范围的若干规定 |
| 154 | 铁路旅客运输安全检查管理办法 |
| 155 | 铁路安全生产违法行为公告办法 |

### （三）道路交通运输安全应急管理

| 156 | 中华人民共和国道路交通安全法 |
|---|---|
| 157 | 中华人民共和国道路交通安全法实施条例 |
| 158 | 汽车客运站安全生产规范 |
| 159 | 公路水运工程生产安全事故应急预案 |

### （四）水路运输安全应急管理

| 160 | 中华人民共和国海上交通安全法 |
|---|---|
| 161 | 中华人民共和国内河交通安全管理条例 |
| 162 | 中华人民共和国渔港水域交通安全管理条例 |
| 163 | 海上滚装船舶安全监督管理规定 |
| 164 | 中华人民共和国水上水下活动通航安全管理规定 |

| 165 | 中华人民共和国船舶安全监督规则 |
|---|---|
| 166 | 中华人民共和国船舶最低安全配员规则 |
| 167 | 中华人民共和国高速客船安全管理规则 |
| 168 | 公路水路行业安全生产监督管理工作责任规范导则 |
| 169 | 公路水路行业安全生产工作考核评价办法 |
| 170 | 公路水路行业安全生产风险管理暂行办法 |
| 171 | 公路水路行业安全生产事故隐患治理暂行办法 |
| 172 | 公路水运工程安全生产监督管理办法 |
| 173 | 公路水运建设工程质量安全督查办法 |
| （五）危险物品运输安全应急管理 | |
| 174 | 放射性物品运输安全管理条例 |
| 175 | 道路危险货物运输管理规定 |
| 176 | 港口危险货物安全管理规定 |
| 177 | 放射性物品道路运输管理规定 |
| 178 | 铁路危险货物运输安全监督管理规定 |
| 179 | 放射性物品运输安全监督管理办法 |
| 180 | 港口危险货物安全监督检查工作指南 |
| 181 | 危险货物港口作业重大事故隐患判定指南 |
| **十一、食品安全、生物安全应急管理** | |
| 182 | 中华人民共和国食品安全法 |
| 183 | 中华人民共和国生物安全法 |
| 184 | 中华人民共和国动物防疫法 |
| 185 | 中华人民共和国传染病防治法 |
| 186 | 植物检疫条例 |
| 187 | 艾滋病防治条例 |
| 188 | 农作物病虫害防治条例 |

| 189 | 重大动物疫情应急条例 |
|-----|---------------------|
| 190 | 国内交通卫生检疫条例 |
| 191 | 农业转基因生物安全管理条例 |
| 192 | 病原微生物实验室生物安全管理条例 |
| 193 | 突发公共卫生事件交通应急规定 |
| 194 | 国境口岸突发公共卫生事件出入境检验检疫应急处理规定 |
| 195 | 突发林业有害生物事件处置办法 |
| 196 | 传染性非典型肺炎防治管理办法 |
| 197 | 无规定动物疫病区评估管理办法 |
| 198 | 农业植物疫情报告与发布管理办法 |
| 199 | 农业转基因生物安全评价管理办法 |
| 200 | 病原微生物实验室生物安全环境管理办法 |
| 201 | 突发公共卫生事件与传染病疫情监测信息报告管理办法 |
| 202 | 中华人民共和国传染病防治法实施办法 |
| 203 | 国内交通卫生检疫条例实施方案 |
| 204 | 国家突发公共卫生事件应急预案 |
| 205 | 国家突发重大动物疫情应急预案 |
| 206 | 国家突发公共事件医疗卫生救援应急预案 |

### 十二、建筑业安全管理

| 207 | 中华人民共和国建筑法 |
|-----|---------------------|
| 208 | 建设工程质量管理条例 |
| 209 | 建设工程安全生产管理条例 |
| 210 | 建筑起重机械安全监督管理规定 |
| 211 | 建筑施工企业安全生产许可证管理规定 |
| 212 | 建设项目安全设施"三同时"监督管理办法 |

## 十三、民用爆炸物品行业安全管理

| 213 | 民用爆炸物品安全管理条例 |
|---|---|
| 214 | 民用爆炸物品安全生产许可实施办法 |
| 215 | 烟花爆竹安全管理条例 |
| 216 | 烟花爆竹生产企业安全生产许可证实施办法 |
| 217 | 民用爆炸物品生产和销售企业安全生产培训管理办法 |
| 218 | 烟花爆竹经营许可实施办法 |
| 219 | 铁路施工单位爆炸物品安全管理办法 |

## 十四、石油天然气行业安全管理

| 220 | 中华人民共和国石油天然气管道保护法 |
|---|---|
| 221 | 海洋石油安全生产规定 |
| 222 | 海洋石油安全管理细则 |
| 223 | 海洋石油建设项目生产设施设计审查与安全竣工验收实施细则 |
| 224 | 国家安全生产监督管理总局海洋石油作业安全办公室工作规则（试行） |

## 十五、国家矿山安全管理

（一）综合

| 225 | 中华人民共和国矿产资源法 |
|---|---|
| 226 | 中华人民共和国矿山安全法 |
| 227 | 中华人民共和国矿山安全法实施条例 |

（二）煤矿安全管理

| 228 | 中华人民共和国煤炭法 |
|---|---|
| 229 | 乡镇煤矿管理条例 |
| 230 | 煤矿安全监察条例 |
| 231 | 煤矿安全规程 |
| 232 | 煤矿安全培训规定 |
| 233 | 煤矿瓦斯抽采达标暂行规定 |

| 234 | 煤矿建设项目安全设施监察规定 |
| 235 | 煤矿领导带班下井及安全监督检查规定 |
| 236 | 国务院关于预防煤矿生产安全事故的特别规定 |
| 237 | 国家矿山安全监察局职能配置、内设机构和人员编制规定 |
| 238 | 煤层气地面开采安全规程（试行） |
| 239 | 煤矿重大事故隐患判定标准 |
| 240 | 煤矿安全监察行政处罚办法 |
| 241 | 煤矿安全监察罚款管理办法 |
| 242 | 煤矿安全监察员培训考核办法 |
| 243 | 煤矿企业安全生产许可证实施办法 |
| （三）非煤矿山安全管理 | |
| 244 | 中华人民共和国电力法 |
| 245 | 电力安全事故应急处置和调查处理条例 |
| 246 | 尾矿库安全监督管理规定 |
| 247 | 小型露天采石场安全管理与监督检查规定 |
| 248 | 金属非金属地下矿山企业领导带班下井及监督检查暂行规定 |
| 249 | 金属与非金属矿产资源地质勘探安全生产监督管理暂行规定 |
| 250 | 金属非金属矿山重大生产安全事故隐患判定标准（试行） |
| 251 | 电力安全生产监督管理办法 |
| 252 | 非煤矿山外包工程安全管理暂行办法 |
| 253 | 非煤矿矿山企业安全生产许可证实施办法 |
| 254 | 电力建设工程施工安全监督管理办法 |